图0-1 紫丁香 　　图0-2 紫丁香冬态 　　图0-3 非洲茉莉全株 　　图0-4 非洲茉莉叶片

图0-5 连翘春花 　　图0-6 榆叶梅春花 　　图0-7 锦带夏花 　　图0-8 扶桑夏花

图0-9 桂花秋花 　　图0-10 山茶冬花 　　图0-11 月季（一） 　　图0-12 月季（二）

图0-13 月季（三） 　　图0-14 月季（四） 　　图0-15 月季（五）

图0-16 南天竹（观果） 　　图0-17 沙棘（观果） 　　图0-18 紫叶李 　　图0-19 金叶榆

图0-20 八角金盘

图0-21 鹅掌柴

图0-22
圆球形中华金叶榆

图0-23
披散形连翘

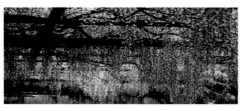
图0-24 藤蔓形紫藤

图1-8 某苗圃的布置图

图1-13
某校园苗圃规划设计图中的办公区和水域

图1-14
某生态苗圃平面图及功能分区

图1-15 一个大型园艺种植园

图6-1 苹果花叶病

图6-2 苹果腐烂病

图6-3 柑橘溃疡病

图6-4 茶树炭疽病

图6-7 俏黄栌萎蔫病

图6-8 香蕉枯萎病

图6-9 桃树流胶病

图6-10 芒果流胶病

图6-11 蛴螬幼虫

图6-12 金龟子成虫

图6-13
金龟子为害樱桃叶片

图6-14
槐尺蠖幼虫及为害状

图6-15
蚜虫及为害状

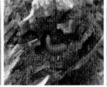
图6-16
木蠹蛾幼虫危害沙棘症状

图6-17
木蠹蛾越冬幼虫及为害状

图6-18
粒肩天牛啃食杨树嫩枝

图6-19
桃红颈天牛幼虫及为害状

图7-1
牡丹全株形态

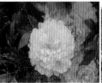
图7-2 不同颜色的牡丹花

图7-11 碧桃全株

图7-12 碧桃的花　　　图7-13 碧桃叶片　　　　图7-17　　　　　　图7-18
　　　　　　　　　　　　　　　　　　　　　　榆叶梅开花全株　　重瓣榆叶梅花

图7-19 榆叶梅叶片及果实　　图7-23 四季丁香全株　　图7-24 紫丁香花　　图7-25 丁香冬态

图7-26 丁香发芽态　　　图7-30 连翘全株　　　　图7-31 连翘的花　　　图7-32 连翘叶片

图7-33 连翘的果　　　图7-38 月季全株　　　　图7-39 月季的花　　　图7-40 月季的叶片

图7-41 月季的皮刺　图7-52 银芽柳冬态　　图7-53 银芽柳全株　　图7-54 银芽柳的芽

图7-55 银芽柳嫩芽

图7-58 黄刺玫全株

图7-59 黄刺玫果实

图7-60 黄刺玫的花

图7-61
黄刺玫的根茎枝叶

图7-67 锦带花全株

图7-64
天目琼花的叶和花

图7-65
天目琼花的果实和种子

图7-68 锦带花叶片

图7-69 锦带花的粉色花

图7-70 金叶锦带花

图7-74 木槿全株

图7-75 木槿的花

图7-79 扶桑全株

图7-80 扶桑的花

图7-82
嫁接形成的多色花扶桑

图7-83 山茶的花

图7-84 山茶全株

图7-86 珍珠梅全株

图7-87 珍珠梅枝叶

图7-88 珍珠梅的花果　　图7-89 棣棠全株及花　　图7-90 棣棠根茎　　　图7-91 棣棠叶

图7-92 棣棠果实　　图7-95 八角金盘全株　　图7-96 八角金盘叶片　　图7-97 八角金盘花果

图7-100 金缕梅全株　　图7-101 金缕梅叶片　　图7-102 金缕梅的花　　图7-103 金缕梅冬态

图7-105 红花檵木全株　　图7-106 红花檵木叶片及花　　图7-113 蜡梅全株　　图7-114 蜡梅的花

图7-115 蜡梅枝叶　　图7-116 蜡梅盆景　　图7-123 接骨木全株　　图7-124 接骨木枝叶

图7-125 接骨木的花　　　　　图7-126 接骨木的果实　　　　　图7-130 南天竹全株

图7-131 南天竹枝叶　　　　　图7-134 杜鹃全株及花　　　　　图7-135 杜鹃叶片

图7-142 米兰全株　　　　　图7-143 米兰的花和叶　　　　　图7-144 米兰果实

图7-145 米兰嫩枝扦插苗　　　　图7-147 女贞全株　　　　　图7-148 女贞叶片

图7-149 女贞的花　　　　　图7-150 女贞的果实　　　　　图7-154 胡颓子全株

图7-155 胡颓子叶片及花

图7-156 胡颓子的果实

图7-157 风箱果全株

图7-158 风箱果枝叶

图7-159 风箱果的花

图7-160 风箱果的果实

图7-163 猬实全株

图7-164 猬实枝叶

图7-165 猬实的花

图7-166 猬实的种子

图7-167 文冠果全株

图7-168 文冠果的花

图7-169 文冠果叶片及果实

图7-170 文冠果的果实及种子

图7-175 火棘全株

图7-176 火棘的花和枝叶　　　图7-177 火棘的果实　　　图7-182 沙地柏全株

图7-183 沙地柏枝叶　　　图7-184 沙地柏的花果　　　图7-186 大叶黄杨全株

图7-187 大叶黄杨叶片　　　　　　图7-188 大叶黄杨的花

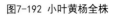

图7-192 小叶黄杨全株　　　图7-193 小叶黄杨枝叶　　　图7-194 小叶黄杨的花

图7-195 小叶黄杨的种子

图7-200 黄栌全株

图7-201 黄栌的叶片和花

图7-205 紫叶李全株

图7-206 紫叶李的枝叶和花

图7-208 红瑞木全株

图7-209 红瑞木的枝叶和果实

图7-210 红瑞木的花

图7-214 变叶木全株

图7-215 变叶木叶片

图7-216 变叶木花果

图7-219 夹竹桃全株

图7-220 夹竹桃枝叶

图7-221 夹竹桃的花

图7-222 夹竹桃的果

图7-224 非洲茉莉全株

图7-225 非洲茉莉枝叶和花

图7-228 金叶榆全株

图7-229 金叶榆叶片

图7-234 金银花全株

图7-235 金银花的叶和花

图7-238 紫薇全株　　　　　图7-239 紫薇的叶片和花　　　图7-244 紫叶小檗全株

图7-245 紫叶小檗枝叶和花　　图7-248 东北茶藨子全株　　　图7-249 东北茶藨子叶片

图7-250 东北茶藨子果实　　图7-251 东北茶藨子的花　　　图7-252 石楠全株

图7-253 石楠的花和枝叶　　　图7-256 鹅掌柴全株　　　　图7-257 鹅掌柴叶片

园林苗木繁育丛书

观赏灌木苗木
繁育与养护

GUANSHANG GUANMU MIAOMU

FANYU YU YANGHU

郑志新　主编

 化学工业出版社

·北京·

本书就目前我国北方地区常见的观赏灌木育苗、生产现状及生产中的关键问题做了详细介绍。首先综述了苗圃地的选择与建立、各种传统繁殖技术以及育苗新技术、出圃与质量评价、整形修剪原则方法及病虫害防治等内容，接着从树种简介、繁殖方法、整形修剪及栽培管理等方面对北方常见的几十种观赏灌木的育苗技术进行了具体、详细介绍。

本书内容通俗易懂、图文并茂，全书配有插图近 500 幅，具有极强的可操作性和可读性，适合广大农民、家庭苗圃管理者及相关企事业单位的有关人员阅读、参考。

图书在版编目（CIP）数据

观赏灌木苗木繁育与养护/郑志新主编. —北京：化学工业出版社，2015.5
（园林苗木繁育丛书）
ISBN 978-7-122-23603-6

Ⅰ.①观… Ⅱ.①郑… Ⅲ.①灌木-苗木-育苗
Ⅳ.①S723.1

中国版本图书馆 CIP 数据核字（2015）第 072257 号

责任编辑：李　丽　　　　　　　文字编辑：王新辉
责任校对：吴　静　　　　　　　装帧设计：刘丽华

出版发行：化学工业出版社（北京市东城区青年湖南街 13 号　邮政编码 100011）
印　　刷：北京云浩印刷有限责任公司
装　　订：三河市骏发装订厂
850mm×1168mm　1/32　印张 13　彩插 6　字数 348 千字
2015 年 8 月北京第 1 版第 1 次印刷

购书咨询：010-64518888（传真：010-64519686）
售后服务：010-64518899
网　　址：http://www.cip.com.cn
凡购买本书，如有缺损质量问题，本社销售中心负责调换。

定　　价：45.00 元

前言

应我国城镇化建设发展及环境治理、园林绿化的需要编写本书。

本书就目前我国北方地区常见的观赏灌木育苗、生产现状及生产中的关键问题做了详细介绍。首先综述了苗圃地的选择与建立、观赏灌木的各种传统繁殖技术以及育苗新技术、观赏灌木的出圃与质量评价、观赏灌木的整形修剪原则方法及病虫害防治等内容，接着从树种简介、繁殖方法、整形修剪及栽培管理等几个方面对北方常见的几十种观赏灌木的育苗技术进行了具体介绍，内容通俗易懂，图片丰富，一目了然。

全书配有插图近 500 幅，图文并茂，增加本书的可读性和在实际工作中的参考作用。

本书由河北北方学院园艺系郑志新、邢台学院郭丽等共同编写完成，在本书的编写过程中，得到了许多业内同行、一线专家的大力支持，其中张小红、崔培雪老师对本书的编写工作提出了许多宝贵的意见和建议，在此表示由衷的感谢。

书中如有疏漏和不足之处，恳请广大读者批评指正。

编者
2015 年 3 月

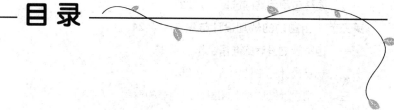

目录

第二章 观赏灌木的繁殖与培育技术

第三章　观赏灌木培育新技术

第四章　观赏灌木的出圃与质量评价

第五章　观赏灌木的整形修剪

第六章　观赏灌木病虫害及杂草防治技术

第七章　典型观赏灌木

参考文献

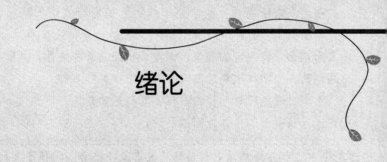

绪论

第一节 观赏灌木种苗培育的意义和任务

一、观赏灌木种苗培育的意义

观赏灌木，通常指在园林绿化中具有观赏价值的灌木及同等体量大小的其他木本植物。

随着社会的进步，人们生活水平的提高，对越来越多的绿地、公园、社区的绿化提出了更高的要求，保护生存环境、改善生态环境、美化生活环境就显得更加重要。观赏灌木因其体现的不仅是自然美和个体美，还可以通过人工修剪造型的方法体现植物的整体美和群体美而被广泛应用于园林植物造景，可以列植、对植、孤植、丛植，构成多种植物景观，既可以符合园林绿化的规律要求，也可以符合季节变化和色、香、形的统一。这就要求有大量的种苗可以满足市场需求，为种苗培育提供了必要性。种苗是园林绿化中各种植物生产的基础，种苗质量的好坏影响到后期的造林绿化和园林绿化的成败。

种苗生产的目的是根据生产的需要，育成数量充足且质量良好的秧苗。众所周知，秧苗处于植物生长发育的幼年阶段，组织幼嫩，易受到外界环境条件的影响，抗逆性差，只有通过种苗培育，人为创造较为适宜的温度、湿度、光照与营养条件，才能提供健壮的秧苗，为园林植物的高产优质打下良好的基础。

观赏灌木同其他植物一样，具有繁殖功能，可通过不同的繁殖方法来获得新的个体或新的品种，从而促进新的生命的延续。

与直播相比，种苗培育具有众多优势：①便于集约化管理，保证稳产丰产。有些观赏灌木如牡丹等幼苗生长缓慢，苗期长，种苗培育可以集中管理，利于壮苗培育；同时由于苗期集中管理，便于土、肥、水的管理，可以保证种苗的质量和品种特性。②提高土地复种指数，提高土地利用率。③节约种子用量，降低成本。通过集中的苗床育苗、圃地育苗，播种量比大田直播育苗用量减少近一半，而目前由于新品种不断涌现，种子价格一直居高不下，通过种苗培育可以大大节约育苗成本。④有利于观赏花灌木提早开花，均衡供应，人为创造相对有利的条件，通过圃地育苗等可以解决生育期长与无霜期短的矛盾，从而提早开花或满足市场需求。

二、观赏灌木种苗培育的任务

随着城市绿地的特殊要求，为了美化城市环境，不断调节和改善城市的生态环境，越来越多的苗木需要填充到城市绿化中来，而观赏灌木则是这些苗木的重要组成部分。通过各种育苗技术与方法来获得大量满足市场需要的观赏灌木苗木，在增加城市绿化量的同时应用不同形态、颜色等的灌木使得城市绿化变得更加美丽。

第二节 观赏灌木的种类和特点

一、观赏灌木的种类

（一）植物学的系统分类法

植物学的系统分类法是依照植物亲缘关系的远近和进化过程，以种作为分类的基本单位，按照类上归类、类下归类的方法，将现有的植物分成界、门、纲、目、科、属、种七级，并以此为基础有各自的上下级分类单位。1753 年，瑞典著名的植物学家、动物学家和医生林奈为了植物鉴定方便，提出了"双名法"的生物命名方法，双名法是拉丁化了的学名，至此，每个植物都有了一个独立且唯一的名字。虽然林奈为植物的命名提供了一定的方法和技术，植物分类学的发展也有了很长的历史，但是到目前为止，还没有形成一个完善的被大家统一接受的系统。各个国家的学者根据自己的国情和现有的资料以及各自的观点，形成了不同的植物学分类学派，目前常见的两个学派分别是：恩格勒分类系统，以真花学说为依据而建立，我国的《中国高等植物图鉴》《中国植物志》和各个地方的植物志就是以此为依据建立的；哈钦松分类系统，它以多心皮植物为被子植物的原始类群，我国的园林树木、观赏树木一般采用该分类系统。

（二）栽培学的应用分类法

观赏灌木的栽培应用，包含美观、实用两个方面，栽培学分类标准的制定，也要根据此要求进行，常见的分类依据有落叶与否、观赏特性、栽培用途等方面，各自对应不同的观赏灌木种类和应用目的。

1. 依据是否落叶进行分类

（1）落叶灌木 落叶灌木是指寒冷或干旱季节到来时，叶同时枯死脱落的灌木。北方常见的有金银忍冬、长白忍冬、接骨木、鸡树条荚蒾、黄刺枚、紫丁香（图0-1、图0-2，见彩图）、东北连翘、东北山梅花、树锦鸡儿、红瑞木、锦带花、辽东水蜡树等。

图 0-1　紫丁香　　　　　　　图 0-2　紫丁香冬态

（2）常绿灌木 常绿灌木是指春、夏季时，新叶发生后老叶才逐渐脱落，终年常绿的灌木。在我国常见的有杜鹃、九里香、米兰、栀子、龙船花（山丹）、美蕊花、茉莉（图0-3、图0-4，见彩图）、鸳鸯茉莉、三角梅（藤本，可修剪）、木芙蓉、黄花、马缨丹、决明等。

图 0-3　非洲茉莉全株　　　　　　图 0-4　非洲茉莉叶片

2. 依据观赏特性分类

（1）观花灌木　是指在花期、花色、花量、花形、花香等方面各具特色的观赏灌木。花期即开花时期，春天开花的有连翘、榆叶梅、丁香（图 0-5、图 0-6，见彩图）、金银花、海棠、杏、棣棠、月季、梨等，早春开放，阳春白雪，别具特色。夏花类的有锦带花、扶桑（图 0-7、图 0-8，见彩图）、夹竹桃、米兰、木槿、栀子等。秋花类的有桂花（图 0-9，见彩图）、木芙蓉。冬花类的有山茶（图 0-10，见彩图）、腊梅，傲雪风霜，寒梅彻骨，别有一番风

图 0-5　连翘春花　　　　　　　图 0-6　榆叶梅春花

味。也有观花色的，白色如栀子花、木槿、梨、李，红色如锦带花、扶桑、合欢、石榴，黄色如连翘、棣棠、黄刺玫、迎春等，紫色如紫丁香、木槿、紫荆等。除单色花外，还有颜色各异的，如月季、丁香、山茶等（见图0-11～图0-15，见彩图）。

图0-7　锦带夏花

图0-8　扶桑夏花

图0-9　桂花秋花

图0-10　山茶冬花

此外，还有观花形的，有单瓣花、复瓣花、重瓣花等；还有观花量的，有的零星点缀，有的挂满枝头，呈现不同的观赏特点，不同的趣味。

（2）观果灌木　是指果实色泽鲜艳，形状奇特，经久耐看，且不污染环境的观赏灌木，可观果形，看果色，如南天竹（图0-16，见彩图）、天目琼花、海桐等，果实火红，一派丰收景象；沙棘（图0-17，见彩图）、杏、李则呈现出黄色。

以叶色、叶形为主要观赏性状的，主要有亮绿叶类，常见为常

图 0-11　月季（一）

图 0-12　月季（二）

图 0-13　月季（三）

图 0-14　月季（四）

图 0-15　月季（五）

绿灌木；有彩色叶类，可见紫色、红色、金色及变色叶的观赏灌木，如紫叶李、金叶榆，黄栌等（见图 0-18、图 0-19，见彩图）。常见异形叶灌木有八角金盘、鹅掌柴等（见图 0-20、图 0-21，见彩图）。

图 0-16　南天竹（观果）　　　　图 0-17　沙棘（观果）

图 0-18　紫叶李　　　　　　　图 0-19　金叶榆

除了观花、观果、观叶的灌木外，还有部分可以观枝或观芽的灌木，如四川樱桃、红瑞木以及银芽柳等。

3. 依据栽培用途分类

观赏灌木在栽培中一般用作绿篱，有叶篱，如大叶黄杨、女贞、紫叶小檗、洒金柏等，花篱如连翘、月季、迎春、杜鹃等，蔓篱如凌霄、葡萄、紫藤等，果篱如南天竹、火棘等。

4. 依据生态特性分类

观赏灌木在园林绿化中的应用成功与否取决于栽植成活率及生长适应性。所以观赏灌木的生态特性及配置目的对于观赏树木的选择非常重要。在长期的物种进化过程中，观赏灌木种类个别，分布

图 0-20　八角金盘　　　　　　　图 0-21　鹅掌柴

不同，对自然环境的适应性各异，形成各具特性的生态型，比如气候生态型、土壤生态型、光生态型、水生态型等。

二、观赏灌木的特点

观赏灌木的美主要表现在色彩、形态、芳香及感应等方面，通过叶、花、果、枝、干、根等观赏器官或部位，以树体大小、姿态、色彩等观赏特性为载体，给观赏者以客观直接的感受，实现了园林美的主旋律。其主要特点有以下几方面。

1. 色彩丰富

观赏灌木色彩的类型和格调主要取决于叶、花、果、枝干的颜色。而叶色的变化取决于叶片内的叶绿素、叶黄素、类胡萝卜素、花青素等色素的变化，同时还受叶片对光线的吸收和反射差异的影响，这样可以看到基本的叶色，即绿色，受树种及光线的影响，可以看到墨绿、深绿、油绿、亮绿等不同程度的绿色，且会随着季节发生变化；除绿色外，也有其他叶色，颜色没有季节性变化的常色叶类的紫色、黄色，也有随着季节的变化而变化的季节色叶类。同样枝干的颜色也有多种，会引起人们极大的观赏兴趣，如红色的红瑞木、山桃，黄色的黄金嵌碧玉竹，这些具有特色颜色枝干的观赏灌木，若配合冬春雪景，效果相当显著。还有花色，即花被或花冠的颜色，同样与花青素及光线有着密切的关系，可以将其群植或丛植以发挥其群体美或立体美。

2. 形态多样

观赏灌木的形态是其外形轮廓、姿态、大小、质地、结构等的综合体现，给人以大小、高矮、轻重等比例尺度的感觉，是一种造型美，可以是自然的体现，也可以是人为造型，在园林应用过程中是不可分割的一个部分。其多样性体现主要是通过树形来完成的，观赏灌木常见树形有圆球形、垂枝形、披散形、藤蔓形等（见图0-22～图0-24，见彩图）。

图 0-22 圆球形中华金叶榆

图 0-23 披散形连翘

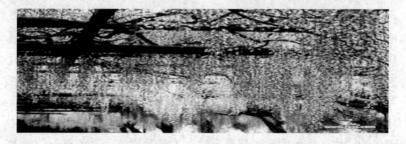

图 0-24 藤蔓形紫藤

3. 芳香独特

常见的香花灌木很多种，其香味来源于花器官内的油脂类或其他复杂的化学物质，随着花朵的开放分解为挥发性的芳香油，刺激观赏者的嗅觉，产生愉快的感觉，如茉莉的清香，桂花、含笑的甜香，白兰花的浓香，玉兰的淡香，尤其在特殊花园或观赏景观的建设和生态保健林的营建中具有十分积极的作用。

4. 观赏树木的感应

观赏灌木给人的印象不仅仅是局限于色彩、形态等外形的直感，其对于环境的反应同样可以使得观赏者获得感官或心理上的满足感。当日光直射叶片，叶片的光亮、角质层或蜡质层就会产生一定的反光效果，可以使得景物更加迷人；观赏灌木的枝叶受风雨的作用产生不同的声响，也可加强或渲染园林的氛围，令人沉思，引人遐想，随着风雨摇曳，姿态变化万千，给人以流动的美感；灌木些许的阴影既能烘托局部的气氛，也能增加观赏情趣。

第三节　观赏灌木种苗培育现状和市场前景

一、观赏灌木种苗培育生产历史及现状

观赏种苗是园林绿化建设的物质基础，园林苗木的生产能力和状况在一定程度上决定了城市园林绿化的进程和发展方向，必须有足够数量的优秀苗木才能保证园林事业的顺利发展，观赏灌木作为园林绿化苗木的重要组成部分，对于园林绿化事业的稳步发展所起的作用也是不容置疑的。早在 1958 年，我国就召开了第一次全国城市绿化会议，会议指出：苗圃是绿化的基础，城市绿化需苗木先行等观点。目前为止，每个城市都有自己的绿化用苗苗圃，基本可以实现大部分绿化用苗的自给，尤其以观赏用灌木为主。

近年来苗圃的数量与日俱增，园林苗圃迅速发展，园林苗木得到大量培育利用。新的育苗技术不断涌现，弥补传统育苗的不足，使得育苗工作突破时间、空间的限制。组培工厂生产基地的建设，

组培繁育技术及先进的生物技术在苗木繁育中的应用，人工种子的大粒化技术、保护地育苗、容器育苗、无土育苗、全自动温室育苗等现代育苗技术的应用，以及轻型育苗基质的应用和全自动喷雾嫩枝扦插育苗技术的发展，大大提高了园林苗木培育的水平和数量，丰富了苗木的种类，提高了苗木的整齐度和质量。

随着人们对园林绿化的要求越来越高，新的问题开始出现。一方面现有的苗圃及园林植物的生产还不能满足飞速发展的城市绿化的需求，城市绿化的苗木自给还比较困难，虽然各地都有了自己的苗圃，但还是不能完全实现苗木的自给，或者有特殊栽培需求的苗木不能自给。导致外来苗木不能很好地适应当地的土壤和气候环境条件，成活率和保存率得不到很好的保障。另一方面，很多园林苗圃的苗木质量得不到保证，苗木的规格、质量、种类和造型等不能满足日益发展的绿化需求。

二、观赏灌木种苗培育市场前景

城市绿化作为城市基础设施，是城市市政公用事业和城市环境建设事业的重要组成部分。城市绿化关系到每一个居民，渗透各行各业，覆盖全社会。园林发展的好坏不仅标志着城市的活力和文明、城市环境的好坏，还体现了社会的进步状况和人们素质水平的高低。

我国的城市绿化水平在迅速发展，随着城镇化水平的提高，居住的舒适感和近自然理论刺激的绿地覆盖率的提升；国家及各级地方职能部门也出台了各种各样的政策来刺激园林绿化的发展，"园林城市""生态城市"的评选刺激地方各级政府加大绿化量、提高绿化率，刺激了各种苗木市场的发展，尤以观赏灌木为主要组成部分，这是观赏灌木种苗市场良好的外在动力。

城市绿化迅速发展，为园林绿化植物的种苗培育提供了广阔的市场前景，要求苗圃工作者要努力做到科学合理地进行苗木的培育和繁殖工作，进一步开发利用更多的苗圃资源，特别是通过对园林苗圃的苗木进行定向培育，使得苗木生产定向化、多样化，发掘潜在的绿化功能。争取做到苗木种类多样性、地域特点明显、苗木特色突出，实现低成本、高产出的可持续园林苗木生产，以保证为园林绿化提供品种丰富、品质优良而且适应性良好的园林苗木。

国内园林绿化市场已从单纯的"绿化"转向"彩化、美化"，原有的金叶女贞、紫叶小檗已不能满足城乡绿化的需要，迫切需要更多的集观叶和观花或观果或观枝于一身的新型彩叶植物，如金叶连翘、金叶接骨木、花叶红瑞木、彩叶卫矛、红叶石楠、紫叶矮樱、马醉木等。而观赏灌木的价格也日新月异，表0-1为2014年部分观赏灌木售价。

表 0-1 2014 年部分观赏灌木苗木价格表

产品名称	直径/cm	高度/cm	冠幅/cm	地径/cm	单位	价格/元	备注
金边黄杨		30			株	0.35	
八月桂	8		250	9	棵	700	
醉香含笑	8	500	250	10	棵	90	
香泡树	25	480	380	26	株	4600	全冠
花石榴		100	50		株	5	
大叶栀子		30	15		株	0.65	
沙地柏		50			株	1.6	
八月桂		400	400	15	株	3200	
大叶女贞			350		株	1600	丛生
绣线菊		30	20		株	0.35	
黄馨		40			株	0.4	
法国冬青		350			株	30	
红花檵木球			180		株	300	
竹柏	3				株	100	
杜鹃		30	25		棵	0.5	
阔叶十大功劳		25			株	1.5	

注：此数据来源于中国园林网，数据更新于 2014 年 7 月 4 日。

第一章

苗圃地的选择与建立

　　园林苗圃是专供城镇绿化与美化，为改善生态及居住环境繁殖各种绿化用苗木的生产基地，既是培育绿化用苗木的场所，也是培育与经营绿化苗木的生产单位或企业。一个完善的苗圃或种植基地，就像是修路、建桥、盖楼一样需要经过前期的调查、论证、设计、施工，需要科学、缜密、可行的规划设计方案，盲目播种或者育苗会给后期工作带来极大的混乱和损失。

　　过去，由于缺乏市场经济意识，我国的种植园或者是苗圃只是单纯的良种繁育基地，随着社会的发展与进步，大规模的绿化苗木被应用到园林绿化当中去，这就要求苗圃必然要成为一个独立的生产经营单位。因此，圃地在建立之前，必须要经过严格的论证等，要牢固树立经营理念，努力实现经济效益最大化，从而实现可持续发展目标。

　　新建一个绿化用园林苗圃，要考虑苗圃所处的地理位置、环境条件、土壤状况、水源等，还要考虑所建苗圃的规模、用途；对市场进行充分的调查分析、政策导向、发展行情分析等，然后依托相关的专业机构进行科学可行的苗圃的发展计划并依设计进行建设。

第一节　苗圃地的种类与特点

　　在制订苗圃发展计划时，结合自身的现有资源和经济条件，进行苗圃类型的定位与建设，对于圃地的建设和发展尤为重要。目前，对于苗圃进行分类的依据很多，可以分成不同的种类，有利于在不同领域应用或应用于不同的目的。

一、依据育苗用途分类

　　(1) 用材林苗圃　以培育用材林苗木为主，一般为1~2年生苗，苗木达到出售规格就起挖运走，土地利用率相对较高，复种指数大（图1-1）。

　　(2) 防护林苗圃　以培育防护林用苗为主，有乔、灌木树种。

　　(3) 园林苗圃　以培育城市、公园、居民区和道路等绿化苗木

图 1-1 用材林苗圃

为主, 对于树种的选择要求符合城市绿化的品种要求和规格要求, 一般位置接近于城市周边, 规模可大可小。

(4) 果树苗圃 以培育果树苗木为主, 大多通过嫁接获得市场所需的新品种, 规模一般不大, 以某一特种需求为基础而建立。

(5) 特用经济林苗圃 以培育特种经济树种用苗为主, 来满足对某种特种苗木的需求, 如桑苗、油茶苗等。

(6) 教学研究用苗圃 以满足学校、科研单位的教学、科研为目的的苗圃, 其中苗木种类以多、新、奇为主要特点, 数量不需要太多, 够用就好, 但是对于苗木种性的保持要求较高, 需要给予更加精细的管理。

(7) 综合性苗圃 具有多种经营内容的苗圃, 可以结合科研、教学进行生产、销售, 也可以生产特种经济林苗木, 还可以生产普通苗木, 因为圃地内种苗种类复杂多样, 对圃地的管理提出了更高的要求。

二、按照使用年限划分

(1) 固定苗圃 也称为永久性苗圃, 一般规模相对较大, 使用年限长，苗木种类繁多，兼具各种使用目的（图1-2）。固定苗圃设施完善，劳力固定，经营集约，有先进的生产技术、先进的生产设备、先进的科研支撑，利于机械化作业，便于大规模生产。

（2）临时苗圃　也称为移动苗圃（图1-3），为完成一定的造林或绿化任务，或短期供给某些苗木需求而临时设置，一般位于造林地附近或城郊，设施简单，苗木种类单一，使用年限短，随着造林任务或绿化任务的完成，育苗工作也就结束，其苗圃的功能也就消失。

图1-2　固定苗圃

三、按照苗木规格分类

（1）大苗经营苗圃　以大树（大苗）培育为主的苗圃，基本都是以购买为主，大树苗圃只起到临时性存放的作用，即根系和树冠的恢复生长。大苗来源主要有两种：一是采挖本地或外地野生资源；二是其他苗圃培育达到大苗规格的实生苗或无性繁殖苗。这类苗圃为了避免大苗在栽植过程中的长距离运输，减少成本，在各大城市的周边存在，交通方便，投资大，风险大，技术要求高，但投资回报高。

（2）小苗经营苗圃　以规格较小的苗木培育为主的苗圃，经营

图 1-3 临时苗圃

各种播种苗、扦插苗、嫁接苗、分株苗、组培苗等。苗木相对繁殖系数较高，数量小，周转周期也短，技术要求低，经营成本及风险相对较小，如江苏沭阳、辽宁铁岭、湖南浏阳等地有大量的该种苗圃存在。

（3）混合经营苗圃　这种苗圃在实际生活中比较常见，根据经营者的经济条件和市场供需，可以以大苗培育为主，也可以以小苗培育为主，也可以根据具体情况在一定程度上进行调整，可以充分利用苗圃地的剩余空间和劳动力，长短结合，可以合理利用各种资源，避免浪费。

（4）地方特色苗圃　以本地区的特色苗木培育为主的苗圃，适度培育一些本地或外地的新品种，苗木品种相对较多而且齐全，规格也齐全，如宁波柴桥的苗圃基本都以杜鹃花为主，而江苏徐州地区以银杏为主。

四、按照育苗方式分类

（1）大田育苗苗圃　根据地方环境特点，不设置人为辅助设施，因地制宜地培育大规格苗木的苗圃，主要是希望外地引入苗木以较好地适应当地的气候和土壤等条件（图1-4）。各地区的大

图 1-4　香樟大田育苗苗圃　　　　图 1-5　容器育苗苗圃

田育苗苗圃都广泛存在，是一种最广泛、最普遍的种苗培育方式。

　　（2）容器育苗苗圃　利用各种规格类型的容器装入培养基质进行苗木培育的一种育苗方式（图 1-5）。与传统育苗方式相比，可以节省种子，苗木的产量高、质量好、成活率高，管理简单方便。目前，容器育苗的发展极度不平衡，由于与传统育苗方式不同，在圃地设计或应用时有很多问题需要注意。

　　（3）保护地育苗苗圃　人为创造适宜的环境条件，保证植物能够继续生长和度过不良环境条件的种苗培育方式，如温室育苗、塑料大棚育苗、小拱棚育苗、温床育苗等，避免了不良气候条件的直接干扰，可以人为调节其内部的温湿度等苗木生长所必需的各种影响因子。该种育苗方式在花卉生产上应用较多，在木本植物或者是观赏灌木上的应用相对较少。保护地育苗苗圃可以作为传统育苗苗圃的一部分存在，作为容器育苗或大田育苗的补充形式，发挥着重要作用。

　　（4）工厂化育苗苗圃　工厂化育苗是随着现代农业的快速发

展，农业规模化经营、专业化生产、机械化和自动化程度不断提高而出现的一项成熟的农业先进技术，是工厂化农业的重要组成部分。它是在人工创造的最佳环境条件下，采用科学化、机械化、自动化等技术措施和手段，批量生产优质秧苗的一种先进生产方式（图1-6、图1-7）。工厂化育苗技术与传统的育苗方式相比具有用种量少，占地面积小；能够缩短苗龄，节省育苗时间；能够尽可能减少病虫害发生；提高育苗生产效率，降低成本；有利于统一管理，推广新技术等优点，可以做到周年连续生产。这是一种先进的育苗方式，仅在相对规模较大的少数苗圃存在，对生产设施和条件要求都很高，如组织培养育苗、无土栽培育苗等。

图1-6 工厂化育苗（一）

图1-7 工厂化育苗（二）

第二节 苗圃地的规划布局和选择

一、苗圃的合理布局

园林苗圃是培育和繁殖苗木的基地，其任务是用先进的科学技术和手段，在相对较短的时间内，以较低的成本投入，有计划地培育出园林绿化美化所需要的乔木、灌木、草、花等各种类型各种规格的苗木。因此在各个城市的园林绿化建设工作中，必须对苗圃的数量、用地、布局等进行提前选择和规划。

一般园林苗圃尽可能地安排在城市城区的边缘地带，在城市的东西南北四面八方，围绕城区分布。现许多苗圃建在交通主干线和公路的两旁，可起到很好的广告宣传作用，对于产品销售非常有利。

《城市园林育苗技术规程》规定：一个城市园林苗圃面积应该占建成区面积的 2%～3%，不同规模的城市，可根据实际需要建立园林苗圃，对大、中城市来说，园林苗圃的规划与布局显得更为重要。苗圃以距离市中心不超过 20km 为宜，并在四周均匀分布。

园林苗圃的建立与发展是一项系统工程，要根据对树种种类和规格的规划选定不同规模和类型的苗圃来完成。随着我国苗木市场的繁荣，市场经济规律在苗圃布局中也发挥了越来越重要的作用。据中国花木网等苗木信息网的初步调查，我国苗圃的分布已经呈现出区域性集中分布的特点，分别围绕我国三大经济圈，即北京与渤海湾地区、上海与长江三角洲地区、珠江三角洲地区，形成了北方、东方、南方三大产区。经济发展与市场变化对苗圃布局的调节已然成为一种趋势，如何在合理规划布局当地苗圃的同时统筹兼顾异地资源，也是一个重要的课题，需要当地的政府部门、园林建设主管部门及从业人员调查研究。

二、园林苗圃用地的选择

(一) 苗圃的经营条件

(1) 交通便捷　选择靠近铁路、公路、水路、机场的地方，以便于苗木和生产资料的运输。

(2) 劳力、电力有保证　设在靠近村镇的地方，便于解决劳力、电力问题。尤其在春秋苗圃工作繁忙的时候，可以补充临时性的劳动力。

(3) 科研指导　若能将苗圃建立在靠近相关的科研单位，如高校、科研院所等附近，则有利于获得及时有效的先进的技术指导，有利于先进技术的应用，从而提高苗木的科学技术含量。

(4) 空间足够　在种苗培育期间，要经常进行一些抚育管理工作，这就要求在圃地选择时要有足够的活动空间。

（5）远离污染 如果可能，避免与空气污染、土壤污染和水污染等区域太过于接近，以免影响苗木的正常生长于发育。

（二）苗圃的自然条件

1. 地形、地势及坡向

苗圃地宜选择灌排良好、地势较高、地形平坦的开阔地带。坡度以 1°～3°为宜，坡度过大易造成水土流失，降低土壤肥力，不便于机械操作与灌溉。南方多雨地区，为了便于排水，可选用 3°～5°的坡地，坡度大小可根据不同地区的具体条件和育苗要求来决定，在较黏重的土壤上，坡度可适当大些，在沙性土壤上坡度宜小，以防冲刷。在坡度大的山地育苗需修梯田。积水洼地、重盐碱地、多冰雹地、寒流汇集地，如峡谷、风口、林中空地等日温差变化较大的地方，苗木易受冻害、风害、日灼等，都不宜选作苗圃。

在地形起伏相对较大的山区，不同的坡向直接影响光照、温度、水分和土层的厚薄等因素，对苗木生长影响很大。一般南坡光照强，受光时间长，温度高，湿度小，昼夜温差变化很大，对苗木生长发育不利；西坡则因我国冬季多西北寒风，易遭受冻害。可见，不同坡向各有利弊，必须依当地的具体自然条件及栽培条件，因地制宜地选择最合适的坡向。如在华北、西北地区，干旱寒冷和西北风危害是主要矛盾，故选用东南坡为最好；而南方温暖多雨，则常以东南、东北坡为佳，南坡和西南坡阳光直射，幼苗易受灼伤。如在一苗圃内必须有不同坡向的土地时，则应根据树种的不同习性，进行合理安排，以减轻不利因素对苗木的危害。如北坡培育耐寒、喜阴种类；南坡培育耐旱、喜光种类等。

2. 土壤

土壤的理化性质直接影响苗木的生长，因此，其与苗木的质量及产量都有着密切的关系。大多数苗木适宜生长在排水良好、具有一定肥力的沙质壤土或轻黏质壤土，土壤过于黏重或沙性过大都不利于苗木的良好生长。土壤的酸碱性通常以中性、弱酸性或弱碱性为好，而实际生产中苗圃地的土壤条件都不是特别适合苗木的栽植或育苗，这就要求从业人员根据苗木的特性结合土壤的特点进行调节或改良。

3. 水源及地下水位

苗木在培育过程中必须有充足的水分。有收无收在于水，多收少收在于肥，水分是苗木的生命线。因此水源和地下水位是苗圃地选择的重要条件之一。苗圃地应选设在江、河、湖、塘、水库等天然水源附近，以利引水灌溉。这些天然水源水质好，有利于苗木的生长；同时也有利于使用喷灌、滴灌等现代化灌溉技术。如能自流灌溉则能降低育苗成本。若无天然水源，或水源不足，则应选择地下水源充足，可以打井提水灌溉的地方作为苗圃。苗圃灌溉用淡水，水中盐含量不超过 1/1000，最高不得超过 1.5/1000。易被水淹和冲击的地方不宜选作苗圃地。

地下水位过高，土壤的通透性差，根系生长不良，地上部分易发生徒长现象，而秋季停止生长晚也易受冻害。当蒸发量大于降水量时会将土壤中的盐分带至地面，水走盐留，造成土壤盐渍化。在多雨时又易造成涝灾。地下水位过低，土壤易干旱，必须增加灌溉次数及灌溉水量，提高了育苗成本。在北方旱季，地下水位太深，以致无法提取的地方不宜建立苗圃。最合适的地下水位一般为沙土1～1.5m，沙壤土 2.5m 左右，黏性土壤 4m 左右。

4. 病虫草害

在选择苗圃时，一般都应做专门的病虫草害调查，了解当地病虫草害情况及其感染程度。病虫草害过分严重的土地和附近大树病虫害感染严重的地方，不宜选作苗圃地。金龟子、象鼻虫、蝼蛄、立枯病、多年生深根性杂草等危害严重的地方不宜选作苗圃地。土生有害动物如鼠类过多的地方一般也不宜选作苗圃地。

第三节　苗圃地的规划设计与建立

苗木的产量、质量以及成本投入等都与苗圃所在地的环境条件密切相关。在建立苗圃时，要对圃地的各种环境条件进行全面调查、综合分析、归纳分析等，结合圃地类型、规模及培育目标苗木的特性等，对圃地的区划、育苗技术以及相关内容提出可行的方案，具体要以文字的形式提供，经过相关部门的论证和批准后方可建设。

一、苗圃规划设计的准备工作

根据上级部门或委托单位对拟建苗圃的要求和育苗任务，进行有关自然、经济和技术条件资料与图表的收集和整理，地形地貌踏查及调查方案的确定，为最终的规划设计打好基础。

（一）踏勘

由设计人员会同施工和经营人员到已确定的圃地范围内进行实地踏勘和调查访问工作，概括地了解圃地的现状、历史、地势、土壤、植被、水源、交通、病虫害、草害、有害动物、周围环境、自然村的情况等。

（二）测绘地形图

平面地形图是苗圃进行规划设计的依据。比例尺要求为1/500～1/2000；等高距为20～50cm。与设计直接有关的山、丘、河、井、道路、桥、房屋等都应尽量绘入。对圃地的土壤分布和病虫害情况亦应标清。

（三）土壤调查

根据圃地的自然地形、地势及指示植物的分布，选定典型地区，分别挖取土壤剖面，观察和记载土壤厚度、机械组成、酸碱度、地下水位等，必要时可分层采样进行分析，弄清圃地内土壤的种类、分布、肥力状况和土壤改良的途径，并在地形图上绘出土壤分布图，以便合理使用土地。

（四）病虫害调查

主要调查圃地内的地下害虫，如金龟子、地老虎、蝼蛄、金针虫、有害鼠类等。一般采用抽样法，每公顷挖样方土坑10个，每个面积$0.25cm^2$，深40cm，统计害虫数目、种类。并且根据前作物和周围苗木的情况，了解病虫害的来源及感染程度，以便在后续

工作中提出或实施防治措施。

(五) 气象资料的收集

收集掌握当地的气象资料。如生长期、早霜朗、晚霜期、晚霜终止期、全年及各月平均气温、绝对最高气温和最低气温、土表最高温度、冻土层深度、年降雨量及各月分布情况、最大一次降雨量及降雨历时数、空气相对湿度、主风方向、风力等。此外，还应了解圃地的特殊小气候等具体情况。

二、规划设计的主要内容

圃地的规划设计就是为了合理布局圃地，充分利用空间，便于生产和管理，以及实现经营与发展目标，对圃地按照功能区进行划分。传统上苗圃通常划分为生产用地和辅助用地：生产用地主要是指直接用来生产苗木的地块，应当包括播种区、营养繁殖区、移栽区、大苗区、母树区、实验区、特种育苗区等；辅助用地则包括圃地中非直接用于苗木生产的占地，包括道路、灌排系统、防护林区、办公区，甚至于还有展示区、生活福利区等。依据圃地的规格，辅助用地不能超过圃地总面积的 1/4。

(一) 生产用地的区划原则

(1) 耕作区是苗圃中进行育苗的基本单位。

(2) 耕作区的长度依机械化程度而异，完全机械化的以 200～300m 为宜，畜耕者 50～100m 为好。耕作区的宽度依圃地的土壤质地和地形是否有利于排水而定，排水良好时可宽，排水不良时要窄，一般宽 40～100m。

(3) 耕作区的方向，应根据圃地的地形、地势、坡向、主风方向和圃地形状等因素综合考虑。坡度较大时，耕作区长边应与等高线平行。一般情况下，耕作区长边最好采用南北方向，可以使苗木受光均匀，有利生长。

(二) 各育苗区的配置

1. 播种区

播种区是播种育苗的生产区，是圃地完成观赏灌木苗木繁殖任务的关键区域。由于幼苗对不良环境的抵抗能力弱，对土壤条件及水肥条件的要求较高。应选择全圃自然条件和经营条件最好、最有利的地段作为播种区。要求其地势较高而平坦，坡度小于 2°。接近水源，灌排方便；土质最优良，深厚肥沃；背风向阳，便于防霜冻；且靠近管理区。

2. 营养繁殖区

营养繁殖区是指在圃地中培育扦插苗、压条苗、分株苗和嫁接苗的地区，与播种区要求基本相同，应设在土层深厚和地下水位较高、灌排方便的地方。嫁接苗区要求与播种区相同。扦插苗区可适当用较低洼的地方。珍贵树种扦插则应用最好的地方，且靠近管理区。

3. 移植区

移植区即培育各种规格移植苗的区域。由播种区、营养繁殖区中繁殖出来的苗木，需要进一步培养成较大苗木时，则多移入移植区中进行培育。依规格要求和生长速度的不同，往往每隔 2～3 年还要再移几次，逐渐扩大株行距，增加营养面积。所以移植区占地面积相对较大，一般可设在土壤条件中等、地块大而整齐的地方。同时也要依苗木的不同习性进行合理安排。

4. 大苗区

大苗区是培育树龄较大，根系发达，经过整形有一定树形，能够直接用于园林绿化的各类大规格苗木的生产区。在大苗区培育的苗木，体形、苗龄均较大，出圃的不再进行移植，培育年限较长。大苗区的特点是株行距大，占地面积大，培育苗木大。一般选用土层较厚、地下水位较低而且地块整齐的地区。为了出圃时运输方便，最好能设在靠近苗圃的主干道或苗圃的外围运输方便处。

5. 母树区

在永久性苗圃中，为了获得优良的种子、插条、接穗、根蘖等繁殖材料，需设立采种、采条、挖蘖的母树区。本区占地面积小，可利用零散地，但要求土壤深厚、肥沃及地下水位较低。对一些乡土树种可结合防护林带和沟边、渠旁、路边进行栽植。

6. 引种驯化与展示区

用于引入新的树种或品种，进而推广，丰富圃地苗木种类。其中的实验区和驯化区可单独设置，也可混合设置。在国外，很多苗圃都将两者结合设置成展示区或展示园，把优质种质资源和苗木品种的展示结合在一起，效果良好（图1-8，见彩图）。

图1-8　某苗圃的布置图

7. 温室和大棚区

通过必要的设施提高育苗效率或苗木质量，是苗圃在市场竞争中获得成功的主要措施。可根据各苗圃的具体育苗任务和要求，可设立温室、大棚、温床、荫棚、喷灌与喷雾等设施，以适应环境调控育苗的要求，近年来我国苗圃逐渐增多，并成为新的育苗技术的主要方式。温室和大棚投资较大，但具有较高的生产率和经济效益。在北方可一年四季进行育苗。在南方温室和大棚可以提高苗木的质量，生产独特的苗木产品。该区要选择距离管理区较近、土壤条件好、比较高燥的地区（图1-9）。

图 1-9 温室区

（三）辅助用地的规划设置

苗圃的辅助用地主要包括道路系统、排灌系统、防护林带、管理区的房屋、场地等，这些用地是直接为生产苗木服务的，要求既要能满足生产需要，又要设计合理，减少用地。

1. 道路系统的设置

苗圃中的道路是连接各耕作区与开展育苗工作有关的各类设施的动脉（图 1-10）。一般设有一级道路、二级道路、三级道路和环路。一级道路，也叫主干道，是苗圃内部和对外运输的主要道路，多以办公室、管理处为中心设置一条或相互垂直的两条路为主干道，通常宽 6～8m，其标高应高于耕作区 20cm。二级道路，通常与主干道相垂直，与各耕作区相连接，一般宽 4m，其标高应高于耕作区 10cm。三级道路，是沟通各耕作区的作业路，一般宽 2m。环路是指在大型苗圃中，为了车辆、机具等机械回转方便，可依需要设置环路。在设计出圃道路时，要在保证管理和运输方便的前提下尽量节省用地。中小型苗圃可不设二级路，但主路不可过窄，一

图 1-10　圃地主干道

般苗圃中道路的占地面积不应超过苗圃总面积的 7%～10%。

2. 灌溉系统的设置

苗圃必须有完善的灌排水系统，以保证供给苗木充足的水分。灌溉系统包括水源、提水设备和引水设施三部分。常见的灌溉形式有渠道灌溉、管道灌溉和移动喷灌。

（1）渠道灌溉　土渠流速慢、渗水快、蒸发量大、占地多，浪费用水。现都采用水泥槽作水渠，既节水又经久耐用。水渠一般分三级：一级渠道是永久性大渠道、一般主渠顶宽 1.5～2.5m；二级渠道一般顶宽 1～1.5m；三级渠道是临时性小水渠，一般宽度为 1m 左右。一、二级渠道水槽底部应高出地面；三级渠（毛渠）应平于或略低于地面，以免把活沙冲入畦中，埋没幼苗。各级渠道的设置常与各级道路相配合，渠道方向与耕作区方向一致，各级渠道相互垂直。渠道还应有一定的坡降，以保证水流速度。

（2）管道灌溉　主管和支管均埋入地下，其深度以不影响机械化耕作为度，开关设在地端使用方便。用高压水泵直接将水送入管道或先将水压入水池或水塔再流入灌水管道。出水口可直接灌溉，也可安装喷头进行喷灌或用滴潜管进行滴灌（图 1-11）。

图 1-11 管道灌溉

(3) 移动喷灌 主水管和支管均在地表，可进行随意安装和移动（图 1-12）。按照喷射半径，以相互能重叠喷灌安装喷头，喷灌完一块苗木后，再移动到另一地区。此方法一般节水 20%～40%，节省耕地，不产生深层渗漏和地表径流，土壤不板结。并且，可结合施肥、喷药、防治病虫害等抚育措施，节省劳力，同时可调节小气候，增加空气湿度。这是今后园林苗木灌溉的发展方向。

图 1-12 移动喷灌

3. 排水系统的设置

排水系统对地势低、地下水位高及降雨量集中的地区更为重要。排水系统由大小不同的排水沟组成。大排水沟应设在圃地最低处，直接通入河流或市区排水系统。中小排水沟通常设在路旁，耕作区的小排水沟与小区步道相结合。在地形、坡向一致时，排水沟和灌溉渠往往各居道路一侧，沟、路、渠并列。排水沟与路渠相交处应设涵洞或桥梁。一般大排水沟宽 1m 以上、深 0.5～1.0m，耕作区内小排水沟宽 0.3～1m、深 0.3～0.6m。排水系统占地一般为苗圃面积的 1%～5%。

4. 防护林带的设置

在风沙危害地区，要设防风护林带。防风林带能降低风速，减少地面蒸发和苗木的蒸腾量，提高地面空气湿度，改善林带内的小气候；还能防止风蚀圃地表土；防止风吹、沙打和沙压苗木；在冬季有积雪的地区，防风林带能增加积雪，改善土壤墒情，并有保温作用。因此在风沙危害的地区，设置防风林带是提高苗木产量和质量的有效措施。防风林带主林带与主风向垂直，宽度根据圃地面积大小和气候条件确定。

为防止野兽、家畜及人为侵入圃地，可在苗圃周围设置生篱或死篱。生篱要选生长快、萌芽力强、根系不太扩展并有刺的树种，

图 1-13　某校园苗圃规划设计图中的办公区和水域

如女贞、木槿、野蔷薇、侧柏等。死篱可用树干、木桩、竹枝等编制而成，有条件的地方可砌围墙。近年来，在国外为了节省用地和劳力，也有用塑料制成的防风网、防护网，占地少且耐用。

5. 办公管理区的设置

该区域包括房屋建筑和圈地场院等部分。前者主要包括办公室、宿舍、食堂、仓库、工具房等，后者包括运动场、晒场、肥场等（图1-13～图1-15，见彩图）。苗圃管理区应该设在交通方便，地势干燥，接近水源、电源但不适于种苗种植的区域，可设在苗圃的中央区域便于管理。在国外，可以在管理区周边结合绿化展示本圃的优良种苗，可以使得前来购买的人马上可以看到景观效果或绿化效果，一箭双雕。

图1-14　某生态苗圃平面图及功能分区

三、苗圃设计图的绘制和设计说明书的编写

（一）绘制设计图前的准备

在绘制设计图时，首先要明确苗圃的具体位置、圃界、面积、育苗任务，还要了解育苗种类、培育的数量和出圃规格，确定苗圃的生产和灌溉方式、必要的建筑和设施设备以及苗圃工作人员的编

图 1-15　一个大型园艺种植园

制，同时应有建圃任务书、各有关的图面材料如地形图、面图、上壤图、植被图，搜集有关其自然条件、经营条件以及气象资料和其他有关资料等。

（二）园林苗圃设计图的绘制

在相关资料搜集完整后，应对具体条件全面综合，确定大的区划设计方案，在地形图上绘出主要建筑区建筑物具体位置、形状、大小以及主要路、渠、沟、林带等位置。再依其自然条件和机械化条件，确定最适宜的耕作区的大小、长宽和方向，然后根据各育苗要求和占地面积，安排出适当的育苗场地，绘出苗圃设计草图。经多方征求意见，进行修改，确定正式设计方案，即可绘制正式设计图。正式设计图，应依地形图的比例尺将建筑物、场地、路、沟、林带、耕作区、育苗区等按比例绘制。在图外应有图例、比例尺、指北方向等。同时各区各建筑物应加以编号或文字注明。

（三）园林苗圃设计说明书的编写

设计说明书是园林苗圃规划设计的文字材料，它与设计图是苗圃设计不可缺少的两个组成部分（图 1-16）。图纸上表达不出的内

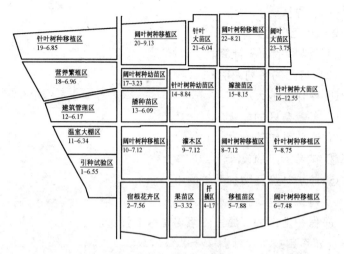

图 1-16 某苗圃苗区分布图（引自柳振亮《园林苗圃学》）

横线下方数据代表某区域的长度和宽度（单位：m）

容，都必须在说明书中加以阐述。一般按总论和设计两个部分进行编写。

1. 总论部分

主要叙述该地区的经营条件和自然条件，并分析其对育苗工作的有利因素和不利因素以及相应的改造措施。

（1）经营条件

① 苗圃所处地理位置，当地居民的经济、生产、劳动力状况及对苗圃生产经营的影响。

② 苗圃的交通运输条件。

③ 水力、电力和机械化条件。

④ 苗圃成品苗木供给的区域范围、市场目标及发展展望。

（2）自然条件

① 气候条件。

② 土壤条件。

③ 病虫草害及植被情况。

④ 地形特点。

⑤ 水源情况。

2. 设计部分

(1) 苗圃的面积计算。

(2) 苗圃的区划说明

① 耕作区的大小。

② 各育苗区的配置。

③ 道路系统的设计。

④ 排灌系统的设计。

⑤ 防护林带及防护系统的设计。

⑥ 建筑区建筑物的设计。

⑦ 保护地大棚、温室、组培室等的设计。

(3) 育苗技术设计。

(4) 建圃的投资和苗木成本回收及利润计算。

四、园林苗圃的建立

园林苗圃的建立，主要指兴建苗圃的一些基本建设工作。其主要项目是房屋、温室、大棚及各级道路、沟、渠的修建；水电、通讯的引入，土地平整和防护林带及防护设施的修建、房屋的建设和水电通讯的引入应该在其他各项建设之前进行。

(一) 房屋建设和水电、通讯引入

近年来为了节约土地，办公室、仓库、车库、机械库、种子库等尽量建成楼房，少占平地，多利用立体空间，最好集中在圃地的某一区域集中建设。水电、通讯是搞好基建的先行条件，当然应该最先安装引入。

(二) 圃路的施工

施工前先在设计图上选择两个明显的地物或两个已知点，定出主干道的实际位置，再以主干道的中心线为基线，进行圃路系统的定点放线工作，然后方可进行修建 (图 1-17)。圃路的种类很多，有土路、石子路、灰渣路、柏油路、水泥路等。一般苗圃的道路主要为土路，施工时由路两侧取土填于路中，形成中间高两侧低的抛

物线形路面，路面应夯实，两侧取土处应修成整齐的排水沟。其他种类的路也应修成中间高的抛物线形路面。

图 1-17　苗圃的道路

（三）灌水系统修筑

先打机井安装水泵，或泵引河水。引水渠道的修建最重要的是渠道的落差应符合设计要求，为此需用水准仪精确测定，并打桩标清。修筑明渠按设计的渠宽度、高度及渠底宽度和边坡的要求进行填土，分层夯实，筑成土堤（图 1-18）。当达到设计高度时，再在堤顶开渠，夯实即成。为了节约用水，现大都采用水泥渠作灌水渠。修建的方法是：先用修土渠的方法，按设计要求修成土渠，然后再在土渠沟中向四下挖一定厚度的土出来，挖的土厚与水泥渠厚相同，在沟中放上钢筋网，浇筑水泥，抹成水泥渠，之后用木板压之即成。若条件再好的话，可用地下管道灌水或喷灌，开挖 1m 以下的深沟，铺设管道，与灌水渠路线相同。移动喷灌只要考虑到控制全区的几个出水口即成。

（四）排水沟的挖掘

一般先挖向外排水的总排水沟。中排水沟与道路边沟相结合，修路时已挖掘修成。小区内的小排水沟可结合整地挖掘，也可用略

图 1-18　圃地的灌溉水渠

低于地面的步道来代替。要注意排水沟的坡降和边坡都要符合设计要求（坡度 3/1000～6/1000）。

（五）防护林的营建

一般在路、沟、桥完工后立即进行，以保证开圃后能尽快地起到防护作用。用大苗交错成行栽植，株行距要按要求进行，基本上呈"品"字形交错排列。栽植后要给予及时的水肥管理，以保证所选大苗的成活，且注意经常的养护。

（六）土地平整

按整个苗圃土地总坡度进行削高填低，整成具有一定坡度的圃地。坡度不大的时候可以结合之前道路整修或沟渠挖掘进行。或者等待开圃后结合合理耕作逐年进行，这样可节省开圃时的施工投资，而使原有表土层不被破坏，有利苗木生长；坡度过大必须修梯田，这是山地苗圃的主要工作项目。

（七）土壤改良

在圃地中如有盐碱土、沙土、重黏土或城市建筑废墟等，土壤不适合苗木生长时，应在苗圃建立时进行土壤改良工作，对盐碱地可采取开沟排水，引淡水冲碱或刮碱、扫碱等措施加以改良；轻度盐碱土可采用深翻晒土，多施有机肥料，灌冻水和雨后（灌水后）及时中耕除草等农业技术措施，逐年改良；对沙土，最好用掺入黏土和多施有机肥料的办法进行改良、并适当增设防护林带；对重黏土则应用混沙、深耕、多施有机肥料、种植绿肥和开沟排水等措施加以改良。对城市建筑废墟或城市撂荒地的改良，应以除去耕作层中的砖、石、木片、石灰等建筑废弃物为主，清除后进行平整、翻耕、施肥，即可进行育苗。

第四节　苗圃苗木生产设施与设备

根据苗圃经营的目标与生产计划，以及育苗技术工艺的要求，建设不同类型与不同功能的温室等育苗设施，并且依据生产管理技术，选购配置所需机械设备已经成为圃地进行各类苗木繁殖栽培技术更新的必要条件，是圃地建设中一项重要的建设内容。

一、苗圃苗木生产设施

设施育苗与栽培已经成为苗圃生产不可或缺的内容，它是通过人工、机械或智能化技术，有效地改善或调节设施内的温度、光照、湿度、气体等环境要素，以便达到苗木周年化生产的目的。这就使得了解圃地中用到的设施类型、结构和功能对于圃地建设变得尤为重要。

（一）苗床

苗床是用于培育植物秧苗的小块土地，根据是否具备加温条件可分为露天苗床和室内苗床两类。露天育苗用于春、夏、秋的露地育苗，室内育苗有温床和冷床两种。温床可以通过加温促使种苗快速生长，多用于冬季和早春的错季或反季节育苗。在露天育苗中，根据作业方式的不同，常见的有高床、低床、平床、垄作和平作（图1-19）。

1. 高床

床面高出步道的苗床称之为高床，指在整地后步道土壤覆盖于

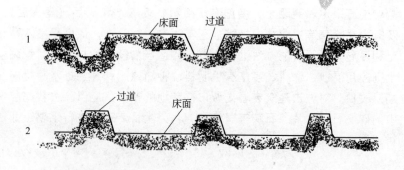

图 1-19　苗床
1—高床；2—低床；3—平床

床面，使得床面高出步道（图 1-20）。一般高度在 15～25cm，床面宽 100cm 左右，步道宽 40cm 左右，长度则依据地形和灌水方式而异。喷灌、机械化程度高时，苗床可以稍微变长。高床的优点是排水良好，肥土层厚，通透性高，便于应用侧方灌溉，床面不容易板结，步道也可以应用到灌溉和排水当中去。但做床和后期的管理相对比较费时费工，灌溉费水。

2. 低床

低床是指地面低于步道的苗床。步道即床埂。床的规格和高床相似，长度同样视具体情况而定，以东西走向为好。低床做床比较省工，灌溉方便，但不利于排水，灌溉后床面容易板结。适用于降水量少、雨季无积水的地区，或对土壤水分要求不严、稍耐积水的树种。在我国华北、西北湿度不足和干旱地区育苗应用较广。

3. 平床

平床是指地面与步道持平的苗床。各自的宽度同高、低床。

图 1-20 高床

4. 垄作

垄底宽度一般为 60～80cm，垄高 10～20cm，垄顶宽度 20～25cm，垄长要根据地形而定，一般 20～25m，最长不应超过 50m。垄作具有高床的优点，同时可节约用地。由于垄距大，通风透光较好，所以苗木生长健壮而整齐，根系发达，幼苗中耕、除草方便。垄作可以采用机械化或用畜力工具生产，因而减轻了工人的劳动强度，提高了工作效率，降低了苗木成本。一些苗圃通常用机引做垄犁做垄。目前各大苗圃在生产中越来越多的树种采用大田育苗的作业方式。

5. 平作

平作是不做床或不做垄，将圃地整平后，按距离要求画线，进行育苗。如北京地区播种大粒种子核桃等树种采用平作。还有一些树种采用多行带播，能提高土地利用率和单位面积的苗木产量，草坪生产采用平作的育苗方式。

(二) 风障、阳畦和温床

1. 风障

风障运用于苗木栽植中，是中国北方苗木生产简单的保护设施之一，用于阻挡季风，提高苗床内温度。由基埂、篱笆组成，披风风障还包括披风部分，篱笆是风障的主体，高度为 2.5～3m，一般由芦苇、高粱秆、玉米秸、细竹、松木等构成；基埂是篱笆基部北面筑起来的土埂，一般高约 20cm，用于固定篱笆；披风是附在篱笆北面的柴草层，用来增强防风、保温功能，其基部与篱笆一并埋入土中。在绿化生产中，风障可阻挡寒风，防寒作用很大，可提高局部环境温度与湿度。《北京城市园林苗圃规程》中规定，怕冻苗、怕风干的幼苗，在北方地区尤其要在西北方向架设风障，风障要高出防寒苗 2m，风障间距不超过 25m。珍贵、繁殖小苗区可以在西北方向选用侧柏作风障，效果相对较好（图 1-21）。

图 1-21　苗圃地常见风障类型

2. 阳畦

阳畦又叫冷床，是由风障演变成的利用太阳光热保持阳畦温度的保护设施（图 1-22～图 1-25）。冷床由畦心、土框、覆盖物和风障四部分构成。畦心一般 1.5m 宽、7m 长。土框的后墙高 40cm，底宽 40cm 左右，上宽 20cm；前土墙深 10～12cm，东西两边墙宽 30cm，按南（前）北（后）两墙的高度做成斜坡状。

建造冷床，一般在秋收后冰冻前进行。首先把耕层表土铲在一边留作育苗用。若土太干，需提前 2～3 天浇水。畦框北墙需上夹板装土打夯，然后用铁锹按尺寸铲修。畦框做成后，在畦框北墙外

图 1-22　阳畦（一）　　　　　　图 1-23　阳畦（二）

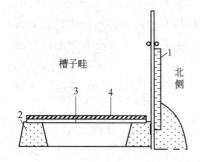
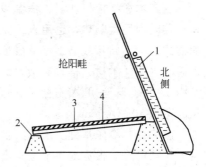

图 1-24　阳畦的结构

1—风障；2—畦框；3—玻璃窗；4—草苫

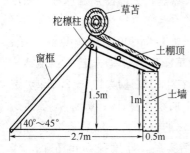
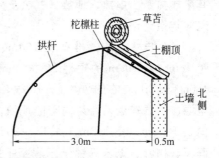

图 1-25　玻璃改良阳畦和薄膜改良阳畦

挖一条沟，沟深 25～30cm，挖出的土翻在沟北侧。然后用芦苇、高粱秸或玉米秆等，与畦面成 75°立入沟内，并将土回填到风障基部。为增强其抗风性能，可随秸秆插入数根竹竿或木杆。同时，在

风障北面要加披稻草或草苫，再覆以披土并用锹拍实。在风障离后墙顶 1m 高处加一道腰栏，把风障和披风夹住捆紧。

冷床上的覆盖物分透明和不透明两层。透明覆盖物多为农用塑料薄膜，一般采用平盖法，即把薄膜覆盖在竹竿支架上，先将北畦墙上的薄膜边缘用泥压好，待播种或分苗后将其余三边封严。在薄膜上边需用尼龙绳或竹竿压牢，以防大风把薄膜刮开。不透明覆盖物主要用蒲席或草苫，一般宽 1.6m、长 7.5m。

3. 温床

温床本意是指有加温、保温设施的苗床，主要供冬春育苗用。是一种既利用太阳热，也用人工简易加温的苗床。一般为南低北高的框式结构，园艺栽培上用得很多。主要结构为床框和床盖。床框以砖、水泥、木材、稻草制成，北高 60～80cm，南高 45～65cm，宽约 1.2m。床盖用木制窗架，嵌以玻璃，做成玻璃窗盖，一般长、宽为 80～400cm 为宜。

温床是在冷床基础上增加人工加温条件，以提高床内地温和气温的保护设施。根据地下水位高低、保温程度等不同，温床又分为地上式、地下式和半地下式三类。其中半地下式温床因建造省工、床内通风与保温效果好而广为应用。温床热源除太阳辐射热外，还有酿热热源、电热、地热、气热及火热等，尤以酿热温床和电热温床应用最为广泛。

(1) 电热温床　准备长 100m、功率为 800W 的电热线一根；粗 1cm、长 10cm 的短棍 20 根；碎草、树叶、锯末若干；宽 1～4cm、长 2m 左右的竹片 8～10 根，农用塑料薄膜 1.5～2.0kg。选电源、水源较近，背风向阳的地块，面积不少于 10m²。挖东西走向长 10.5m、宽 1.2m、深 18～20cm 的一床坑，然后将准备好的碎草、树叶、锯末等铺于床底整平踏实后，厚度在 5cm 左右，作为隔热层。最后在上面再铺一层厚约 1cm 的细沙。将细沙用木板刮平即可布线（图 1-26、图 1-27）。先按 10cm 间距在苗床两端距东西两侧床边 15cm 处各插一排短棍，然后将电热线贴地面沙层绕好，并使电热线两端导线部分从床内同侧伸出，以便连接电源。布

图 1-26 电热温床

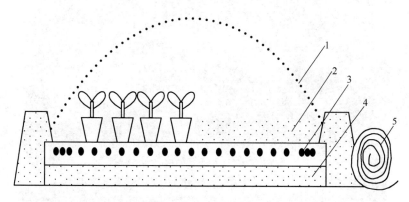

图 1-27 电热温床结构示意图
1—薄膜；2—床土；3—电热线；4—隔热层；5—草苫

线完毕用少量细沙把电热线盖严，然后铺床土。布好的电热线不能交叉和重叠，防止两线交叉受热时漆皮脱落，造成短路。床土要过筛，厚度为 8~10cm。最后，用竹片插拱作棚，然后盖上塑料薄膜，再盖上一层草苫即为简易电热温床。

（2）酿热温床 酿热温床是利用好气性微生物（如细菌、真

菌、放线菌等）分解有机物时产生的热量加温的一种苗床或栽培床。酿热温床的温度调节可以用调节酿热物碳氮比及紧密度、厚度和含水量来实现。根据酿热物含有的碳氮不同，可分为高温型酿热物（如新鲜马粪、新鲜厩肥、各种饼肥、棉籽皮和纺织屑等）和低温型酿热物（如牛粪、猪粪、落叶、树皮及作物秸秆等）两类。一般采用新鲜马粪、羊粪等作酿热材料，适合培育喜温园艺植物幼苗。也可根据培育幼苗种类，将高温、低温酿热材料混用。但低温酿热材料不宜单独使用。除选用酿热材料外，还应通过调节床内不同部位的酿热物厚度来调节床温（图1-28），以减少局部温差。

图 1-28　酿热温床

（三）荫棚

荫棚是用来庇荫的栽培设施，其作用是防止强烈阳光直射，降低地表温度，增加贴地层空气湿度及调节苗床光照强度，它对促进许多绿化苗木的繁殖、成活与生长，以及移栽苗木成活都有很好的效果。

荫棚搭建时，要根据苗床和需要遮阴部位面积的大小而定，可以是临时性的，也可以是永久性的（图1-29、图1-30）。遮阴材料可以因地制宜，所选材料常见的是遮阴网。遮阴网是以聚乙烯为主要原料，通过编织而成的一种轻质、高强度、耐老化、网状的新型覆盖材料。与传统的覆盖材料相比，遮阴网具有轻便、省工、省力的特点，而且寿命长，成本低，利用其遮阴具有遮光降温、防止冰雹危害、防止暴雨冲刷、避免土壤板结、防旱保墒以及减少病虫害发生等作用。

图1-29　永久性荫棚　　　　　　图1-30　临时性荫棚

荫棚的遮阴效果取决于遮阴网的种类，依据颜色的不同有黑色、白色、银灰色、绿色、黄色以及黑白相间等；依据透光率大小分为35%～50%、50%～65%、65%～80%和80%以上，应用最多的是透光率50%～65%的黑网和透光率65%的银灰网。遮阴网的选择是荫棚栽培的关键，应该根据苗木的生长习性，选择具有合适遮光率的遮阳网作为覆盖材料。此外，还要根据天气，最关键是光照条件来灵活应用。

（四）拱棚

拱棚以塑料薄膜为主要覆盖材料，以竹木、钢材等轻便材料为骨架，搭建形成的拱形或其他形状的棚（图1-31），是苗圃及其他园艺生产中最常见的育苗设施。虽然对于拱棚的规格没有明显的界定，但常见的都分为小拱棚、中拱棚和大棚。

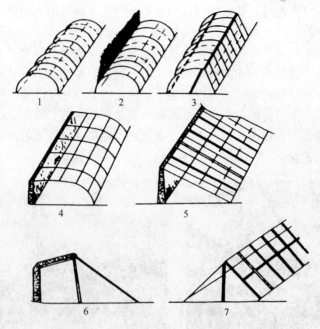

图 1-31　中小拱棚的几种覆盖类型

1—拱圆棚；2—拱圆棚加风障；3—半拱圆棚；4—土墙半拱圆棚；

5—单斜面棚；6—薄膜改良阳畦；7—双斜面三角棚

小拱棚高 1.0～1.5m，人无法在棚内直立行走。生产中最常见的或者应用最普遍的是拱圆形小拱棚，主要用竹片、竹竿或细的钢筋等材料制成。小拱棚的性能主要体现在光照、温度以及湿度等环境因子的调控能力上。一般而言，小拱棚光照比较均匀，覆盖初期塑料薄膜无水滴、无污染时透光率可以达到 76％以上，覆盖后期也不会低于 50％。小拱棚具有取材方便、容易建造、成本低等优点。小拱棚内光照均匀，白天增温快，夜间加盖草苫保温。适宜春季蔬菜育苗或分苗、种植耐寒的叶菜类蔬菜，也可进行果菜类蔬菜春提早或秋延晚栽培。

中拱棚与小拱棚相比面积较大，人可以在棚内直立行走作业，是小拱棚和大棚的中间类型，生产中常用的中拱棚主要为拱圆形结构，一般跨度为 3～6m，高度为 2.0～2.8m，长度可根据需要与地块情况而定。同样一般用竹片或钢筋来设立支柱，若用钢管则不用设立支柱。按使用材料的不同，拱架可分为竹片结构、钢架结构或竹片与钢架的混合结构，最近开始流行管架装配式拱棚，有专门的生产厂家，质量有保证，有售后，安装建造方便。

大棚是用塑料薄膜覆盖的大型拱棚。与温室相比，它具有结构简单、建造方便、一次性投入少等优点；与小拱棚相比，具有坚固耐用、使用寿命长、棚体空间大、有利于生产作业、苗木生长及环境调控等优点。因此，大棚是一种建设成本低、使用方便、经济效益高且简单实用的保护地栽培设施。可以充分利用太阳能，利用薄膜的开闭来调节棚内的温度和湿度，可以延长育苗时间，缩短育苗周期，达到周年生产的目的。

按照拱架使用材料可分为竹木结构大棚、钢架无柱大棚、钢管装配式大棚、钢竹混合结构大棚、联栋大棚等几种类型（图 1-32）。

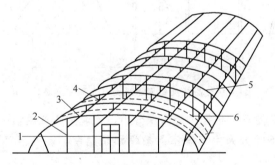

图 1-32　竹木大棚骨架结构示意图
1—门；2—立柱；3—拉杆；4—小吊柱；5—拱杆；6—压杆

（五）温室

温室是以采光覆盖材料作为全部或部分围护结构材料，可以在不适于苗木生长的季节，提供苗木生长环境条件的建筑设施。温室类型很多，根据覆盖材料的不同有玻璃温室、塑料薄膜温室、PC板温室；根据骨架建材分为竹木温室、钢架温室、钢筋混凝土温

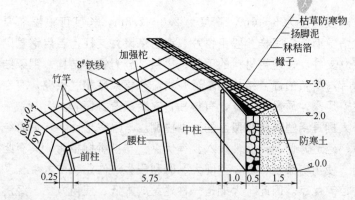

图 1-33　一坡一立式日光温室结构示意图（单位：m）

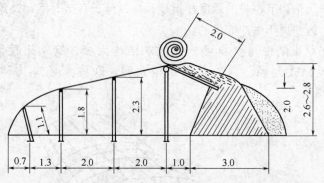

图 1-34　铁岭高纬度强化保温型日光温室（单位：m）

室、铝合金温室；根据热量来源分为日光温室和加温温室；根据使用功能的不同分为生产温室、教学科研温室、商业温室和庭院温室等。

1. 日光温室

日光温室大多以塑料薄膜为采光覆盖材料，以太阳辐射为热源，以采光屋面最大限度采光，加厚的墙体与后坡、防寒沟、草苫等以最大限度保温，达到充分利用光热资源，为植物生长创造适宜生长环境的效果，在苗木生产中普遍应用。日光温室透光、保温、能耗低，投资少，是非常适合我国国情的独有的栽培设施（图1-33～图1-39）。

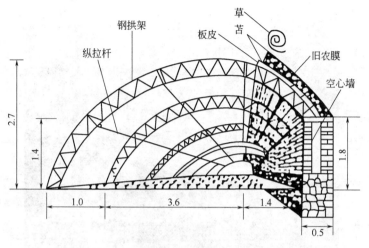

图 1-35 日光温室结构示意图（单位：m）

图 1-36 连栋温室

图 1-37 塑料薄膜温室

2. 现代温室

现代温室或现代化加温温室就是我们平常所说的连栋温室，也叫智能温室。其内部有先进的环境控制和装配设施，能够实现计算机控制，基本上不受外界环境条件的影响和控制，能周年生产。目前在我国的木本植物繁育中，现代温室主要用于穴盘育苗和容器育苗。由于其具备完善的功能，在现代温室当中可以看到自然通风系统、加热系统、幕帘系统、降温系统、补光系统、补气系统、灌水

图 1-38　钢筋混凝土温室

图 1-39　PC板日光温室

施肥系统、苗床系统等，见以下各图（图 1-40、图 1-41）。

图 1-40　现代温室的风机

图 1-41　现代温室的水帘

二、苗圃苗木生产设备与机械

（一）苗木生产设备概述

随着苗木生产机械化水平以及劳动力成本的提高，越来越多的苗圃开始使用机械，但由于机械相对比较昂贵，中小苗圃一般难以承受，在一定程度上推进了苗圃的专业化进程和大型化发展速度。与农业生产相似，有一些与传统农业具有相似之处的机械设备；但是也有一些用于苗圃生产的专门机械（图 1-42～图 1-45、表 1-1～表 1-4）。

图 1-42　现代温室的降温灌溉系统

图 1-43　现代温室的补光灯

图 1-44　现代温室的移动苗床　　图 1-45　现代温室的计算机
控制系统

表 1-1　苗圃土壤管理主要作业及适用的机械类型（顾正平等，2002）

作业内容			适用机械类型
整地	翻耕		铧式犁、圆盘犁
	浅耕灭茬		旋耕机
	耕地		圆盘耙、钉齿耙
	平地		平地机
	镇压		镇压器
土壤处理与改良	土壤消毒	喷洒	喷雾机
		撒播	覆沙车
	土壤改良	深松	深松犁
		施有机肥	粉碎机、撒播机
		混沙	覆沙车
		开排水沟	开沟筑埂机
施肥	捣粪		捣粪机
	运肥		装载机、撒肥车
	撒肥		撒肥车
	追肥		液肥喷洒车
播前整地	筑坝		筑垅犁
	筑床（畦）		筑床机

表 1-2　播种与扦插的主要作业与适用的机械类型

作业内容		适用的机械类型
种子处理	种子分选	种子分选机、种子检测仪器
	发芽试验	光照发芽器
	消毒催芽	种子催芽设备

续表

作业内容	适用的机械类型
播种	播种机、施肥播种机
地膜覆盖	喷洒器、地膜覆盖机
扦插繁殖	切条机、插条机

表1-3 苗期管理的主要作业与适用的机械类型

作业内容		适用的机械类型
灌溉	喷灌	固定式喷灌系统、移动喷灌机
	微灌	微喷灌系统、滴灌系统
	排水	机动泵
松土除草	中耕除草	铲蹚机、中耕除草机、培土机
	化学除草	喷洒车
移植、截根		移植机、切根机
病虫害防治		喷雾机、诱捕器
苗木防寒		覆土犁、撒土机
大苗移植		大苗移植机、挖坑机

表1-4 苗木出圃的主要作业与适用的机械类型

作业内容	适用的机械类型
起苗	起苗机
假植与贮藏	单铧犁、冷藏窖
包装	苗木包装机
苗木运输	汽车、挂车、冷藏车

(二)苗圃管理机械

1. 旋耕机

旋耕机是一种利用旋转刀轴上的旋耕刀，对土壤进行旋转切削的耕地机械。按刀轴的配置方式不同，旋耕机分卧式和立式两大类，在实际生产中卧式旋耕机使用比较普遍。旋耕机的特点是碎土能力强、耕后土层松碎、地表平坦、一次耕作可达到普通铧式犁和耙几次作业的松碎效果，在苗圃作业效率比较高（图1-46）。

2. 悬挂式旋耕机

悬挂式旋耕机由中央传动箱、侧传动箱、刀轴、刀片、罩壳、悬挂架等组成。土壤的切削深度，可以通过拖拉机的三点悬挂机构进行调节。悬挂式旋耕机的工作幅宽有 75cm、100cm、125cm、150cm、175cm、200cm、225cm 七个规格，已形成系列，我国的标准把悬挂式旋耕机分成轻小型、基本型、加强型三种型式。

3. 筑床机

筑床机是在苗圃用于修筑苗床的机械。林木苗床的技术要求是：土壤要细碎、疏松，土壤与肥料要混合搅拌均匀，床面要平整，规格要一致。筑床机有铧式与旋耕式两种类型，常用的为旋耕式筑床机（图 1-47）。

图 1-46　悬挂式旋耕机　　　　图 1-47　旋耕式筑床机

（三）扦插机械

扦插是苗木生产中常用的无性繁殖方法，主要阔叶树种如杨、柳、泡桐等，以及部分针叶树种，都可以采用扦插育苗。与播种培育的实生苗相比，扦插育苗的生长速度快，并能把母本的优良特性遗传给后代，是良种繁育的主要方法。扦插育苗有插条、插根、插芽、插叶等多种方式，在林木种苗的培育中插条为主要育苗方式。插条育苗比较简单，它是将林木的苗干或枝条按一定长度切割成插穗，将插穗插入苗床（或垅、畦）进行繁殖，苗木的质量比较好，可使用的机械主要是切条机和插条机。

1. 切条机

切条机是将充分木质化而且发育良好的苗干或枝条，截制成一定规格和要求的插穗的机械。不同树种、不同地区的插穗规格和要求不完全相同，大多数插穗的长度为 15～20cm，径粗 0.8～2cm，每根插穗上应保留有 3 个芽苞，有的还要求插穗的第一个芽苞能在离顶端 1～2cm 处，以便能更好地萌发。对切条机的作业质量要求是：插穗的切口要平滑，不破皮、不劈裂、不分芽。切条机按切割方式分为剪切式和锯切式两类。

2. 插条机

插条机是将插穗按规定深度和株行距植入土中的机械。按林业技术要求，扦插育苗的作业方式主要采用垄作和平作。目前使用的插条机主要是栽植式插条机，与植树机和移栽机的结构很相似，它由开沟、分条、投条、覆土、压实等工作部件构成。其工作原理为：按规定的行距开出窄沟，在沟内等距投入插穗，然后覆土、压实。分条机构是插条机的关键部件，其技术要求是能将贮放在苗箱内的插穗顺序单根排队，并连续准确地递给投条装置。

（四）移栽机械

1. 移栽机

用于移栽小苗的机械。小苗移栽是苗圃将小苗从苗床或将容器苗从温室移植到大田，并在大田培育成大苗的重要工序，以往主要靠手工作业，劳动消耗量大。目前已研制成多种移栽机械，但所有移栽机的投苗栽植原理全部采用开沟、覆土、压实的工艺，只是投苗机构不同带来性能上的差异。常见的导管苗式移栽机见图 1-48。

2. 起苗机

起苗机是苗木出圃时用于挖掘苗木的机械。起苗质量的好坏直接关系到苗木出圃后造林的成活率，因此对起苗机有严格的技术要求：起苗深度必须保证苗木根系的基本完整，根系的最低长度要达到国家标准对有关树种苗木质量的规定值，2～3 年生阔叶树苗的根系长度要在 20cm 以上，针叶树造林苗的根系长度要达到 30cm，作业时要尽量少伤侧根、须根，不折断苗干，不伤顶芽。起苗株数

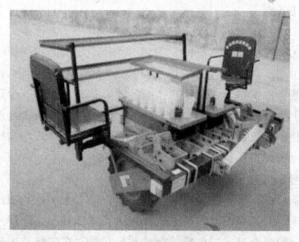

图 1-48 导管苗式移栽机

损伤率，针叶树不超过 1％，阔叶树不超过 3％。

3. 起苗-收集-包装联合机

这是一种能同时完成起苗、夹苗、抖土、收集、计数、打捆和包装等多工序的联合作业机，简称起苗联合机。它由起苗铲、碎土装置、苗木夹持机构、输送器、集苗箱、打捆包装机构等组成，图1-49 为起苗联合机示意图。作业时，由起苗铲掘取的苗木，立即被传送带式柔性机构夹持，在输送过程中抖落苗木根部土壤，经横向输送器送入集苗箱，再由卷苗带或打捆机构计数、打捆包装。有的联合机上安装有喷淋装置，在装箱时向苗木根部喷水，以保持苗木根部湿润，并进行消毒。还有的联合机上安装有苗木分级、检验装置，对苗木进行分级，或把不合格的苗木淘汰。起苗联合机的产品是已包装好的合格苗木，具有极高的生产率，是当前的发展方向，在北美和欧洲已广泛使用。

4. 整地-施肥-播种联合机

这是一种能同时完成整地、施肥、播种、压实等多工序的联合作业机，简称播种联合机（图1-50）。它由旋耕装置、施肥装置、播种机构、镇压器等组成。作业时，旋耕装置以旋转铣切方式将土

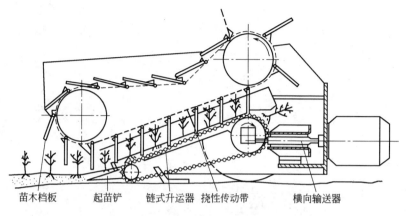

苗木档板　　起苗铲　　链式升运器　挠性传动带　　　横向输送器

图 1-49 起苗联合机

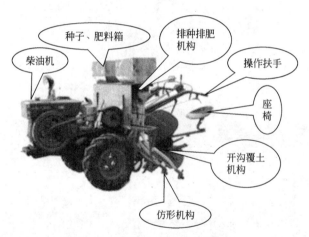

图 1-50 播种联合机作业示意图

壤切成厚度不同的碎块，并以扇形辐射向后抛撒，形成非均质土流，当其碰撞到后面的护罩后，又以抛物线形式反落下来，产生了强烈的粉碎效应，使土块更加细碎。

播种联合机由于生产效率比较高，结构也不复杂，因此在我国的应用也日趋广泛。

第二章

观赏灌木的繁殖与培育技术

第一节 观赏灌木的播种繁殖与培育

播种繁殖在实际生产上采用最多，许多乔、灌木都是用种子繁殖培育的。观赏灌木的种子体积小，采收、贮藏、运输都很方便，利用种子繁殖一次可获得大量的苗木，因此种子繁殖在园林苗圃中占有很重要的地位。

用种子繁殖的苗木称为实生苗或播种苗。实生苗生长旺盛，有强大的根系，主根发达，深深地扎在土壤中，有利于生长。实生苗对各种不良生长环境的抵抗力较强，如抗风、抗旱、抗寒力等一般都高于营养繁殖苗。实生苗年龄小，遗传、保守性弱，可塑性强，有利于引种驯化和定向培育新品种。实生苗发育阶段年轻，开花结实较晚，寿命也比营养繁殖苗长。

一、播种前的种子和土壤处理

（一）播种前的种子处理

播种前的种子处理是为了提高场圃发芽率，促使苗木出土早而整齐、健壮，同时缩短育苗期，进而提高苗木的产量和质量。

1. 种子精选

播种前对种子进行精选，把种子中的夹杂物去除，再把种粒按大小进行分级，以便分别播种，使幼苗出土整齐一致，便于管理。常用的精选方法有水选、风选和筛选。

2. 种子消毒

播种前要对种子进行消毒，因为种子表面有各种各样的病菌存在，圃地土壤中也有各种病菌存在。播种前对种子进行消毒，不仅可以杀死种子本身所带来的各种病害，而且可使种子在土壤中遭病虫危害时，起到消毒和防护的双重作用。常用的消毒剂和消毒方法有以下几种。

（1）甲醛（福尔马林）溶液浸种 在播种前1～2天将一份福尔马林（浓度40%）加266份水稀释成0.15%的溶液，把种子放入溶液中浸泡 15～20min，取出后密闭 2h，再将种子摊开，阴干后即可播种。每千克溶液可消毒 10kg 种子。用福尔马林消毒过的种子，应马上播种，如果消毒后长期不播种会使种子发芽率和发芽势下降，因此用于长期沙藏的种子，不要用福尔马林进行种子消毒。

(2) 硫酸铜及高锰酸钾溶液浸种　可用 0.3％～1％硫酸铜溶液浸种 4～6h。但对催过芽的种子，胚根已突破种皮的种子，不宜用高锰酸钾溶液消毒。

(3) 敌克松拌种　用敌克松粉剂拌种，药量为种子质量的 0.2％～0.5％。具体做法：将敌克松药剂混合适量细土，配成药土后进行拌种。这种方法对立枯病有很好的预防效果。

(4) 温水浸种　对针叶树种，可用 40～60℃温水浸种，用水量为种子体积的 2 倍。该法不适用于种皮薄或不耐较高水温的种子。

3. 种子催芽

催芽是以人为的方法，打破种子的休眠，促使其部分种子露出胚根或裂嘴的处理方法。种子通过催芽可以解除休眠，使得幼苗出土整齐，适时出苗，从而提高场圃发芽率。同时还可增强苗木的抗性，因此种子通过催芽可以提高苗木的产量和质量。

常用的种子催芽方法有以下几种。

(1) 层积催芽　把种子与湿润物混合或分层放置，促进其达到发芽程度的方法称为层积催芽。层积催芽方法广泛地应用于生产，如山楂、海棠等都可以用这种方法。

种子在层积催芽的过程中恢复了细胞间的原生质联系，增加了原生质的膨胀性与渗透性，提高了水解酶的活性，将复杂的化合物转化为简单的可溶性化合物，促进新陈代谢，使种皮软化产生萌芽能力。另外，一些后熟的种子（形态休眠的种子）如银杏等树种，在层积的过程中胚明显长大，经过一段时间，胚长到应有的长度，完成了后熟过程，种子即可萌发。

处理的种子较多时可在室外挖坑（图 2-1）。一般选择地势高燥、排水良好的地方，坑的宽度以 1m 为好，不要太宽。长度随种

子的多少而定，深度一般在地下水位以上、冻层以下，由于各地的气候条件不同，可根据当地的实际情况而定。坑底铺一些鹅卵石，其上铺10cm厚的细沙，干种子要浸种、消毒，然后将种子与沙子按1：3的比例混合放入坑内，或者按一层种子、一层沙子放入坑内（注意沙子的湿度要合适），沙与种子的混合物放至距坑沿10～20cm时为止。然后盖上沙子，最后用土培成屋脊形，坑的两侧各挖一条排水沟。在坑中央直通到种子底层放一秸秆或木制通气孔，以流通空气。如果种子多，种坑很长，可隔一定距离设置一个通气孔，以便检查种子坑的温度（图2-2）。

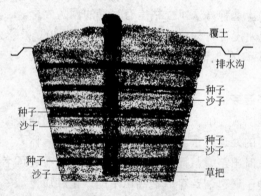

图2-1　种子坑藏

（2）水浸催芽　水浸的目的是促使种皮变软，种子吸水膨胀，有利于种子发芽。这种方法适用于大多数观赏树木的种子。

一般为使种子吸水快，多采用热水浸种，但水温不要太高，以免烫伤种子。树种不同浸种水温差异很大，如杨、柳、泡桐、榆等小粒种子，由于种皮薄，需要用20～30℃的水浸种或用冷水浸种；对种皮坚硬的合欢等则要用70℃热水浸种；对含有硬粒的山楂种子应采取逐次增温浸种的方法，首先用70℃热水浸种，自然冷却一昼夜后，把已经膨胀的种子选出，进行催芽，然后再用80℃热水浸剩下的硬粒种子，同法再进行1～2次。这样逐次增温浸种，分批催芽，既节省了种子，又可使出苗整齐。

水温对种子的影响与种子和水的比例、种子受热均匀与否、浸

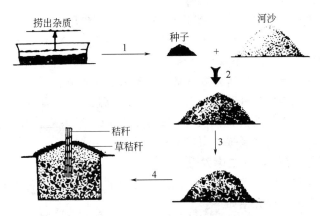

捞出杂质　　种子　　河沙

秸秆
草秸秆

图 2-2　种子层积处理过程

种的时间等都有着密切的关系。浸种时种子与水的容积比一般以
1:3为宜，要注意边倒水边搅拌，水温要在3~5min内降下来。
如果高于浸种温度应兑凉水，然后使其自然冷却。浸种时间一般为
1~2昼夜。种皮薄的小粒种子缩短为几个小时，种皮厚、坚硬的种
子可延长浸种时间。经过水浸的种子，捞出放在温暖的地方催芽，
每天要淘洗种子2~3次，直到种子发芽为止。也可以用沙藏层积
催芽，将水浸的种子捞出，混以3倍湿沙，放在温暖的地方，为了
保证湿度要在上面加盖草袋子或塑料布。无论采用哪种方法，在催
芽过程中都要注意温度，应保持在20~25℃，且保证种子有足够
的水分、较好的通气条件，并经常检查种子的发芽情况，当种子有
30%裂开时即可播种。

（3）药剂浸种催芽　有些灌木的种子外表有蜡质，有的种皮致
密、坚硬，有的酸性或碱性大，为了消除这些妨碍种子发芽的不利
因素，必须采用化学或机械的方法，以促使种子吸水萌动。如用草
木灰或小苏打水溶液浸洗山楂等种子，对发芽有一定的促进效果。
浓硫酸可以腐蚀皂角、栾树或青桐的种子，但药剂处理后要用清水
冲洗干净后再沙藏。

另外，还可用微量元素如硼、锰、铜等药剂进行浸种，可以提
高种子的发芽势和苗木的质量。植物激素如 GA（赤霉素）、IBA
（吲哚丁酸）、NAA（萘乙酸）、2,4-D、KT、6-BA、苯基脲、

KNO_3 等用于浸种也可以解除种子休眠。赤霉素、激动素、6-BA 一般使用浓度为 $0.001\% \sim 0.1\%$。而苯基脲、KNO_3 为 $0.1\% \sim 1\%$ 或更高。处理时不仅要考虑浓度，而且要考虑溶液的数量，种皮的状况和温度条件等对处理效果也有较大的影响。

（4）机械损伤催芽　用刀、锉或沙子磨损种皮、种壳，增加种子的吸水、透气能力，促使种子萌动，但应注意不应使种子受伤。机械处理后还需水浸或沙藏才能达到催芽的目的。

（二）播种前的土壤处理

播种前土壤处理的目的是消灭土壤中的病菌和地下害虫。现将常用的消毒方法介绍如下。

1. 高温处理土壤

国内主要采取烧土法。具体做法是：在柴草方便的地方，可在围地放柴草焚烧，对土壤耕作层加温，进行灭菌。这种方法能起到灭菌和提高土壤肥力的作用。另外，面积比较小的苗圃，也可以把土壤放在铁板上，在铁板底下加热，可起到消毒作用。

2. 药剂处理

（1）福尔马林（甲醛）　每平方米用福尔马林 50mL，加水 $6 \sim 12L$，在播种前 $10 \sim 20$ 天，洒在播种地上，用塑料布或草袋子覆盖。在播种前 1 周打开塑料布或草袋子，等药味全部散失后播种。

（2）五氯硝基苯与敌克松或代森锌的混合剂　其中五氯硝基苯占 75%，敌克松或代森锌占 25%，每平方米施用量 $4 \sim 6g$。也可用 1：10 的药土，在播种前撒入播种沟内，然后再播种。

（3）硫酸亚铁　一般使用 $2\% \sim 3\%$ 的硫酸亚铁溶液，用喷壶浇灌苗床，每平方米用溶液 9L 后即可播种。

（4）高锰酸钾　使用 1% 高锰酸钾对土壤进行消毒后播种。如有地下害虫，在耕地前可用敌百虫等药剂进行消毒。也可制成毒饵杀死地下害虫。

二、播种季节

园林植物播种时间的确定则要根据各种花卉的生长发育特性、花卉对环境的不同要求、计划供花时间、当地环境条件以及栽培设施而定。在自然条件下的播种时间，主要按下列原则处理。

（一）春季播种

大多数木本植物多在春季播种，一般北方在4月上旬至5月上旬，中原一带则在3月上旬至4月上旬，华南多在2月下旬至3月上旬播种。春播在土壤解冻后进行，在不受晚霜危害的前提下，尽量早播，可延长苗木的生长期，增加苗木的抗性。

（二）秋季播种

部分木本植物一般是在立秋以后播种，北方多在9月上、中旬，南方多在9月中、下旬和10月上旬播种。在冬季低温、湿润条件下起到层积作用，打破休眠，次年春天即可发芽。秋播可使种子在栽培地通过休眠期，完成播种前的催芽阶段，翌春幼苗出土早而整齐，延长苗木的生长期，幼苗生长健壮，成苗率高，增加抗寒能力。

（三）夏季播种

夏季气温高，土壤水分易蒸发，表土干燥，不利于种子的萌发，因此可在雨后进行播种或播前进行灌水，有利于种子的萌发，同时播后要加强管理，经常灌水，保持土壤湿润，降低地表温度，有利于幼苗生长。为使苗木在冬季来临前能充分木质化，以利安全越冬，夏播应尽量提早进行。

（四）冬季播种

在我国南方，冬季气候温暖，雨量充沛，适宜冬播。如福建、两广地区的杉木、马尾松等，常在初冬种子成熟后随采随播，使种子发芽早、扎根深，幼苗的抗旱、抗寒、抗病等能力强，生长健壮。

（五）随采随播

含水量大、寿命短、不耐贮藏的植物种子应随采随播，如柳树、榆树、蜡梅等。

（六）周年播种

一些植物，只要温度、湿度适宜，一年四季都可以随时进行播种。

三、播种方法

（一）撒播

将种子均匀地抛撒于整好的苗床上，上面覆盖 0.5～1cm 厚的细土，主要适用于种子细小的植物种类，如玉兰、海棠等（图 2-3）。

(a)   (b)

图 2-3　撒播

（二）条播

按一定的株行距开沟，沟深 1～1.5cm，将种子均匀地撒到沟内，覆土厚度 1～3cm，适合于中粒或小粒种子，如海棠、鹅掌楸、月季等（图 2-4～图 2-6）。

（三）穴播或点播

按一定的行距开沟或等距离开穴，将种子 1～2 粒按一定株距

图 2-4 条播

图 2-5 机械条播机

图 2-6 空气条播机

点到沟内或点入穴中（图 2-7、图 2-8），覆土厚度 3～5cm，适合于大粒或超大粒种子，如榛子、核桃、板栗、桂圆、紫茉莉等。

四、苗木密度与播种量的计算

（一）苗木密度

苗木密度是单位面积（或单位长度）上苗木的数量，它对苗木的产量和质量起着极其重要的作用。苗木过密，每株苗木的营养面积小，苗木通风不好、光照不足，降低了苗木的光合作用，使光合作用的产物减少，表现在苗木上为苗木细弱，叶量少，根系不发达，侧根少，干物质重量小，顶芽不饱满，易受病虫危害，移植成

图 2-7　点播

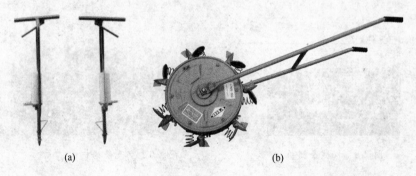

(a)　　　　　　　　　　　(b)

图 2-8　不同类型的手动点播器

活率偏低。而当苗木过稀时，不仅不能保证单位面积的苗木产量，而且苗木过稀，苗间空地过大，土地利用率低，易滋生杂草，增加土壤水分和氧分的消耗，给管理工作带来不少的麻烦。因此，确定合理的苗木密度非常重要，合理的密度可以克服由于苗木过密或过稀出现的缺点，保证每株苗木在生长发育健壮的基础上获得单位面积（或单位长度）上最大限度的产苗量，从而获得苗木的优质高产。

　　苗木密度要依据树种的生物学特性、生长的特性、圃地的环境条件、育苗的年限以及育苗的技术要求等确定。此外，要考虑育苗所使用的机器、机具的规格，来确定株行距。苗木密度的大小，取决于株行距，尤其是行距的大小。播种苗床一般行距为 8～25cm，大田育苗一般为 50～80cm。行距过小不利于通风透光，也不便于管理。

(二)播种量的计算

播种量，就是单位面积上播种的数量。播种量确定的原则，就是用最少的种子，达到最大的产苗量。播种量一定要适中，偏多会造成种子浪费，出苗过密，间苗费工，增加育苗成本；播种量太少，产量低。因此要掌握好播种量，提倡科学计算播种量。

计算播种量的依据为：①单位面积（或单位长度）的产苗量；②种子品质指标，如种子纯度（净度）、千粒重、发芽势；③种苗的损耗系数。播种量可按下列公式计算：

$$X = C \times \frac{AW}{PG \times 1000^2}$$

式中 X——单位面积（或单位长度）实际所需的播种量，kg；

    A——单位面积（或长度）的产苗数；

    W——千粒种子的重量，g；

    P——净度；

    G——发芽势；

  1000^2——常数；

    C——损耗系数。

> W：千粒重，是指种子在气干状态下，1000 粒纯净种子的重量。"千粒重"说明种子的大小和饱满程度，同一树种的"千粒重"越大，种粒越大，越饱满，用这样的种子育苗，苗木的抗性强，长势健壮。
>
> 净度（P）：净度是纯净种重量占测定后样品各成分重量总和的百分数。净度是种子播种品质的重要指标之一。确定播种量首先要知道种子的净度有多大，种子净度越高，含夹杂物越少，在种子催芽中不易发生霉烂现象。种子的净度

低，含杂质多，在贮藏中不易保持发芽能力，使种子的寿命缩短。

发芽势（G）：发芽势是指在发芽过程中发芽种子数达到最高峰时，发芽的种子数占供测样品种子数的百分率，一般以发芽试验规定期限的最初 1/3 期间内的种子发芽数占供验种子数的百分比为标准。

损耗系数（C）：C 值因树种、圃地的环境条件及育苗的技术水平而异，同一树种在不同条件下的具体数值可能不同，各地可通过试验来确定。C 值的变化范围大致如下：

① 用于大粒种子（千粒重在 700g 以上），$C=1$；

② 用于中、小粒种子（千粒重为 3～700g），$1<C<2$，如油松种子；

③ 用于小粒种子（千粒重在 3g 以下），$C=10～20$，如杨树种子。

五、播种前的整地

播种前的整地，是指在做床做垄前，对土壤进行平整。这个工作做得越细，对播种后幼苗出土越有利，对场圃发芽率、苗木的产量和质量影响很大。整地要求如下。

（一）细致平坦

播种地要求无土块、石块和杂草根，在地表 10cm 深度内没有较大的土块，其土块越小、土粒越细越好，以满足种子发芽后幼苗生长对土壤的要求，否则种子会落入土块缝隙中因吸不到水分而影响发芽，同时也会因发芽后幼苗根系不能和土壤密切结合而枯死。另外，播种地要求平坦，主要是为灌溉均匀，降雨时也不会因土地高低不平、洼地积水而影响苗木生长（图 2-9）。

（二）上暄下实

播种地整好后，应上暄下实。上暄有利于幼苗出土，减少下层

图 2-9　农机深松整地

土壤水分的蒸发；下实可使种子与下层的湿土密切结合，保证了种子萌发时对土壤水分的要求。上暄下实给种子萌发创造了良好的土壤环境。因此，播种前松土的深度不宜过深，土壤过于疏松时应进行适当镇压。在春季或夏季播种，土壤表面过于干燥时，应在播前浇水或在播后进行喷水。

六、播种

播种是育苗工作的重要环节，播种工作做得好不好直接影响种子的场圃发芽率、出苗的快慢和整齐程度，对苗木的产量和质量有直接影响。播种分人工播种和机械播种两种，目前采用最多的是人工播种。

1. 人工播种
人工播种主要技术要求是画线要直，目的是使播种行通

直，便于抚育和起苗，开沟深浅要一致，沟底要平，沟的深度要根据种粒的大小来确定，粗大的种子要深些，粒极小的种子可不开沟，混沙直接播种。为保证种子与播种沟湿润，要做到边开沟，边播种，边覆土，一般覆土厚度应为种子直径的2～3倍。要做到下种均匀，覆土厚度适宜。覆土可用原床土，也可以用细沙土混些原床土，或用草炭、细沙、粪土混合组成覆土材料。覆土后，为使种子和土壤紧密结合，要进行镇压。如果土壤太湿或过于黏重，要等表土稍干后再镇压。

2. 机械播种

机械播种工作效率高，下种均匀，覆土厚度一致。既节省了人力，也可做到幼苗出土整齐一致，是今后园林苗圃育苗的发展趋势（图2-10）。

(a)   (b)

图 2-10　机械播种

七、播种苗的抚育管理

（一）出苗前播种地的管理

播种后为给种子发芽和幼苗出土创造良好的条件，对播种地要进行精心管理，以提高种子发芽率。主要措施有覆盖保墒、灌溉、松土、除草等。

1. 覆盖

播种后为防止播种地表土干燥、板结，防止鸟害，对播种地要进行覆盖，特别是对于小粒种子、覆土厚度在1cm左右的树种更应该加以覆盖。覆盖的材料应就地取材，以经济实惠、不给播种地带来杂草种子和病虫害为前提。另外，覆盖物不宜太重，否则容易压坏幼苗。常用的覆盖材料有稻草、麦草、苔藓、锯末、腐殖土以及松树的枝条等。覆盖物的厚度，要根据当地的气候条件、覆盖物的种类而定。如用草覆盖时，一般以使地面盖上一层，似见非见土为宜。播种后应及时覆盖，在种子发芽、幼苗大部分出土后，要分期、分批地将草撤掉，同时配合适当的潜水，以保证苗床中的水分。

近年来采用塑料薄膜进行床面覆盖的效果较好，不仅可以防止土壤水分蒸发，保持土壤湿润、疏松，又能增加地面温度，促进发芽。但在使用薄膜时要注意经常检查床面温度，当苗床温度达到28℃以上时，要打开薄膜的两端，使其通风降温。也可以采用薄膜上遮苇帘来降温。等到幼苗出土，揭除薄膜后将苇帘维持一段时间，再将苇帘撤掉。这样既有利于幼苗生长，也可以起到防晚霜的作用。

2. 灌溉

播种后由于气候条件的影响或因出苗时间较长，苗床仍会干燥，妨碍种子发芽，故在播种后出苗前，要适当地补充水分。不同的观赏灌木，覆土厚度不同，灌水的方法和数量也不同。一般在土壤水分不足的地区，对覆土厚度不到2cm，又不加任何覆盖物的播种地，要进行灌溉。播种中、小粒种子，最好在播种前灌足底水，播种后在不影响种子发芽的情况下，尽量不灌水，以防降低土温和使土壤板结，如需灌水，应采用喷灌，避免种子被冲走或发生淤积现象。

3. 松土除草

对于秋冬播种的播种地在早春土壤刚化冻时，种子还未突破种皮时要进行松土，但不宜过深，这样可减少水分的蒸发，减弱幼苗出土时的机械障碍，使种子有良好的通气条件，有利于出苗。另外，当因进行灌溉而使土壤板结，妨碍幼苗出土时，也应进行松土。有些树木种子发芽迟缓，在种子发芽前滋生出许多杂草，为避免杂草与幼苗争夺水分、养分，应及时除去杂草。一般除草与松土应结合进行，松土除草宜浅，以免影响种子萌发。

（二）苗期管理

苗期管理是从播种后幼苗出土，一直到冬季苗木生长结束为止，对苗木及土壤进行的管理，如遮阴、间苗、截根、灌溉、施肥、中耕、除草等工作。这些育苗技术措施的好坏，对苗的质量和产量有着直接的影响，因此必须根据各时期苗木生长的特点，采用相应的技术措施，以便使苗木达到速生丰产的目的。

1. 降温

观赏灌木在幼苗期组织幼嫩，不能忍受地面高温灼热，易产生日灼现象，致使苗木死亡，因此要在高温时采取降温措施。在生产中可以通过遮阴、覆草或者地面灌溉等方式，来降低地面或地上空气湿度，达到为观赏灌木降温的目的。

2. 间苗

苗木密度过高，单位苗木所占有的各种空间及营养面积相对较小，苗木细弱，质量下降，容易发生病虫害。通过调整幼苗的疏密度，达到苗木生长的合理密度，使得苗木可以健康生长，就要对苗木进行间苗。间苗次数不宜太多，2～3 次为宜，具体的间苗时间和强度取决于苗木的生长速度，间弱留强。

3. 补苗

补苗是对缺苗断垄的补救措施。补苗时间越早越好，以减少对根系的损伤，早补不但成活率高，而且后期生长与原来苗木无显著差别。

补苗工作可和间苗工作同时进行，最好选择阴天或傍晚进行，以减少日光照射，防止萎蔫。必要时要进行遮阴，以保证成活。

4. 幼苗移植

对于幼苗生长快或者种子非常珍贵的观赏苗木，一般要先通过穴盘育苗或其他容器育苗的方法先获得大量的幼苗，等长到一定程度或者规格进行移植，移植应掌握适当的时期，一般在幼苗长出2～3片真叶后，结合间苗进行幼苗移植。移植应选在阴天进行，移植后要及时灌水并进行适当遮阴。

5. 中耕与除草

中耕是在苗木生长期间对土壤进行的浅层耕作，可以疏松表土层，减少土壤水分的蒸发，促进土壤空气流通，有利于微生物的活动，提高土壤中有效养分的利用率，促进苗木生长。中耕和除草往往结合进行，这样可以取得双重效果。在苗期中耕宜浅并要及时，每当灌溉或降雨后，土壤表土稍干后就可以进行中耕，以减少土壤水分的蒸发及避免土壤发生板结和龟裂。当苗木逐渐长大后，要根据苗木根系生长情况来确定中耕深度。

6. 灌溉与排水

水是植物生长的基本源泉，灌水与排水直接影响苗木的成活、生长和发育。在抚育管理中两者同等重要，缺一不可。特别是重黏土地、地下水位高的地区、低洼地、盐碱地等，灌水和排水设备配套工程尤为重要。

土壤水分在种子萌发和苗木生长发育的全过程中都具有重要的作用，土壤中有机物的分解速度与土壤水分具有相关性；根系从土壤吸收矿质营养时，必须使其先溶于水；植物的蒸腾作用需要水；同时水分对根系生长的影响也很大，水分不足则苗根生长细长，水分适宜则吸收根多。因此，水分是壮苗丰产的必要条件之一。

> 如何合理灌溉呢？
> 灌水要适时适量，要遵循"三看"，即看天、看地、看

树苗，切忌"一刀切"的做法。

① 天。所谓"看天"，就是要看当地的天气情况。

② 地。所谓"看地"，就是看土壤墒情、土壤质地和地下水位高低。沙土或沙壤土保水力差，灌水次数和灌水量可适当增加；黏土地、低洼地应适当控制灌水次数；盐碱地切忌小水勤灌。决定一块地是否灌水，主要看土壤墒情，适合苗木生长的土壤湿度一般为 15%～20%。

③ 看树苗。看"树苗"，就是要根据不同树种的生物学特性、苗木的不同生长时期来确定灌水量。

灌溉方法有哪些？

① 侧方灌水：一般用于高床和高垄，水从侧面渗入床内或垄中。这种灌水方法不易使床面或垄面板结，灌水后土壤仍保持通透性能，有利于苗木出土和幼苗生长，灌水省工但耗水量大。

② 喷灌：也称人工降雨，目前苗圃应用得较多（图2-11、图2-12）。它的主要优点是省水、便于控制水量、工作效率高、灌溉均匀、节省劳力，不仅地势平坦的地区可采用喷灌，在地形稍有不平的地方也可较均匀地进行喷灌。但要注意在播种区要水点细小，防止将幼苗砸倒、根系冲出土面或泥土溅起，污染叶面，妨碍光合作用的进行。

③ 漫灌：也称畦灌，一般用于低床或平垄（图2-13、图2-14）。水渠占地多，灌水速度慢，灌后易造成土壤板结，用水量大，浪费人力又不易控制灌水量等。

④ 滴灌：即通过管道把水滴到苗床上（图2-15、图2-16）。滴灌比喷灌的优点多，适用于苗圃作业，但因设备复杂、投资较高，在苗圃中较少使用。

图 2-11　喷灌

图 2-12　地面喷灌

图 2-13　漫灌（一）

图 2-14　漫灌（二）

图 2-15　滴灌示意图

　　排水在育苗工作中与灌水有着同等的作用，不容忽视。排水主要指排除因大雨或暴雨造成的苗区积水，在地下水位偏高、盐碱严重地区，排水工作还有降低地下水位、减轻盐碱含量或抑制盐碱上升的作用。

图 2-16　陕西杨凌室外滴灌

排水注意事项：

① 苗圃必须建立完整的排水系统。苗圃的每个作业区、每块地都应有排水沟，使沟沟相连，一直通到总排水沟，将积水全部排出园地。

② 对不耐湿的品种，如臭椿、合欢、刺槐等可采用高垄或高床作业，在排水不畅的地块应增加田间排水沟。

③ 雨季到来之前应整修、清理排水沟，使水流畅通，雨季应由专人负责排水工作，及时疏通圃内积水，做到雨后田间不积水。

7. 施肥

苗圃地施肥必须合理。有条件的地方可以通过土壤营养元素测定来确定施肥种类和数量。苗圃地应施足基肥。基肥可结合整地、做床时施用，以有机肥为主，也可加入部分化肥。施肥数量应按土壤肥瘠程度、肥料种类和不同的树种来确定。一般每亩施基肥5000kg左右。幼苗需肥多的树种要进行表层施肥，并加施速效肥料。为补充基肥之不足，可根据需要在苗木生长期适时追肥2～4次。追肥应使用速效肥料，一般苗木以氮肥为主，对生长旺盛的苗木在生长后期可适当追施钾肥。

8. 病虫害防治

防治观赏灌木病虫害是苗圃多育苗、育好苗的一项重要工作。要贯彻"预防为主，综合防治"的方针，加强调查研究，搞好虫情调查和预测预报工作，创造有利于苗木生长、抑制病虫发生的环境条件。本着"治早、治小、治了"的原则，及时防治。并对进圃苗木加强植物检疫工作。

第二节　嫁接苗的培育

一、嫁接的意义和作用

嫁接繁殖就是将欲繁殖观赏灌木的枝条或芽接在另一种植物的茎或根上，使两者结合成为一体，形成一个独立新植株的繁殖方法。通过嫁接繁殖所得的苗木称为"嫁接苗"，它是由两部分组成的共生体。供嫁接用的枝或芽称为"接穗"，而承受接穗带根的植物部分称为"砧木"。用枝条做接穗的称为"枝接"，用芽做接穗的称为"芽接"（图2-17）。

嫁接繁殖是观赏灌木和果树培育中一种非常重要的繁殖方法。它除具有一般营养繁殖的优点外，还具有其他作用。例如，通过嫁接繁殖，可以增加苗木的抗性和适应性；扩大繁殖途径，增加繁殖率，可使一树多种、多头、多花，提高或改变植物的观赏价值或使用价值；还可改造树型，调节树势，救治树体创伤，提高或恢复树木的绿化、美化功能等。

但是嫁接繁殖也有一定的局限性和不足之处。例如，嫁接繁殖一般只限于亲缘关系近的植物之间，要求砧木和接穗具有极强的亲和力，因而有些植物不能用嫁接方法进行繁殖，单子叶植物由于茎构造上的原因，嫁接相对较难成活。此外，嫁接苗木寿命较短，并且嫁接繁殖在操作技术上也较繁杂，技术要求较高，通常还需要先培育砧木。

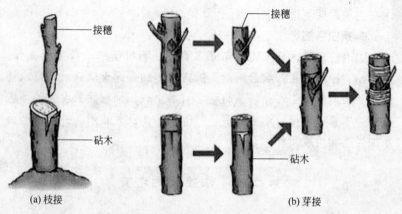

图 2-17　嫁接繁殖示意图

嫁接繁殖的特点：

① 保持植物品质的优良特性，提高观赏价值。

② 增加抗性和适应性。

③ 提早开花结实。

④ 克服不易繁殖现象。

⑤ 扩大繁殖系数。

⑥ 恢复树势、救治创伤、补充缺枝、更新品种。

⑦ 技术要求高，部分植物成活率低。

二、嫁接繁殖的成活原理

观赏灌木嫁接能否成活，取决于砧木和接穗两者的削面，特别是形成层间能否互相密接产生愈伤组织，并进一步分化产生新的输导组织而相互连接。愈合是嫁接成活的首要条件，而形成层和薄壁细胞的活动，对嫁接愈合成活具有决定性作用。

嫁接时，砧木和接穗接触面上的破碎细胞与空气接触，其残壁和内含物即被氧化，原生质被破坏，产生凝聚现象，形成隔离层，它是在伤口部分表面上的一层褐色坏死组织。隔离层形成后，由于愈伤激素的作用，使伤口周围的细胞生长和分裂，形成层细胞也加强活动，并使隔离层破裂形成愈伤组织（图 2-18）。如果砧木和接穗的形成层配合很好，那么它们产生的愈伤组织可以很快连接，并会加速新形成层的形成。嫁接成活的关键在于尽量扩大砧木和接穗形成层的接触面。接触面愈大，接触愈紧密，输导组织沟通愈容易，成活率也愈高。

三、影响嫁接成活的主要因素

（一）内因

1. 嫁接亲和力

嫁接亲和力是指砧木和接穗两者接合后愈合生长的能力。具体地说就是砧木和接穗在内部的组织结构上、生理和遗传特性上彼此相同或相似，从而能互相结合在一起的能力。嫁接亲和力是嫁接成活的关键，不亲和的组合，再熟练的嫁接技术和适宜的外界环境条件也不能成活。一般说来，影响嫁接亲和力大小的主要因素是接穗、砧木之间的亲缘关系。如同品种之间进行嫁接（称为共砧），亲和力最强；同树种不同品种之间嫁接，亲和力稍差；同属异种则更次之；同科异属的，一般来说其亲和力更弱。但也有些树种，异属之间的嫁接成活也是较高的，如桂花嫁接在女贞上、贴梗海棠嫁接在杜梨上都能成活。因此，嫁接亲和力不一定完全取决于亲缘关系，也有其他遗传性状支配的情况。

2. 砧木和接穗的生长特性

砧木生长健壮，体内贮藏物质丰富，形成层细胞分裂活跃，嫁接成活率就大。砧木和接穗在物候期上的差别与嫁接成活也有关，凡砧木较接穗萌动早，能及时供应接穗水分和养分的，嫁接成活率较高；相反，如果接穗比砧木萌动早，易导致失水枯萎，嫁接不易

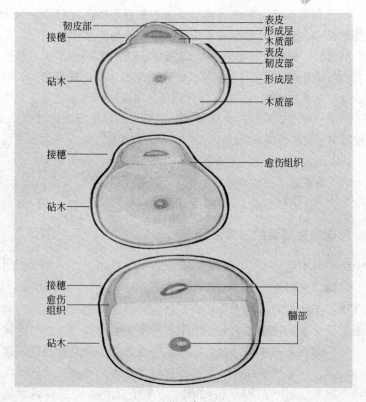

图 2-18　嫁接愈合示意图

成活。此外，有时由于砧木、接穗在代谢过程中产生树脂、单宁或其他有毒物质，也会阻碍愈合。例如，山桃、山杏为砧木进行芽接时常常流出树液，而使砧、穗产生隔离；在嫁接核桃、柿子时常因有单宁而影响成活。

（二）外因

1. 温度

嫁接后砧木和接穗要在一定的温度下才能愈合。不同观赏灌木的愈合对温度要求也不一样。一般观赏灌木愈伤组织生长的最适温度在 25℃左右，不同观赏灌木愈伤组织生长的最适温度与该观赏灌木萌发、生长所需的最适温度密切相关。物候期早的如连翘、榆叶梅等愈伤组织生长最适温度相对较低，20℃左右即有利于成活，物候期中等的如海棠等则在 20～25℃时有利于愈伤组织的形成和嫁接成活，物候期稍晚的如珍珠梅等则愈合需要的温度更高，可以达到 25℃以上。所以，在春季进行枝接时，各观赏灌木进行的次序，主要依此来确定。夏、秋季芽接时，温度都能满足愈伤组织的生长，先后次序不很严格，主要是依砧木、接穗停止生长时间的早晚或是依产生抑制物质（单宁、树胶等）的多少来确定芽接的早晚。

2. 湿度

湿度对嫁接成活的影响很大。空气湿度接近饱和，对愈伤组织形成最为适宜。砧木因根系能吸收水分，通常能形成愈伤组织，但接穗是离体的，愈伤组织内薄壁组织嫩弱，不耐干燥，湿度低于饱和点，会使细胞干燥，时间一长，引起死亡。水分饱满的细胞比萎蔫细胞更有利于愈伤组织增殖。因此，生产上用接蜡或塑料薄膜保持接穗水分，有利于组织愈合。土壤湿度、地下水的供给也很重要。嫁接时，如若土壤干旱，应先灌水增加土壤湿度，一般土壤含水量在 14.0％～17.5％时最适宜。

3. 空气

在接合部内产生愈伤组织时需要氧气，因为细胞迅速分裂和生长往往伴随着较高的呼吸作用。空气中的氧气在 12％以下或 20％

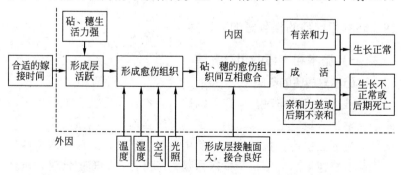

图 2-19 影响嫁接成活的诸因素间的相互
关系图（引自丁彦芬《园林苗圃学》）

以上都会妨碍呼吸作用的进行。在生产实践中往往湿度的保持和空气的供应成为对立矛盾。因此，在接后保湿时，要注意土壤含水量不宜过高，或以土壤含水量的高低来调节培土的多少，保证愈伤组织生长所要求的空气和湿度条件。

4. 光线

光线对愈合组织生长起着抑制作用，黑暗条件下，接口处愈合组织生长多且嫩、颜色白、愈合效果好；光照条件下，愈合组织生长少且硬、色深，砧、穗不易愈合。因此在生产中，嫁接后创造黑暗条件，有利于愈合组织的生长，促进嫁接成活（图2-19）。

5. 嫁接技术

此外，嫁接技术人员的嫁接技术对嫁接成活也有着非常重要的影响。生产上常用"紧、净、齐、快、平"来要求工作人员。

> 快：即砧木、接穗制作要快。
>
> 齐：砧木和接穗的形成层要对齐。
>
> 净：即砧木和接穗形成的削面要干净，没有脏东西。
>
> 平：即砧木和接穗的削面要平整。
>
> 紧：砧木和接穗的形成层对齐以后，要绑扎紧，以免动摇。

四、砧木和接穗的相互影响和选择

（一）砧木和接穗的相互影响

1. 砧木对接穗的影响

在进行嫁接繁殖时，所选用的砧木大多数是野生、半野生树种或是当地生长良好的乡土树种，都具有较强而广泛的适应能力，如抗旱、抗寒、抗涝、抗盐碱、抗病虫害等。因此，一般砧木能增加嫁接苗的抗逆性。如山定子抗寒力强，可抵抗-50℃的低温，用其做苹果的砧木，可增加苹果的抗寒力，但对盐碱和水涝的抗性较差；而用海棠做苹果的砧木，则既抗涝又抗旱，对黄叶病的抵抗能力也强。

有些砧木能使嫁接苗生长旺盛，树冠高大，称为"乔化砧"，如山桃、山杏是梅花、碧桃的乔化砧。相反，有些砧木能使嫁接苗生长势变弱，树冠矮小，称"矮化砧"。如寿星桃是桃和碧桃的矮化砧。这种乔化和矮化的作用，主要与嫁接亲和力及植物的适应性有关，也常因环境的改变而起不同的作用。一般乔化砧苗木寿命长，矮化砧苗木则寿命短。

2. 接穗对砧木的影响

嫁接后，砧木根系的生长依靠接穗所制造的养分，因此接穗对砧木也会有一定的影响。例如，杜梨嫁接成梨后其根系分布较浅，且易发生根蘖。

（二）砧木和接穗的选择

1. 砧木的选择和培育

选择优良的砧木，是培育嫁接苗的重要技术环节之一。

> 培育嫁接苗时，选择砧木主要依据下列条件。
> ① 与接穗具有较强的亲和力。
> ② 对栽培地区的环境具有较强的适应性和抗性。
> ③ 对接穗的生长、开花、结果等有良好的影响，如生长健壮、丰产、花艳、寿命长等。
> ④ 来源丰富、易于大量繁殖，一般最好选用 1～2 年生硬壮的实生苗。
> ⑤ 依园林绿化的需要，培育特殊树形的苗木，可选择特殊性状的砧木。

砧木的培育，多以播种的实生苗为好，它根系深、抗性强、寿命长、易于大量繁殖。但对于种子来源少或不易进行种子繁殖的树种也可采用扦插、分株、压条等营养繁殖苗作为砧木。

砧木的大小、粗细、年龄对嫁接成活和接后的生长有密切关系。实践证明：一般花木和果树所用的砧木，粗度以 1～3cm 为

宜；生长快而枝条粗壮的核桃等，砧木宜粗；而小灌木及生长慢的观赏灌木如山茶、桂花等，砧木可稍细。砧木的年龄以1～2年生者为最佳，生长慢的树种也可用3年以上的苗木作砧木，甚至可用大树进行高接换头，但在嫁接方法和接后管理上应做相应的调整和加强。

2. 接穗的选择和贮藏

（1）接穗的采集　采集接穗有三个环节，即：树、枝、段。树选择优良纯正，无病虫害，具有早果性、丰产性及品质好的母本树；枝选择树冠外围生长充实的发育枝；段选取枝条中下部的枝段（图2-20）。

图 2-20　接穗的采集

（2）接穗采集时间　枝接时，在秋季落叶后，采集1年生的发育枝贮藏一冬，温度5℃左右，保持一定的湿度，可用窖藏法和沟藏法等，也可春季萌芽前采接穗。芽接时，采集成熟的、木质化程度高的新梢，一般不用徒长枝，采后立即剪掉叶片，减少水分蒸发，注意保留一段叶柄，用于嫁接时检查成活。

（3）接穗的贮藏方法

① 窖藏法。接穗采集后，要按品种不同分别捆成小捆，挂上标签，写明品种，放入窖内，接穗堆放高度不应超过60cm。然后，在接穗上覆盖湿沙或湿锯末，并高出接穗10cm左右。贮后，随着

气温的变化关闭或开启通风口或窖门（图2-21）。接穗贮藏后，应定期检查窖内的温、湿度，防止接穗失水、霉烂和后期发芽。一般前期窖内温度应保持在0℃左右，高于这个温度应在晴天无风的中午开窗通风，保持窖内温、湿度，在贮藏后期要注意降温，此期温度应维持在10℃以下。整个贮藏期间要保持较高的相对湿度，一般湿度控制在90%左右。

②沟藏法。土壤冻结前挖沟，沟深1m、宽1m，长度以接穗数量而定。沟底铺上10cm厚的湿沙，接穗采集后，要按品种不同分别捆成小捆，挂上标签，写明品种，分层摆放，每层之间埋湿沙5cm左右（图2-22）。前期注意浅埋土，让冷空气进入沟内，春季再深埋土，避免热空气进入，以保持低温。采用沟藏的接穗，第二年嫁接前先取出用水浸泡，以补充枝条水分。

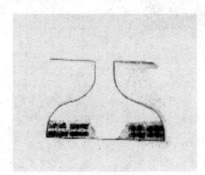

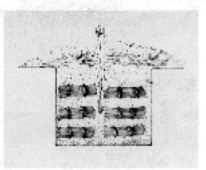

图2-21　窖藏法　　　　　　　　图2-22　沟藏法

（4）接穗蜡封　嫁接前，把贮藏的作为接穗的枝条取出，去掉上端不成熟的和下端芽体不饱满的部分，按10～15cm长、3～4芽剪成一段，第一个芽距顶端0.5～1cm剪成平面，蜡封备用。

蜡封接穗可用双层熔蜡器，也常用一般的广口器具，如铝锅、大烧杯，先在容器中加水，再加工业石蜡，当温度升到90～95℃时，石蜡熔化，蜡液浮在水面上，即可蘸蜡。温度控制在95℃左右，温度过高，易烫伤芽子；温度太低，接穗上的蜡层太厚，容易剥落，也浪费石蜡。蘸蜡速度要快（不超过1s），以免烫伤接穗芽子，接穗蘸完一头后，翻过来再蘸另一头，使整个接穗被蜡包住。蜡封后蜡层应无色透明，无气泡。若蜡层发白，说明太厚，温度低，应等温度上升后再蘸。此法操作简单，速度快，每天可封1万支左右，需石蜡7.5kg。接穗蜡封后，用编织袋包装，注明品种、数量、日期，放于1～5℃阴冷处贮藏待用，也可随封随用（图2-23）。

图 2-23　接穗蜡封

五、嫁接时期

嫁接的时期与各树种的生物学特性、物候期和选用的嫁接方法有密切关系，掌握树种的生物学特性，选用适当的嫁接方法，在适当的嫁接时期进行嫁接是保证嫁接成活率的关键。凡是生长季节都可进行嫁接，只是在不同的时期所采用的方法不同。也有在休眠期的冬季进行嫁接的，实际上是把接穗贮存在砧木上，但不便管理，一般不常采用。

目前在生产实践中，枝接一般在春季3～4月，芽接一般在夏、秋季的6～8月，但也有在春季用带木质部芽接或夏季用嫩枝枝接的，都能成活。冬季可以进行室内嫁接，所以说一年四季都能进行嫁接，最为适宜的嫁接时间见表2-1。

六、嫁接前的准备

在选好适宜的砧木和采集好接穗后，主要进行嫁接工具、包扎

表 2-1　不同嫁接方法适宜的嫁接时间

嫁接方法	适宜时期
芽接	6月下旬～8月上旬，砧木、接穗均离皮
带木质部芽接	3月下旬～4月上、中旬，砧木、接穗不离皮
枝接	3月下旬～4月上、中旬，砧木、接穗不离皮
插皮接	4月下旬～5月中旬，砧木、接穗均离皮
插皮舌接	

和覆盖材料的准备工作。

1. 嫁接工具

嫁接繁殖工具主要有刀、剪、凿、锯、撬子、手锤等（见图 2-24～图 2-29）。正确地使用这些工具，不但可提高工作效率，而且能使切面平滑、密接，有利于愈合，从而提高嫁接成活率。

图 2-24　嫁接机

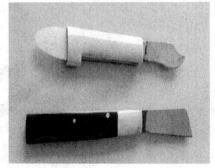

图 2-25　芽接刀

嫁接刀有切接刀、劈接刀、芽接刀、根接刀和单面刀片等。另外，据不同的嫁接材料可自制刀具，如用于柿子方块芽接的自制刀具，可用钟表发条或锯条制作；在多头高接时，可用锯、凿子等进行劈接。

2. 涂抹和包绑材料

涂抹材料通常为接蜡，用来涂抹接合部和接穗剪口，以减少砧穗的水分丧失，促使愈伤组织产生，防止雨水、微生物侵入和伤口腐烂，从而提高嫁接成活率。目前，随着塑料薄膜包扎应用的推

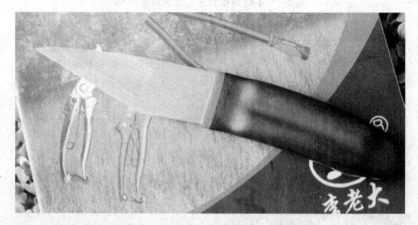

图 2-26 切接刀

图 2-27 枝剪

图 2-28 芽接刀

图 2-29　劈接刀

广，除难以用薄膜包扎而采用接蜡外，其他已较少采用。

　　包绑材料使接穗与砧木密接，保持接口湿度，防止接位移动。嫁接中现多用塑料薄膜条，因其具弹性、韧性，并能保湿。如湿度低，可在已绑好的接口上再用小塑料袋套住并绑一次．以便保湿。如南京伊刘苗圃采用此法嫁接玉兰，有效地提高了嫁接成活率。

七、嫁接的方法

　　嫁接方法很多，多数情况下根据所用接穗的木质化程度等分为枝接和芽接，先分别进行介绍。

> 　　嫁接一般分四步：
> 　　① 削接穗：不同嫁接方法其接穗具有不同的要求和形状。
> 　　② 断砧木：在不同的高度和位置处理砧木。
> 　　③ 嫁接：形成层对齐。
> 　　④ 绑扎：牢固，使其愈合生长。

（一）枝接

　　凡是以带芽的枝条为接穗的嫁接方法统称为枝接。其优点是嫁接苗生长较快，在嫁接时间上不受树木离皮与否的限制，春季可及早进行，嫁接苗当年萌发，秋季可出圃。但不如芽接节省接穗，嫁接技术也较复杂。常用的枝接方法主要有以下几种。

1. 切接法

切接法是枝接中最常用的方法，适用于大多数的观赏灌木。砧木宜选用切口直径1～2cm的幼苗，在距地面一定高度断砧，削平切面后，在砧木一侧垂直下刀（略带木质部，在横断面上为直径的1/5～1/4），深达2～3cm；砧木切好后，再剪取接穗，以保留2～3个芽为原则，长10～15cm。把接穗正面削一刀，呈长约3cm的斜切面，在长削面背面再削一短切面，长1cm，接穗上端的第一个芽应在小切面的一边。将削好的接穗插入砧木切口处，使形成层对准，砧、穗的削面紧密结合，再用塑料条等捆扎物捆好，必要时可在接口处涂上接蜡或泥土，以减少水分蒸发，一般接后都采用埋土办法来保持湿度（图2-30、图2-31）。

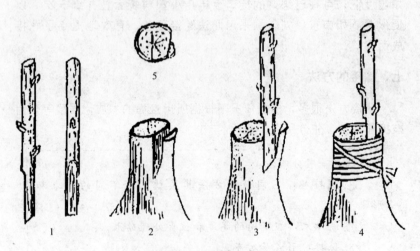

图 2-30　切接法示意图

1—削接穗；2—削砧木；3—接合；4—绑扎；5—横切面

2. 劈接法

劈接法又称割接法，接法与切接略相同，适用于大部分观赏灌

图 2-31　切接法

木，尤其是落叶灌木。要求选用砧木的粗度为接穗粗度的 2～5 倍。砧木自地面一定高度处截断后，在其横切面上的中央垂直下切，劈开砧木，切口长达 2～3cm；接穗下端则两侧切削，呈一楔形，切口长 2～3cm，将接穗插于砧木中，靠在一侧，使形成层对准，砧木粗时可同时插入多个接穗，用绑扎物捆紧。由于切口较大，要注意埋土，防止水分蒸发影响成活（图 2-32、图 2-33）。

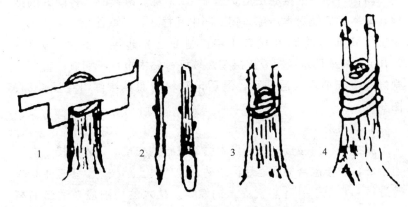

图 2-32　劈接法示意图

1—削接穗；2—削砧木；3—接合；4—绑扎

图 2-33　劈接法

3. 插皮接

插皮接是枝接中最易掌握、成活率最高、应用也较广泛的一种方法。但要在砧木容易离皮的情况下才能进行，适用于干径较粗的砧木，砧木太细不可用插皮接。在观赏苗木生产上用此法高接和低接的都有。一般在距地面 5～8cm 处断砧，削平断面，选平滑顺直处，将砧木皮层垂直切一小口，长度比接穗切面略短。接穗下端削成长 3～5cm 的斜面，厚 0.3～0.5cm，背面末端削一 0.5～0.8cm 的小斜面，削好的接穗上应保留 2～3 个芽。嫁接时，将削好的接穗在砧木切口处沿木质部与韧皮部中间插入，长削面朝向木质部并使接穗背面对准砧木切口正中，削面上部也要"留白" 0.3～0.4cm。如果砧木较粗或皮层韧性较好，砧木也可不切口，直接将削好的接穗插入皮层即可，最后用塑料薄膜条绑缚（见图 2-34、图 2-35）。

4. 腹接法

腹接也称为腰接，是在砧木腹部进行的枝接。砧木嫁接之前不用断砧，嫁接愈合成活之后再断砧，即剪去上部枝条。多在生长季节进行，常用于针叶观赏灌木的嫁接。砧木的切削应在适当的高度，选择平滑面，自上而下深切一刀，切口深入木质部，达砧木直径的 1/3 左右，切口长 2～3cm，此种削法为普通腹接；亦可将砧

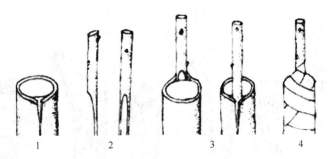

图 2-34 插皮接示意图

1—削接穗；2—削砧木；3—接合；4—绑扎

图 2-35 插皮接

木横切一刀，竖切一刀，呈一"T"字形切口，把接穗插入，捆绑即可，此法为皮下腹接（见图 2-36）。

5. 合接和舌接

合接和舌接适用于较细的砧穗，砧木和接穗的粗度最好一致或相近。合接即将接穗和砧木各削成一长为 3～5cm 的斜削面，把两者削面对准形成层对搭起来，绑扎严密即可，注意绑扎时不要

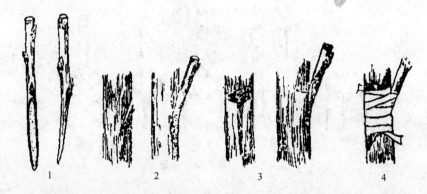

图 2-36　腹接和皮下腹接示意图（引自丁彦芬《园林苗圃学》）

1—削接穗；2—削砧木；3—接合；4—绑扎

错位。

　　舌接的砧穗削法与合接相同，只是削好后再于各自削面距顶端中央处纵切，深度约为削面长度的 1/3，呈舌状。接时将砧穗各自的舌片插入对方的切口，并使形成层吻合（至少对准一边），然后进行绑缚包扎、保湿（图 2-37、图 2-38）。

　　6. 靠接法

　　靠接法主要用于嫁接亲和力差，嫁接难成活的砧木和接穗之间的嫁接愈合。在生长季节，将砧木和接穗安排在一起种植，在两者相邻的光滑部位各削一长斜切面，长 3～6cm，深达木质部，将双方形成层相互对准，用塑料条绑缚严密（图 2-39、图 2-40）。

　　7. 髓心形成层对接法

　　多用于针叶树的嫁接。以砧木的芽开始膨胀时为最佳嫁接时间，秋季新梢木质化时嫁接效果也不错。首先，剪取带顶芽长 8～10cm 的 1 年生枝作接穗，保留顶芽以下 10 余束针叶和 2～3 个轮生叶，其余针叶全部剪除；其次，利用主干顶端 1 年生枝作砧木，在略粗于接穗的部位摘掉针叶，其摘去针叶部分的长度略长于接穗削面。然后从上向下沿形成层或略带木质部切削，削面长度皆同接穗削面，下端斜切一刀，去掉切开的砧木皮层，斜切长度与接穗小斜面相当；然后，将接穗长削面向里，使形成层对齐，小削面插入

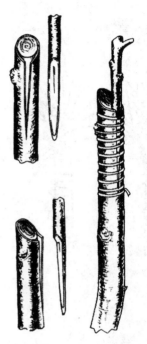

图 2-37 合接示意图

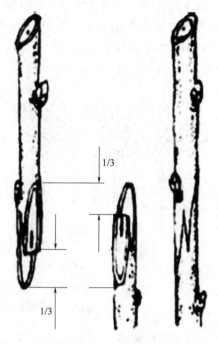

图 2-38 舌接示意图

图 2-39 靠接

削砧木　　　削接穗　　　接后

图 2-40 靠接示意图

砧木切面的切口内，最后用塑料薄膜条绑扎严密。待接穗成活后，再剪去砧木枝头。为保持接穗萌发枝的生长优势，可用摘心法控制砧木各侧生枝的生长势（图2-41）。

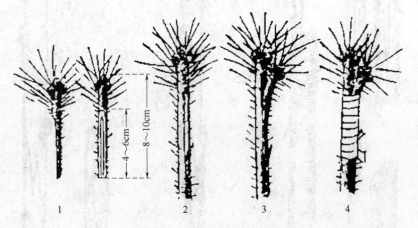

图 2-41　髓心形成层对接法

1—削接穗；2—削砧木；3—接合；4—绑扎

（二）芽接

凡是用芽做接穗的嫁接方法，称为芽接。芽接法的优点是：节省接穗，砧木用1年生苗即能嫁接，接合牢固，愈合容易，成活率高，且操作简单；可嫁接的时间长，未成活的可补接，便于大量繁殖苗木。依据取芽的形状和接合方式的不同，常见以下几种方法。

1."T"字形芽接

"T"字形芽接又叫"盾状芽接"，是最常用的嫁接方法，适用于各种观赏灌木。芽接时，采取当年生新鲜枝条为接穗，除去叶片，留有叶柄。按顺序自接穗上切取盾形芽片。削芽片时先从芽上方0.5cm左右横切一刀，刀口长0.8～1cm，深达木质部。再从芽片下方1cm左右连同木质部向上切削到横切口处取下芽。取芽时一般不带木质部。然后，于砧木距地面5～8cm的光滑部位横切一刀，长约1cm，深度以切断皮层为准，再从横切口中间向下垂直切一刀，使切口呈"T"字形。用芽接刀后部撬开切口皮层，手持芽片的叶柄把芽片插入切口皮层内，使芽片上边与"丁"字形的切口横边对齐，最后用塑料薄膜条将切口自下而上绑扎好（图2-42、图2-43）。

图2-42　"T"字形芽接是目前月季生产最流行的嫁接方式

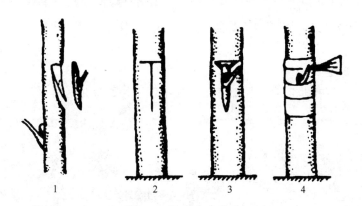

图2-43　"T"字形芽接
1—取芽；2—切砧；3—装芽片；4—包扎

2. 方块芽接

此法与"T"字形芽接相比较操作复杂，一般树种多不选用。但这种方块形芽片因与砧木的接触面大，有利成活，因此适于嫁接较难成活的观赏灌木。

方块芽接时，在接穗上切削深达木质部的长方形芽片，一般长

1.8～2.5cm，宽 1～1.2cm，先不取下来，在砧木上按接芽上下口的距离，横切相应长短的皮层，并在右边竖切一刀，掀开皮层，然后再把接芽取下，放进砧木切口，使右边切口互相对齐，在接芽左边把砧木皮层切去一半，留下的砧木皮仍包住接芽，最后加以绑缚（见图 2-44、图 2-45）。

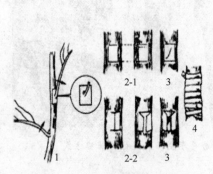

图 2-44　方块芽接示意图

1—取芽；2—切砧；3—装芽片；4—包扎

图 2-45　核桃方块芽接

3. 嵌芽接

嵌芽接也叫带木质部芽接，当不便于切取芽片时常采用此法，

图 2-46　嵌芽接

1—削接穗；2—嫁接；3—成活

适合春季进行嫁接。可比枝接节省接穗，成活良好，适用于大面积育苗。接穗上的芽，自上而下切取，在芽的上部往下平削一刀，在芽的下部横向斜切一刀，即可取下芽片，一般芽片长 2～3cm，宽度不等，依接穗粗细而定。砧木的切削是在选好的部位由上向下平行切下，但不要全切掉，下部留有 0.5cm 左右，将芽片插入后把这部分贴到芽片上捆好。在取芽片和切砧木时，尽量使两个切口大小相近，形成层上下左右部分都能对齐，才有利于成活（见图 2-46、图 2-47）。

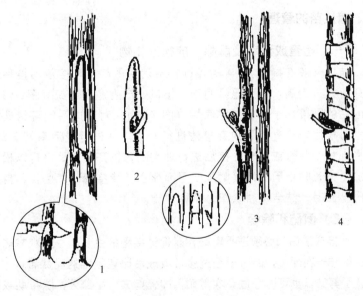

图 2-47　嵌芽接示意
1—取芽片；2—芽片形状；3—嵌贴芽片；4—绑扎

4. 环状芽接

环状芽接又称套芽接，于春季树液流动后进行。适用于皮部易于脱离的树种。砧木先剪去上部，在剪口下 3cm 左右处环切一刀，拧去此段树皮。在同样粗细的接穗上取下等长的管状芽片，套在砧木的去皮部分，勿使皮破裂，不用捆绑也可。此法由于砧、穗接触面大，形成层易愈合，可用于嫁接较难成活的树种（见图 2-48）。

图 2-48　套芽接示意

八、嫁接苗的管理

（一）检查成活率及解除、放松捆扎物

枝接一般在接后 3～4 周可进行成活率的检查，接活后接穗上的芽新鲜、饱满，甚至已经萌动，接口处产生愈伤组织（图2-49）；未成活的则接穗干枯或变黑腐烂（图 2-50）。对未成活的可待砧木萌生新枝后，于夏秋采用芽接法进行补接。在进行成活率检查时，可将绑扎物解除或放松，接后进行埋土的，扒开检查后仍需以松土略加覆盖，防止因突然暴晒或吹干而死亡。待接穗萌发生长，自行长出土面时，结合中耕除草，平掉覆土。

（二）剪砧和除萌

芽接成活后，必须进行剪砧，以促进接穗的生长。一般观赏树种大多剪砧一次即可，而对于经过腹接或成活比较困难的观赏灌木，不可急于剪砧，也可以经过 2 次剪砧，即先剪去一小部分，以帮助吸收水分和制造养分，用砧木的养分来辅养接穗（图 2-51、图 2-52）。

嫁接成活后，往往在砧木上还会萌发不少萌蘖，与接穗同时生长，这对接穗的生长很不利。对这些砧木上产生的萌蘖，均需及时去除。

（三）立柱扶持

接穗在生长初期很娇嫩，如果遭到损伤，常常前功尽弃，故需及时立支柱将接穗轻轻缚扎住，进行扶持。这项工作较费人工和材料，但必须进行。特别是皮下接，接口不牢固，要给予足够重视。在大面积嫁接时可采用降低接口部位（距地面 5cm 左右），在接口

图 2-49　嫁接成活　　　　　　　　　图 2-50　嫁接失败

图 2-51　嫁接除萌　　　　　　　　　图 2-52　剪砧

部位培土的方法解决。另外，可选择在主风向的一面枝条进行嫁接，对于防止接穗被风吹折有一定的效果。

（四）其他管理

水、肥及病虫害防治等管理措施与一般育苗相同。

第三节　扦插苗的培育

扦插繁殖是利用离体的植物营养器官，如根、茎、叶、芽等的一部分，在一定条件下，插入土、沙或其他基质中，经过人工培育使之发育成完整新植株的繁殖方法。通过扦插繁殖所得的苗木称为扦插苗。扦插繁殖简便易行，材源较充足，成苗迅速，较短的时间内可以形成大量的规格整齐一致的苗木，并可保持木本的优良性状。因此，扦插繁殖方法逐渐成为观赏灌木甚至是园林树木，特别是不结实或结实稀少的名贵园林植物的主要繁殖手段。目前，在观赏灌木甚至是园林植物生产上被广泛使用，并结合实践经验，采用了许多先进技术，如植物生长调节剂的应用、全光照嫩枝喷雾育苗技术等的应用。

扦插繁殖的特点：

优点：① 能够保持木本的优良性状；

② 成苗快，开花早；

③ 繁殖材料充足，产苗量大；

④ 繁殖容易，尤其是针对那些不易产生种子的观赏灌木。

缺点：① 寿命短于实生苗、分株苗、嫁接苗；

② 根系较弱、浅；

③ 木本植物容易出现偏冠现象，影响后期树形。

一、扦插生根类型

利用植物的茎、叶等器官进行扦插繁殖，首要任务就是让其生根。由于大多数木本植物的茎、叶等器官不具备根原始体（根原基），发根的位置不固定，故从这些茎、叶产生的根称"不定根"。插穗不定根形成的部位因植物种类而异，通常可分为3种类型：一是皮部生根型；二是愈伤组织生根型；三是混合生根型（图2-53～图2-55）。

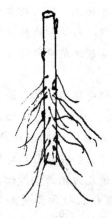

图 2-53　皮部生根型

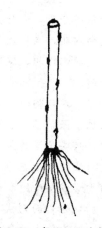

图 2-54　愈伤组织生根型

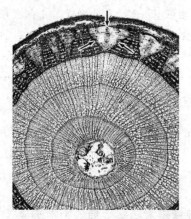

图 2-55　混合生根型（箭头所指为不定根产生位置）

（1）皮部生根型　　这是一种极易生根的类型。正常情况下，在木本植物枝条的形成层部位，能够形成许多特殊的薄壁细胞群，称为根原始体或根原基。这些根原始体就是产生大量不定根的物质基础。根原始体多位于髓射线的最宽处与形成层的交叉点上，是由于形成层细脑分裂而形成的。由于细胞分裂，向外分化成钝圆锥形的根原始体，侵入韧皮部通向皮孔，在根原始体向外发育的过程中，与其相连的髓射线也逐渐增粗，穿过木质部通向髓部，从髓细胞中取得营养物质。

（2）愈伤组织生根型　任何植物局部受伤后，均有恢复生机、保护伤口、形成愈伤组织的能力。植物体的一切组织，只要是活的薄壁细胞都能产生愈伤组织，但以形成层、髓射线的活细胞为形成愈伤组织的主要部位。在插条切口处由于形成层细胞和形成层附近的细胞分裂能力最强，因此在下切口的表面形成半透明的、具有明显细胞核的薄壁细胞群，即为初生的愈伤组织。它一方面保护插条的切口免受外界不良环境的影响，同时还有着继续分生的能力。

（3）混合生根型　需要指出的是，皮部生根植物并不意味着愈伤组织不生根，而是以前者为主；反之，亦然，即在皮部生根类型与愈伤组织生根类型之间还有两者混合生根类型。

二、扦插成活的影响因子

不同观赏灌木的生物学特性不同，扦插成活的情况也不同，有难有易。即使是同一植物，不同品种其扦插生根的情况也有差异。这除与观赏灌木本身的生物学特性有关外，也与插条的选取以及温度、湿度、土壤等环境条件有关。

（一）影响观赏灌木插条生根的内在因子

1. 观赏灌木的生物学特性

不同观赏灌木由于其遗传特性的差异，其形态构造、组织结构、生长发育规律和对外界环境的同化及适应能力等都可能有差别。因此，在扦插过程中生根难易程度不同，有的扦插后很容易生根，有的稍难，有的干脆不生根。现将收集到的部分扦插繁殖观赏灌木，按生根难易程度归纳为四大类。

（1）极易生根的观赏灌木　紫穗槐、柽柳、连翘、月季（图

2-56)、栀子花、常春藤、木槿、小叶黄杨、南天竹、葡萄、无花果等。

（2）较易生根的观赏灌木　山茶、野蔷薇、夹竹桃、杜鹃、猕猴桃、石榴等。

（3）较难生根的观赏灌木　木兰、海棠、米兰等。

（4）极难生根的观赏灌木　大部分的松科（图2-57）、杨梅科等。

图2-56　月季扦插生根

图2-57　思茅松扦插生根

2. 母树及枝条的生理年龄

采穗母株及其上不同枝条的生理年龄对插穗的扦插成活有着影响。通常随着观赏灌木生理年龄越老，其生活力越低，再生能力越差，生根能力越差。同时，生理年龄过高，则插穗体内抑制生长的物质增多，也会影响扦插的成活率。所以采插穗多从幼龄母株上采取，一般选用1～3年生实生苗上的枝条作插穗较好。如油橄榄1年生树的枝条作插穗，生根率可达100％；枣树用根蘖苗枝条比成龄大树枝条作插穗，成活率大大提高。

绿枝扦插用当年生枝条再生能力最强，这是因为嫩枝内源生长素含量高，细胞分生能力旺盛，有利于不定根的形成。因此，采用半木质化的嫩枝作接穗，在现代间歇喷雾的条件下，使大批难生根的树种扦插成活。

为了获得来自幼龄母株上的插穗，生产上可用以下方法。

（1）绿篱化采穗　即将准备采条的母树进行强剪，不使其向上生长，而萌发许多新生枝条。

（2）连续扦插繁殖　连续扦插2～3次，新枝生根能力急剧增加，生根率可提高40%～50%。

（3）用幼龄砧木连续嫁接繁殖　即把采自老龄母树上的接穗嫁接到幼龄砧木上，反复连续嫁接2～3次，使其"返老还童"，再采其枝条或针叶束进行扦插。

（4）用基部萌芽条作插穗　即将老龄树干锯断，使幼年（童）区产生新的萌芽枝用于扦插。

3. 枝条部位和发育状况

插穗在枝条上的部位与扦插成活有关。试验证明，硬枝扦插时，同一质量枝条上剪取的插穗，从基部到梢部，生根能力逐渐降低。采取母株树冠外围的枝条作插穗，容易生根。植株主轴上的枝条生长健壮，贮藏的有机营养多，扦插容易生根。绿枝扦插时，要求插穗半木质化，因此，夏季扦插时，枝条成熟较差，枝条基部和中部达到半木质化，作插穗成活率较高；秋季扦插时，枝条成熟较好，枝条上部达到半木质化，作插穗成活率较高，而基部此时木质化程度高，作插穗成活率反而降低。

当发育阶段和枝龄相同时，插穗的发育状况和成活率关系很大。插穗发育充实，养分贮存丰富，能供应扦插后生根及初期生长的主要营养物质，特别是碳水化合物含量的多少与扦插成活有密切关系。为了保持插穗含有较高的碳水化合物和适量的氮素营养，生产上常通过对植物施用适量氮肥，以及使植物生长在充足的阳光下而获得良好的营养状态。在采取插穗时，应选取朝阳面的外围枝和针叶树主轴上的枝条。对难生根的树种进行环剥或绞缢，都能使枝条处理部位以上积累较多的碳水化合物和生长素，有利于扦插生根。一般木本植物的休眠枝组织充实，扦插成活率高。因此，大多数木本植物多在秋末冬初、营养状况好的情况下采条，经贮藏后翌春再扦插。

4. 插穗的粗细与长短

插穗的粗细与长短对于成活率、苗木生长有一定的影响。大多数树种长插条根原基数量多，贮藏的营养多，有利于插条生根。一般落叶树硬枝插穗长 10～25cm，常绿树种插穗长 10～35cm。粗插穗所含的营养物质多，对生根有利。插穗的适宜粗细因树种而异，多数针叶树种插穗直径为 0.3～1cm，阔叶树种插穗直径为 0.5～2cm。生产实践中，应根据需要和可能，采用适当长度和粗细的插穗，合理利用枝条，应掌握粗枝短截、细枝长留的原则。

5. 插穗的叶和芽

插穗上的芽是形成茎、干的基础。芽和叶能供给插穗生根所必需的营养物质和生长激素、维生素等，对生根有利。对嫩枝扦插及针叶树种、常绿树种的扦插更重要。插穗一般留叶 2～4 片，若有喷雾装置定时保湿，可留较多的叶片，以便加速生根（图 2-58、图 2-59）。

图 2-58　桂花带叶扦插　　　　图 2-59　葡萄硬枝扦插

（二）影响观赏灌木插条生根的外在因子

1. 温度

温度对插穗生根的影响表现在气温和地温两个方面，插穗生根要求的地温因观赏灌木种类而异。落叶类观赏灌木能在较低的地温下（10℃左右）生根，而常绿观赏灌木的插条生根则要求较高的地温（23～25℃），大多数树种的最适生根地温是 15～25℃。气温主要是满足芽的活动和叶的光合作用，叶、芽的生理活动虽有利于营养物质的积累和促进生根，但气温升高，使叶部蒸腾加速，往往引

图 2-60　利用温床扦插提高低温　　　图 2-61　利用温床进行扦插

起插穗失水枯萎，所以在插穗生根期间最好能创造地温略高于气温的环境（图 2-60、图 2-61）。一般在夏季嫩枝扦插时，地温能得到保证，春季硬枝扦插时地温较低，可在扦插基质下铺 20～50cm 厚的马粪以增加插壤温度，促进插穗生根。在温室或塑料大棚中，可在插床内铺设电热丝，以控制适宜的地温。

2. 湿度

在插穗不定根的形成过程中，空气的相对湿度、基质湿度以及插本身的含水量是扦插成败的关键，尤其是嫩枝扦插，湿度更为重要。

（1）空气的相对湿度　在插条生根的过程中，保持较高的空气湿度是扦插生根的重要条件，尤其是对一些难生根的植物，湿度更为重要。

（2）基质湿度　扦插时除了要求一定的空气湿度外，基质的湿度同样也是影响插穗成活的一个重要因素。一般基质湿度保持干土重量的 20％～25％ 即可。

（3）插穗自身的含水量　插穗内的水分含量直接影响扦插成活。因为插穗内的水分使其保持自身活力，可使插条易于生根，而且还能加强叶组织的光合作用。插穗的光合作用愈强，则不定根形成得愈快。当插穗含水量减少时，叶组织内的光合强度就会显著降低，因而直接影响不定根的形成。

因此，在进行扦插繁殖时，一定要注意保持插穗的自身水分、适宜的基质湿度和空气相对湿度，最大限度地保持插条活力，以达到促进生根的目的。

全光照喷雾嫩枝扦插育苗技术简介：

全光照喷雾嫩枝扦插是近代发展最为迅速的先进育苗技术，它与传统的硬枝扦插繁殖相比，具有扦插生根容易、成苗率高、育苗周期短和穗条来源丰富等优点；它与先进的组培技术相结合，能彼此相互补充，可大规模化生产，使育苗成本大幅度下降。

采用全光照喷雾嫩枝扦插育苗技术及其设备，不仅为植物插穗生根提供最适宜的生根场地和环境，而且成功地利用植物插穗自身的生理功能和遗传特性，经过内源生长素等物质的合成和生理作用，以内源物质效应来促进不定根的形式，使一大批过去扦插难生根的植物进入容易生根的行列，并有效地应用到生产上，这是无性繁殖技术的一大发展和进步（图2-62～图2-64）。

图 2-62 全光照桉树嫩枝网袋育苗技术

3. 光照

光照对嫩枝扦插很重要。适宜的光照能保证一定的光合强度，提高插条生根所需要的碳水化合物含量，同时可以补充利用枝条本身合成的内源生长素，使之缩短生根时间，提高生根

图 2-63　嫩枝扦插育苗体系——通过喷雾来提高气温

图 2-64　通过全光照喷雾嫩枝扦插成功培育出蓝莓

率。但光照太强，会增大插穗及叶片的蒸腾强度；加速水分的损失，引起插穗水分失调而枯萎（图 2-65、图 2-66）。因此，最好采用全光喷雾的方法，既能调节空气相对湿度，又能保证光照，利于生根。

图 2-65　红叶石楠露地扦插

图 2-66　红豆杉荫棚扦插

4. 扦插基质

插穗的生根成活与扦插基质的水分、通气条件关系十分密切。插条从母树切离之后，由于吸水能力降低，蒸腾仍在旺盛进行，水分供需矛盾相当突出。扦插后未生根的插穗和生长在土壤中的有根植株不同，仅能从切口或表皮在很局限的范围内利用水分。因此，扦插后水分的及时补充十分重要，要求基质保持湿润。同时，插穗生根一般都落后于地上部分萌发，未生根插穗如过量蒸腾，就会失水萎蔫致死，这种现象称为假活。假活时间的长短因观赏灌木种类而异。

插穗在生根期间，要求基质有较好的通气性，以保证氧气供给和二氧化碳排出。因此，要避免因过量灌溉造成基质过湿及通气不良而使插穗腐烂死亡。一般扦插苗圃地宜选择结构疏松且排水通气良好的沙土，如有条件，可采用通透性好且持水排水的蛭石、珍珠岩等人工基质，扦插效果则更好（图2-67、图2-68）。

图 2-67　珍珠岩作基质扦插红豆杉　　图 2-68　普通土壤作基质扦插映山红

三、促进扦插生根的方法

（一）机械处理

在植物生长季节，将枝条环剥、刻伤或用铁丝、麻绳、尼龙绳等捆扎，阻止枝条上部的碳水化合物和生长素向下运输，使其贮存养分，到生长后期再将枝条剪下进行扦插，能显著地促进生根（图2-69）。

（二）黄化处理

即在生长季前用黑色塑料袋将要作插穗的枝条罩住，使其在黑暗的条件下生长，待其枝叶长到一定程度后，剪下进行扦插。黄化处理对一些难生根的树种，效果很好。由于枝叶在黑暗条件下，受到无光的刺激，激发了激素的活性，加速了代谢活动，并使组织幼

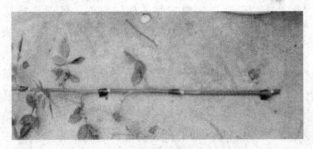

图 2-69 一个枝条可以多处环剥

嫩，因而为生根创造了有利条件。黄化处理观赏灌木枝条，一般需要 20 天左右，效果较好。

（三）加温处理

春天由于气温高于地温，在露地扦插时，易形成先抽芽展叶后生根的效果，以致降低扦插成活率。如果采取措施，人工创造一个地温高于气温的条件，就可以改变上述局面，使插条先生根后抽芽展叶。为此，可采用电热温床法（在插床内铺设电热线）或火炕加温法（图 2-70、图 2-71），使插床基质温度达到 20～25℃，并保持适当的湿度，以提高扦插成活率。

图 2-70 通过加热系统给苗床加温　　图 2-71 通过电热线给温床加温

（四）洗脱处理

洗脱处理对除去插穗中的抑制物质效果很好，它不仅能降低枝条内抑制物质的含量，同时还能增加枝条内的水分含量。

常见洗脱方法：

① 温水洗脱处理　将插条放入温水（一般为 30～35℃）中浸泡数小时或更长时间，具体时间因树种不同而异。温水洗脱处理对单宁含量高的植物较好（图 2-72）。

② 流水洗脱处理　将插条放入流动的水中，浸泡数小时，具体时间也因观赏灌木种类不同而异，多数在 24h 以内，也有的可达 72h，甚至有的更长。

③ 酒精洗脱处理　用酒精处理也可有效地除去插穗中的抑制物质，大大提高生根率。一般使用浓度为 1‰～3‰，或者用 1‰ 酒精和 1‰ 乙醚混合液，浸泡 6h 左右，如杜鹃类。

图 2-72　泡桐硬枝水浸处理

（五）生长素及生根促进剂处理

1. 生长素处理

插穗生根的难易程度与生长素含量的高低相关。适当增加生长素含量，可加强淀粉和脂肪的水解，提高过氧化氢酶的活性，增强新陈代谢作用，提高吸收水分的能力，促进可溶性化合物向枝条下部运输和积累，从而促进插穗生根。但浓度过大时，生长素的刺激作用将转变为抑制作用，使插穗内的生理过程遭受破坏，甚至引起中毒死亡。因此，在应用生长激素时，要因树制宜，严格控制浓度和处理时间。

在扦插育苗中，刺激生根效果显著的生长素有萘乙酸、吲哚乙酸、吲哚丁酸、2,4-D等。处理方法是用溶液浸泡插穗下端，或用湿的插穗下端蘸粉立即扦插。最适浓度因生长素种类、浸泡时间、母树年龄和木质化程度等不同而有差别。以萘乙酸为例，对大多数树种的适宜浓度一般为0.005%～0.01%，将插穗基部2cm浸泡于溶液中16～24h。当然处理插穗时也可采用高浓度溶液（如0.03%～0.05%）快浸的方法，只要把插穗下端2cm浸入浓溶液中2～5s，取出后即可扦插。浸过的溶液还可利用一次，但再次利用时，应适当延长处理时间。

图2-73　用根旺处理月季插穗

2. 生根促进剂处理

对于难生根的植物，单一的生长素是很难起到促根作用的。随着对扦插繁殖研究的不断深入，很多综合性的生根促进剂应运而生。ABT 生根粉即是中国林科院王涛院士于 20 世纪 80 年代初研制成功的一种广谱高效生根促进剂。用示踪原子测定及液相色谱分析表明，用 ABT 生根粉处理插穗，能参与插穗不定根形成的整个生理过程，具有补充外源激素与促进植物内源激素合成的双重功效（图 2-73）。

> ABT 生根粉的特点：
>
> ① 促进爆发性生根，一个根原基上能形成多个根尖。
>
> ② 愈合生根快，缩短了生根时间。
>
> ③ 提高了扦插生根率。
>
> ABT 生根粉的使用方法：
>
> ABT 生根粉处理插穗时通常配成一定浓度的溶液浸泡插穗下切口。多数观赏灌木的适宜浓度为 0.005％、0.01％、0.02％。每克生根粉能浸插穗 3000～6000 个。浸泡插穗的时间，嫩枝为 0.5～1h，1 年生休眠枝为 1～2h，多年生休眠枝为 4～6h。浸泡插穗深度距下切口 2～3cm。

（六）化学药剂处理

醋酸、磷酸、高锰酸钾、硫酸锰、硫酸镁等化学药剂在一定程度上都可以促进插穗的生根或者成活。生产中用 0.1％醋酸水溶液浸泡卫矛、丁香等插条，能显著促进生根。用 0.05％～0.1％高锰酸钾溶液浸插穗 12h，除能促进生根外，还能抑制细菌发育，起消毒作用。

（七）营养处理

用维生素、糖类及其他氮素处理插条，也是促进生根的措施之一。用 5％～10％蔗糖溶液处理雪松、龙柏、水杉等树种的插穗 12～24h，对促进生根效果显著，若糖类与植物生长素并用，则效果更佳。

四、扦插时间与方法

（一）扦插时间

1. 春季扦插

适宜大多数植物。利用前一年生休眠枝或经冬季低温贮藏后扦插，又称硬枝扦插，其枝条内的生根抑制物质已经转化，营养物质丰富。春季扦插宜早，要创造条件先打破枝条下部的休眠，保持上部休眠，待不定根形成后芽再萌发生长。扦插育苗的技术关键是采取措施提高地温。生产上采用的方法有大田露地扦插和塑料小棚保护地扦插。

2. 夏季扦插

夏季扦插是选用半木质化、处于生长期的新梢带叶扦插。嫩枝的再生能力较已全木质化的枝条强，且嫩枝体内薄壁细胞组织多，转变为分生组织的能力强，可溶性糖、氨基酸含量高，酶活性强，幼叶和新芽或顶端生长点生长素含量高，有利于生根，这个时期的插穗要随采随插。这个时期主要进行嫩枝扦插、叶插。要注意插穗的空气湿度，通常可以通过遮阴和遮光来解决。

3. 秋季扦插

秋季扦插插穗采用的是已停止生长的当年生木质化枝条。扦插要在休眠期前进行，此时枝条的营养液还未回流，碳水化合物含量高，芽体饱满，易形成愈伤组织和发生不定根。秋插宜早，以利物质转化，安全越冬。扦插育苗的技术关键是采取措施提高地温。常用塑料小棚保护地扦插育苗，北方还可采用阳畦扦插育苗。

4. 冬季扦插

冬季扦插是利用打破休眠的休眠枝进行温床扦插。北方应在塑料棚或温室进行，在基质下铺上电热线，以提高扦插基质温度。南方则可直接在苗圃地扦插。

（二）扦插的技术与方法

根据枝条木质化程度的不同，将扦插育苗分为硬枝扦插和嫩枝扦插两种。

1. 硬枝扦插

（1）插穗的采集与制作　通常采集插穗的母株年龄不同，插穗的成活率存在差异。生理年龄越小的母株，插穗成活率越高。因此，应该选择树龄较年轻的幼龄母树，采集母株树冠外围的1～2年生枝、当年生枝或1年生萌芽条，要求枝条发育健壮、芽体饱满、生长旺盛、无病虫害等。

常用的插穗剪取方法是在枝条上选择中段的壮实部分，剪取长10～20cm的枝条，每根插穗上保留2～3个充实的芽，芽间距离不宜太长。插穗的切口要光滑，上端切口在芽上0.5～1cm处，一般呈斜面，斜面的方向是长芽的一方高、背芽的一方低，以免扦插后切面积水，较细的插穗则可剪成平面。下端切口在靠近芽的下方。下切口有以下几种切法：平切、斜切和双面切，双面切又有对等双面切、高低双面切和直斜双面切。一般平切养分分布均匀，根系呈环状均匀分布；斜切根多生于斜口一端，易形成偏根，但能扩大与插壤的接触面积，利于吸收水分和养分；双面切与插壤的接触面积更大，在生根较难的植物上应用较多（图2-74、图2-75）。

（2）扦插方法　扦插时直插、斜插均可，但倾斜不能过大，扦

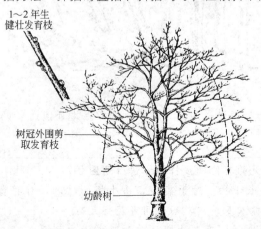

1～2年生
健壮发育枝

树冠外围剪
取发育枝

幼龄树

图 2-74　插穗的采集

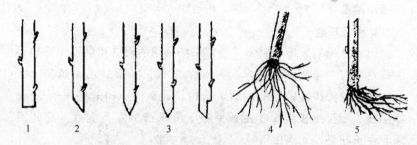

图 2-75　插穗的切口和形状

1—平切；2—斜切；3—双面切；4—下切口平切
生根均匀；5—下切口斜切根偏于一侧

插深度为插穗长度的1/2～2/3。干旱地区、沙质土壤可适当深些。注意不要碰伤芽眼，插入土壤时不要左右晃动，并用手将周围土壤压实（图2-76）。

扦插深度
为接穗的
1/2～1/3

图 2-76　硬枝扦插方法

由于植物特性及应用条件的不同，各地还创造了许多硬枝扦插的方法。

常见的其他硬枝扦插方法（见图2-77）：

①长干插：对于某些容易生根的植物，可将剪下的整个枝条插入基质内，短时间可获得大苗。

②割插：有些生根困难的观赏灌木树种，可将插穗下

端劈开，中间夹以石子等物，使之刺激生根。

③踵形插：在插穗下端附带有老枝的一部分，形如踵足，故称踵状插。这样下端养分集中，易于发根，但每根插条只能制作一个插穗，利用率较低。

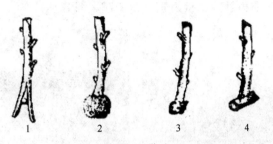

图 2-77　硬枝扦插特殊处理方法

1—加石子插；2—泥球插；3—带踵插；4—锤形插

2. 嫩枝扦插

嫩枝扦插是在生长期中选用半木质化的绿色枝条进行扦插育苗的方法，也叫软材扦插或绿枝扦插。有些观赏灌木用硬枝扦插不易成活，如紫玉兰、腊梅等，此时可以用嫩枝进行扦插效果较好，但是对环境条件的要求相对较高，需要更为细致的管理措施。

（1）采条时间　采条时间要适宜。采条过早，由于枝条幼嫩容易腐烂；过迟则生长素减少，生长抑制物质含量增加，不利于生根。大部分观赏灌木的采条适期在5～9月，具体时间因树种和气候条件而异。在早晨采条较好。为防止枝条干燥，避免在中午采条。一般是随采随插，不宜贮藏。

（2）选择母树及枝条　采条时应选择生长健壮而无病虫害的幼年母树，对难生根的植物，母树年龄越小越好。试验表明：水杉3年生母树所获得的插穗比1年生母树获得的插穗成活率低得多。

（3）插穗的截制　插穗一般要保留3～4个芽，长5～15cm，插穗下切口为平口或斜口，剪口应位于叶或腋芽之下，插穗带叶，阔叶树一般保留2～3个叶片，针叶树的针叶可不去掉，下部可带

叶插入基质中。在制穗过程中要注意保湿，随时注意用湿润物覆盖或浸入水中。

（4）扦插方法　软枝扦插由于其枝条柔嫩，扦插用地更需整理精细、疏松，常在插床上进行。将插穗一端垂直插入土中，扦插深度应根据树种和插穗长短而定，一般为插条总长的 1/3～1/2。扦插密度以两插穗叶片相接为宜（图 2-78、图 2-79）。

图 2-78　天竺桂的软材扦插　　　　图 2-79　葡萄的嫩枝扦插

3. 根插

根插是利用一些植物的根能形成不定芽、不定根的特性，用根作为扦插材料来繁育苗木。根插可在露地进行，也可在温室内进行。采根的母株最好为幼龄植株或生长健壮的 1～2 年生幼苗。木本植物插根一般直径要大于 3cm，过细，贮藏营养少，成苗率低，不宜采用。插根根段长 10～20cm，草本植物根较细，但要大于5mm，长 5～10cm。根段上口剪平，下口斜剪。插根前，先在苗床上开深 5～6cm 的沟，将插穗斜插或平埋在沟内，注意根段的极性。根插一般在春季进行，尤其是北方地区。插条上端要高出土面2～3cm，入土部分就会生根，不入土部分发芽（有些品种全都埋入土中也会发芽），芽一般都由剪口处发出；根插后要保持盆土湿润，不用遮阴；有些品种 15～20 天即能发芽，如榆树，有些品种可能需 2 个月左右，如紫薇等；所以要有一定的耐心。

适用于根插的园林花木有泡桐、楸树、牡丹、刺槐、毛白杨、樱桃、山楂、核桃、海棠果、紫玉兰、腊梅等。可利用苗木出圃残留的根段进行根插（图2-80、图2-81）。

图2-80　根插所用插穗　　　　图2-81　根插长叶

根插要求：一是根穗的粗细与具体的植物种类有关，有的选用粗根作插穗，扦插效果要好一些，有的则粗细无太大的差别；二是根穗截取的部位很重要，一般靠近根颈处的根段作插穗相对要好一些，如芍药；三是根的方向，由于植物的极性，插穗不能上下颠倒，否则不利于生根；四是花叶嵌合体观茎植物，如斑叶木、花叶天竺葵等，其根插苗不能有效保持其斑叶品种的性状；五是应特别注意床面湿度，根穗不适于燥热的环境条件，必须重视床面湿润，维持苗床和空气相对湿度；六是及时抹芽，对根穗上端萌发的过多芽蘖，要及时留优去劣，以保证扦插苗能形成良好的株形。

4. 叶插

利用叶脉和叶柄能长出不定根、不定芽的再生机能的特性，以叶片为插穗来繁殖新的个体，称叶插法，如秋海棠类、夹竹桃等。叶插一般都在温室内进行，所需环境条件与嫩枝扦插相同。属于无性繁殖的一种，生产中应用较少（图2-82）。

叶插又分为全叶插和片叶插。全叶插是用完整叶片做插穗的扦插方法。剪取发育充分的叶子，切去叶柄，再将叶片铺在基质上，使叶片紧贴在基质上，给予适合生根的条件，在其切伤处就能长出不定根并发芽，分离后即成新植株；还可以带叶柄进行直插，叶片需带叶柄插入基质，以后于叶柄基部形成小球并发根生芽，形成新的个体。全叶插分为两种方式，即平置叶插和直插叶插。

图 2-82　橡皮树叶插及生根

五、扦插苗的管理

插穗扦插后应立即灌足第一次水，以后经常保持土壤和空气湿度（软枝扦插空气湿度更为重要），做好保墒和松土工作。当未生根之前地上部分已展叶，则应摘除部分叶片，在新苗长到 15～30cm 时，应选留一个健壮直立的芽，其余的除去，必要时可在行间进行覆草，以保持水分和防止雨水将泥土溅于嫩叶上。硬枝扦插时，对不易生根、生根时间较长的树种应注意必要时进行遮阴。嫩枝扦插后也要进行遮阴以保持湿度。在温室或温床中扦插，当生根展叶后，要逐渐开窗流通空气，使其逐渐适应外界环境，然后再移至圃地。

在空气温度较高而且阳光充足的地区，可采用全光照自动间歇喷雾装置进行扦插育苗，即利用白天充足的阳光进行扦插，以自动间歇喷雾装置来满足插穗生根对空气湿度的要求。保证插穗不萎蔫，又有利于生根。使用这种方法对松柏类、常绿阔叶树以及各类花木的硬枝扦插和软枝扦插均可获得较高的生根成活率。但扦插所使用的基质必须是排水良好的蛭石、珍珠岩和粗沙等。目前这种扦插育苗技术在生产上已得到全面推广，并且获得了较好的效果。

六、扦插繁殖新技术

植物非试管快繁技术是一种全新的扦插育苗技术，是现代计算机智能控制技术与扦插繁殖有机结合的高新农业技术。运用植物生长模拟计算机为植物创造最为适宜的温、光、气、热、营养、激素环境，使植物的生理潜能得到最大的发挥，使植物的生根基因尽快表达，从而实现植物的快速生根。另外，植物非试管快繁技术是一项实用技术，目前已从科研院所及企业走向农家，走向苗圃，是普通大众用得起、会使用的高新农业技术。它的推广应用将会带来一次全新的育苗革命。植物非试管快繁的特点简介如下。

（一）投资省，设施简单

植物非试管快繁技术是目前投资最省的工厂化育苗新技术，投入数万元即可建个年产 100 万～1000 万株苗的工厂化育苗基地。与传统育苗相比，可节省大量的遮阳设施，如小拱棚、遮阳网、喷雾设备等（图 2-83）。植物非试管快繁技术适应性广，智能系统能对不同的环境进行智能控制，所以既可在温室、大棚进行，也可在大田进行，可用基质繁殖，也可水繁和气繁。

图 2-83　标准化非试管繁殖床

（二）实用性强，易学易操作

通过 1～2 天的技术培训，即可操作与生产。平均每人每天可处理 5000～10000 株繁殖材料。操作简单，只取植物的一叶一芽，通过药物处理，插入苗床，启动植物生长模拟计算机的智能系统即可，一般植物通过几天至几十天（因植物品种而异）的培育即可生根移栽。

10 月份从 5～6 年生的夹竹桃母本上取当年生粗壮枝条作为繁殖材料，5cm 左右为 1 个繁殖材料或一叶一芽作为 1 个繁殖材料，用 200mg/L 快繁宝（促进生根的激素）处理 6h，插于智能控制的快繁苗床，在电场的处理下，15 天左右就能发生爆炸型根系，生根率达 100％。

（三）育苗效率高

一般植物每平方米每批可繁 400～1000 株，每亩即可产 40 万～60 万株，可年产 10～30 批，亩产即达 400 万～2000 万株。运用植物快繁的模拟计算机，可对环境进行智能控制，不受季节限制，全年可繁（图 2-84、图 2-85）。

图 2-84　非试管快繁系数高　　　　图 2-85　法国冬青快速生根

（四）增殖速度快

运用营养补充及多代循环技术可使一叶一芽的植物离体材料快速增殖，通过几代循环，年扩繁增殖至几十万或上百万株，一般植物 20～60 天完成 1 代，每代增殖倍数可达 2～15 倍，每年可快繁 4～15 代，快繁速度近似组织培养，但育苗成本是组培的 1/10～1/50。

（五）智能化程度高

育苗过程数字化、智能化、自动化，植物的环境参数通过智能植物，能感知环境的湿度、温度、光照、二氧化碳、基质湿度、营养 EC 值等，并把各项环境因子数字化，通过计算机的运行计算，把人为设定的最佳参数与环境参数进行比较运算，然后作出执行信号，指挥苗床设施执行弥雾、加温、补光、增气等反应，使整个育苗过程实现智能化、自动化，节省大量的管理用工。

（六）遗传基因稳定

植物非试管快繁属无性繁殖，也可称植物克隆，在基因遗传上属稳定型，可广泛用于各种植物，如花卉、果树、绿化树木等的快速繁育。特别是需要嫁接繁殖的植物种类，可节省大量的嫁接用工与砧木苗的培育，大大缩短育苗时间。如桃、李、杏等果苗，常规育苗需 1～2 年形成一株完整植株，而运用快繁技术后 10～15 天即可移栽，如果再结合营养钵还可实现周年移栽建园。

（七）适用范围广

花卉、果树、药材、蔬菜、绿化、林业等各类植物几乎适应于所有的绿色植物，特别是有些传统难以繁殖的品种，有些组培难培育的品种（图 2-86、图 2-87），皆可用植物非试管快繁进行繁殖，

图 2-86　珍稀树种的非试管快繁

图 2-87　非试管快繁应用在松科植物的无性繁殖

包括木本、草本、藤本或地下茎球茎等植物；通过国内外及本人多年研究，可以说其适用于所有绿色植物。植物非试管快繁技术就是对生物全息性及细胞全能性淋漓尽致的运用。

第四节　其他育苗方法

一、压条繁殖

压条繁殖是将未脱离母体的枝条压入土内或在空中包以湿润材料，待生根后把枝条切离母体，成为独立新植株的一种繁殖方法。此法简单易行，成活率高，但受母株的限制，繁殖系数较小，且生根时间较长。因此，压条繁殖多用于扦插繁殖不易生根的树种，如玉兰、桂花、米仔兰等。

（一）压条时期

依压条时期的不同，可以分为生长期压条和休眠期压条。

（1）休眠期压条　在秋季落叶后或早春发芽前，利用 $1\sim2$ 年生的成熟枝条进行压条。休眠期压条多采用普通压条法。

（2）生长期压条　一般在雨季进行，北方常在夏季，南方常在春、秋两季，用当年生的枝条压条。生长期压条多采用堆土压条法和空中压条法。

（二）促进压条生根的措施

（1）机械处理　对需要压条的枝条进行环剥、环割、刻伤、绞缢等。机械处理要适当，最好切断韧皮部而不伤到木质部。

（2）化学药剂处理　用促进生根的化学药剂如生长素类（萘乙酸、吲哚乙酸、吲哚丁酸等）、蔗糖、高锰酸钾、B 族维生素、微量元素等进行处理。采用涂抹法。

（3）压条的选择　进行压条的枝条通常为 $2\sim3$ 年生，枝条健壮，芽体饱满，无病虫害。

（4）高空压条的生根基质一定要保持湿润。

（5）保证伤口清洁无菌，机械处理使用的器具要清洁消毒，避免细菌感染伤口而腐烂。

（三）压条的种类和方法

压条的种类和方法很多，依据其压条位置的不同分为高压法和低压法。

1. 低压法

根据压条的状态不同又分为普通压条法、水平压条法、波状压条法及壅土压条法。

（1）普通压条法　普通压条法是最常用的一种压条方法。适用于枝条离地面比较近而又易于弯曲的观赏灌木种类，如夹竹桃、栀子花、大叶黄杨等。方法是将近地面的 1～2 年生枝条压入土中，顶梢露出土面，被压部位深 8～20cm，视枝条大小而定，并将枝条刻伤，促使其发根。枝条弯曲时注意要

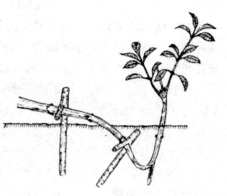

图 2-88　普通压条法

顺势，不要硬折。如果用木钩（枝杈也可）钩住枝条压入土中，效果更好。待其被压部位在土中生根后，再与母株分离（图 2-88）。这种压条方法一般一根枝条只能繁育一株幼苗，且要求母株四周有较大的空地。

（2）水平压条法　适用于枝条长且易生根的树种，如迎春、连翘等。通常仅在早春进行。具体方法是将整个枝条水平压入沟中，使每个芽节处下方产生不定根，上方芽萌发新枝，待成活后分别切离母体栽培（图 2-89）。一根枝条可得数株苗木。

（3）波状压条法　适用于枝条长且柔软或蔓性的树种，如葡萄、紫藤等。将整个枝条波浪状压入沟中，枝条弯曲的波谷压入土中，波峰露出地面（图 2-90）。以后压入地下部分产生不定根。而露出地面的芽抽生新枝，待成活后分别与母株切离成为新的植株。

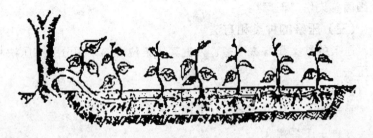

图 2-89 水平压条

(4) 壅土压条法 又称"直立压条法"。被压的枝条不需弯曲，常见于丛生性树种，如贴梗海棠、八仙花等，均可使用此法。方法是将母株在冬季或早春于近地面处剪断，灌木可从地际处抹头，乔木可于树干基部 5～6 个芽处剪断，促其萌发出多数新枝（图2-91）。待新生枝长到 30～40cm 高时，对新生枝基部刻伤或环状剥皮，并在其周围堆土埋住基部，堆土后应保持土壤湿润。堆土时注意用土将各枝间距排开，以免后来苗根交错。一般堆土后 20 天左右开始生根，休眠期可扒开土堆，将每个枝条从基部剪断。切离母体而成为新植株。

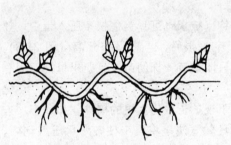

图 2-90 波状压条法

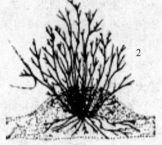

图 2-91 壅土压条法

2. 高压法

高压法又称空中压条法。凡是枝条坚硬、不易弯曲或树冠太高、不易产生萌蘖的树种均可采用（图2-92、图2-93）此法。高压法一般在生长期进行，将枝条要被压处进行环状剥皮或刻伤处

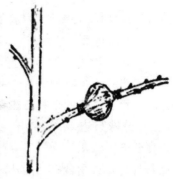

图 2-92　空中压条　　　　图 2-93　空中压条示意

理，然后用塑料袋或对开的竹筒等套在被刻伤处，内填沃土或苔藓或蛭石等疏松湿润物，用绳将塑料袋或竹筒等扎紧，保持湿润，使枝条接触土壤的部位生根，然后与母株分离，取下栽植成为新的植株。

（四）压条繁殖苗后期管理

压条之后应保持土壤适当湿润，并要经常松土除草，使土壤疏松，透气良好，促使生根。冬季寒冷地区应予以覆草，使其免受霜冻之害。随时检查埋入土中的枝条是否露出地面，如已经露出地面必须重压。留在地上的枝条若生长太长，可适当剪去顶梢，如果情况良好，尽量不要触动被压部位，以免影响生根。

分离压条的时间，以根的生长情况为准，必须具有了良好的根群方可分割。对于较大的枝条不可一次割断，应分 2～3 次切割。初分离的新植株应特别注意保护，及时灌水、遮阴等。畏冷的植株应移入温室越冬。

二、分株繁殖

在观赏灌木的培育中，分株繁殖法适用于易生根蘖或茎蘖的观赏灌木种类。珍珠梅、黄刺梅、绣线菊、迎春等灌木树种，多能在茎的基部长出许多茎芽，也可形成许多不脱离母体的小植株，这就是茎蘗，这类花木都可以形成大的灌木丛。把这些大灌木丛用刀或铣分别切成若干个小植丛进行栽植，或把根蘗从母树上切挖下来形成新的植株，这种从母树分割下来而得到新植株的方法就是分株繁殖。

（一）分株时间

主要在春、秋两个季节进行，主要适用于可观赏的花灌木种类。因为要考虑后期花的观赏效果，一般春季开花植物宜在秋季落叶后进行，而秋季开花植物应在春季萌芽前进行。

（二）分株方法

1. 侧分法

在母株一侧或两侧将土挖开、露出根系，然后将带有一定基干（一般1～3个）和根系的萌株带根挖出，另行栽植（图2-94、图2-95）。用此种方法，挖掘时注意不要对母株根系造成太大的损伤，以免影响母株的生长发育，减少以后的萌蘗。

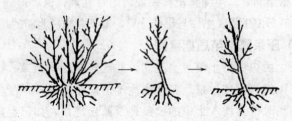

图2-94　侧分法

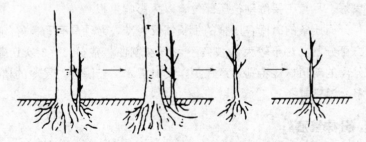

图2-95　根蘗繁殖

2. 掘分法

将母株全部带根挖起，用利刀或利斧将植株根部分成几份，每份的地上部均应各带 1~3 个基干，地下部带有一定数量的根系，分株后适当修剪，再另行栽植（图 2-96）。

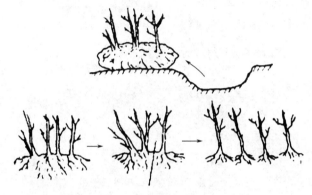

图 2-96 掘起分株

另外，分株繁殖可结合出圃工作进行。在对出圃苗木质量没有影响的前提下，可从出圃苗上剪下少量带有根系的分蘖枝，进行栽植培养，这也是分株繁殖的一种形式。

分株繁殖简单易行，成活率高。但繁殖系数小，不便于大量生产，多用于名贵花木的繁殖或少量苗木的繁殖。

第三章

观赏灌木培育新技术

随着社会的发展，传统的繁殖或者育苗技术在很大程度上已不能满足市场苗木种类和数量上的需求。这样，各种新的育苗技术应运而生。它们克服了传统育苗方式在繁殖系数、栽培基质、栽培方式、病虫害防治等方面的不足，逐渐成为育苗领域的中生力量来满足社会对苗木的大量需求。

第一节　容器育苗

一、容器育苗的概况

容器育苗，就是用特定容器培育作物或果树、花卉、林木幼苗的育苗方式。容器盛有养分丰富的培养土等基质，使苗的生长发育获得较佳的营养和环境条件。苗木随根际土团栽种，起苗和栽种过程中根系损伤少，成活率高，缓苗期短，发根快，生长旺盛，对不耐移栽的作物或树木、对立地条件较差的造林地尤为适用（图3-1、图3-2）。特别是近年来，随着国家对生态环境建设的日益重视，一系列生态工程的实施需要大量的优质苗木，且经过历年的工程造林，未成林的几乎都是难造林地，立地条件恶劣，造林效果特别差。通过容器苗造林，就能解决这个造林难题。

图3-1　容器育红千层　　　　　图3-2　容器育苗造林

容器育苗的优点：

①容器栽培的自动化、机械化程度高，可以极大地提高园林苗木产品的技术含量，可以减少移栽人工和劳动。

②改善苗木品质，经由容器育苗的园林植株抗性强，移栽成活率高，城市绿地建成速度快、质量好。

③容器苗木便于管理，根据苗木的生长状况，可随时调节苗木间的距离，便于采用机械进行整形修剪。

④可以打破淡旺季之分，实现周年观赏灌木苗木供应，有利于园林景观的反季节施工，在一年四季均可移栽，且不影响苗木的品质和生长，保持原来的树形，提高绿化景观效果。

⑤适用的土地类型更广泛，从而有效降低用地成本，能够充分利用废弃地资源。

⑥便于运输，节省田间栽培起苗包装的时间和费用。

由于容器栽培技术具有以上诸多优点，因而使容器栽培技术在国外得到大面积普及推广。

随着我国经济的迅猛发展，对景观的要求越来越高，容器栽培也将得到迅速发展，尤其在经济较发达地区，容器栽培将成为一种主要的栽培方式。

二、育苗容器

容器是苗木容器栽培的主体——栽培器皿。容器的规格、形状、大小是否合理直接影响到苗木的质量、经济成本及造林后的生长状况，因此各国对容器的研制十分重视。目前仍在不断改进，向结构更为合理、有利于苗木生长、操作方便、降低成本的方向发展。到目前为止，许多国家已研制生产出适合本国园林苗圃业生产用的容器。

容器是园林苗木容器栽培的核心技术之一，在技术和生产成本控制上都占据着重要地位。容器是一笔相当大的初期投资，在美国的容器栽培苗圃，购买容器的费用仅次于劳动力的费用。

对于整个苗木容器栽培生产体系而言，容器上的投资是必需的，而且苗木容器栽培的回报丰厚。容器对苗木生长的不利影响主要体现在其对根系的抑制作用上，即苗木的根系会由于容器的限制而出现窝根或生长不良现象，进而阻碍了容器苗的健康生长，最终影响了容器苗的品质，这些也说明了容器对苗木生长的重要性。

（一）容器的材料和种类

育苗容器的形状有圆柱形、棱柱形、方形、锥形，规格相差很大，但按生产容器的材料分类有聚苯乙烯容器、聚乙烯容器、纤维容器或纸质材料容器，不同材料的价格不同，对苗木容器栽培生产成本的影响也不同。北美苗圃行业多采用聚苯乙烯硬质塑料容器，便于机械化操作。我国生产的容器种类虽多（蜂窝状百养杯、连体营养纸杯、聚苯乙烯泡沫塑料盘、纸浆草炭杯、塑料薄膜容器等），但无论在材质结构、便于操作上都不尽完善。至今还没有全国通用的定型产品，生产能力和生产成本与国外相比都存在很大的差距。应集中主要人力、财力加大这方面的科研力度，探索用农用秸秆和可降解的材料生产一次性容器。

常见的栽培容器有：①聚乙烯袋；②软塑料筒；③吸塑软盆；④硬质塑料盆；⑤苗木控根容器；⑥其他育苗容器（见图3-3～图3-11）。

图3-3　可降解育苗纸容器

图3-4　无纺布育苗容器

图 3-5　穴盘

图 3-6　控根容器

图 3-7　轻基质育苗容器网袋

图 3-8　可降解育苗杯

图 3-9　营养钵

图 3-10　营养袋

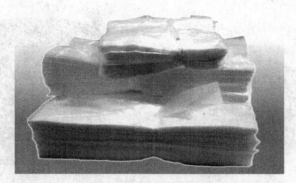

图 3-11　塑料薄膜容器

（二）容器的规格

容器的大小直接影响苗木的生长状况，较小的容器会限制苗木根系的生长，严重时苗木根系甚至停止生长，这样使苗木无法充分利用生长期，苗木的生长潜力就不能充分发挥。因此，就需要定期更换较大的容器，耗费大量的劳动力。如果直接把苗木移栽到较大的容器中，苗木不能充分利用容器中提供的营养，而且浪费容器提供的空间，相对提高了苗木的生产成本。

（三）容器的颜色和排水状况

容器的颜色和排水状况都直接影响容器苗木的生长，在选择容器时，要根据栽培苗木的种类和采用的机制加以选择。

容器的颜色对容器苗的生长也有一定的影响，尤其在炎热的夏季，暴露于直射光下，黑色容器中的基质温度可能会超过 30℃，浅色容器可以降低生长基质温度，但白色聚乙烯容器因为不能抵抗紫外光而易于老化。另一方面，白色容器近似透明，在生长基质外围生长的藻类和苔藓类植物会快速生长，与苗木争夺营养，而影响苗木的健康生长。但是，苗木生长到其冠层足以遮盖整个容器表面时，容器的颜色对苗水生长的影响就会减小（图 3-12～图 3-15）。

容器的排水状况对花木的生长十分重要，排水不良易导致容器苗根系生长衰弱，根毛死亡，进而影响到苗木对水分和养料的吸收。容器的排水性与容器的深度和容器底部的排水孔设计有直接关

图 3-12　黑色育苗容器　　　　　　　图 3-13　彩色育苗容器

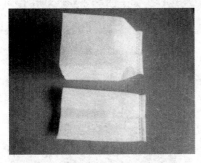

图 3-14　白色无纺布容器　　　　　　图 3-15　蓝色蜂窝状育苗容器

系。一般来说，较深的容器排水状况好于浅容器，排水孔多且位于容器底部排水槽的内侧，由于不易被堵塞，其排水效果好。容器的排水状况和透气性还受到栽培基质的影响。

三、育苗基质

栽培基质是影响容器苗木生长的关键因素之一。栽培基质的选择首先是适用性，即能够满足栽培苗木的生长需要，应具有较好的保湿、保肥、通气、排水性能，具有恰当的容重和大小孔隙的平衡，pH5.5～6.5，有形成稳固根球的性能。同时，栽培基质不能带有病虫害，不带杂草种子。其次是经济性，容器苗木栽培需要大量的栽培基质，栽培基质的价格水平直接影响到苗木的成本控制。

（一）育苗基质的分类

育苗基质的分类：依据化学性质的不同分为以下两种。

（1）无机质　蛭石、珍珠岩、岩棉、沙子、炉渣（图 3-16、图 3-17）等。

图 3-16　珍珠岩

图 3-17　蛭石

（2）有机质　泥炭、树皮、木屑、焦糠、稻壳等（图 3-18、图 3-19）。

图 3-18　泥炭

图 3-19　树皮屑

（二）育苗基质的选择与配制

1. 育苗基质的选择

选择基质时，为了降低成本，要因地制宜，就地取材。近年来国内外开发了许多来源充裕、成本较低、理化性能良好的轻型基质材料，如蛭石、泥炭、木屑、蔗渣、岩棉、珍珠岩、树皮粉、腐殖土、炭化稻壳、枯枝落叶等。泥炭、蛭石和珍珠岩是培养幼苗和扦插苗的优良基质材料，但由于泥炭、蛭石和珍珠岩价格较高，用于大型苗木的生产就会提高苗木成本，在生产上是不可取的。所以，大型苗木的栽培基质要选择适合本地区树种的基质原料和配比。

2. 育苗基质的配制

不同的观赏灌木，其具有不同的生物学特性，为了促进其良好生长，其所需的各种营养物质需要通过不同的基质配制来完成。

3. 基质的消毒及酸度调节

为预防苗木病虫害发生，基质要严格消毒。灭菌用消毒剂有福尔马林、硫酸亚铁、代森锌等，杀虫剂有辛硫磷等。配制基质时还必须将酸度调整到育苗树种的适宜范围。

基质配比的原则：

① 容器育苗基质要因地制宜，就地取材，具备以下条件：来源广，成本较低，具有一定肥力；理化性状良好，保湿、通气、透水；重量轻，不带病源菌、虫卵及杂草种子。

② 配制基质的材料有黄心土（生黄土）、火烧土、腐殖质土、泥炭等，按一定比例混合后使用。培育少量珍稀树种时，在基质中掺以适量蛭石、珍珠岩等。

③ 基质中的肥料。基质中必须添加适量基肥，用量按树种、培育期限、容器大小及基质肥沃度等确定，阔叶树多施有机肥，针叶树适当增加磷、钾肥。有机肥应就地取材，要既能提供必要的营养，又能调节基质物理性状。常用的有河塘淤泥、厩肥、土杂肥、堆肥、饼肥、鱼粉、骨粉等。有机肥要堆沤发酵，充分腐熟，粉碎过筛后与基质搅拌均匀，用不透气的材料覆盖3～5天，撤除覆盖物并翻至无气味后即可使用。无机肥以复合肥、过磷酸钙或钙镁磷肥等为主。

4. 菌根接种

用容器培育松类苗木时应接种菌根，在基质消毒后用菌根土或菌种接种。菌根土应取自同种松林内根系周围的表土，或从同一树种前茬苗床上取土。菌根土可混拌于基质中或用作播种后的覆土材料。用菌种接种应在种子发芽后 1 个月，结合芽苗移栽时进行。

四、容器育苗技术

（一）育苗地的选择

容器育苗应选择在地势平坦、排水良好的地方，切忌选择地势低洼、排水不良、雨季积水和风口处；对土壤肥力和质地要求不高，肥力差的土地也可进行容器育苗，但应避免选用有病虫害的土地；要有充足的水源和电源，便于灌溉和育苗机械化操作。

（二）基质装填与容器排列

基质装填前必须经充分混匀，以保证培育的苗木均匀一致。装填时，基质不宜过满，灌水后的土面一般要低于容器边口 1～2cm，防止灌水后水流出容器。在容器的排列上，要依苗木枝叶伸展的具体情况而定，以既利于苗木生长及操作管理，又节省土地为原则。排列紧凑不仅节省土地，便于管理，而且可减少蒸发，防止干旱。但过于紧密则会形成细弱苗（图 3-20～图 3-22）。

图 3-20　基质装填完成并排列

（三）容器育苗的播种

容器育苗应选用高质量的种子，并实行每穴单粒播种，提高种子使用率。如不可避免地使用发芽率不高的种秕，则需复粒播种，即一个容器内需搁数粒种子，以减少容器空缺造成的浪费。播种后

图 3-21　容器的排列　　　　　　图 3-22　设施内容器苗的排列

应及时覆土，覆土厚度一般为种子厚度的 1～3 倍，微粒种子以不见种子为宜。覆土后至出苗要保持基质湿润。

　　播种方法一般采用手工播种，也经常使用真空播种机播种。真空播种机由真空泵连接到吸头上，吸取种子，移入容器后解除真空，释放种子，完成机械播种（图 3-23、图 3-24）。

图 3-23　引进日本洋马真空播种机　　图 3-24　容器育苗播种

（四）容器苗的管理

1. 间苗与补苗

幼苗出齐 1 周后，间除过多的幼苗。每个容器一般只留一株壮苗。对缺株的容器结合间苗进行补苗，注意间苗和补苗后要随时浇水。

2. 施肥

容器苗施肥时间、次数、肥料种类和施肥量应根据树种特性和基质肥力而定。针叶树出现初生叶，阔叶树出现真叶，进入速生期前开始追肥。大量元素需要量相对较大，微量元素尽管需要量很小，但对苗木生长发育至关重要。根据苗木各阶段生长发育时期的要求，应不断调整氮、磷、钾等肥料的比例和施用量，如速生期以氮肥为主，生长后期停止使用氮肥，适当增加磷、钾肥，促使苗木木质化。

追肥宜在傍晚结合浇水进行，严禁在午间高温时施肥。追肥后要及时用清水冲洗幼苗叶面。

3. 浇水

浇水是容器育苗成功的关键环节之一。浇水要适时适量，播种或移植后随即浇透水，在出苗期和幼苗生长初期要多次适量勤浇，保持培养基质湿润；速生期应量多次少，在基质达到一定的干燥程度后再浇水；生长后期要控制浇水。

浇水时不宜过急，否则水从容器表面溢出而不能湿透底部；水滴不宜过大，防止基质营养物从容器中溅出，溅到叶面上常会影响苗木生长。因此，在灌水方法上常采用滴灌或喷灌法（图 3-25、图 3-26）。

图 3-25　橡胶容器育苗喷雾浇水

图 3-26　容器控根栽培的滴灌设施

4. 其他管理措施

对容器苗还需采取除草、防治病虫害等管理措施。

第二节　无土栽培育苗

一、无土栽培的概况

（一）无土栽培的概念

所谓无土栽培，指的是不用天然土壤，而用营养液或固体基质加营养液栽培的方法（图3-27、图3-28）。其中的固体基质或营养液代替传统的土壤向植物体提供良好的水、肥、气、热等根际环境条件，使得植物体完成整个生长过程。

图3-27　无土栽培金边翠榕　　　　　　　图3-28　水培绿萝

（二）无土栽培的特点

1. 产量高、品质好

无土栽培由于解决了土壤种植不易解决的水、气和养分的供需矛盾，因此植物生长很快，单位面积产花量高，花朵的质量好，标准一致，特别适用于大量商品性切花生产，如无土栽培的香石竹比有土栽培的香石竹平均每株多产4朵花，而且香味浓、花期长，下部的叶片也不易脱落。

2. 节省养分和水分

在土壤中栽培植物，施用的肥料大部分随水流失或转变成气态而挥发。有的转变为难溶的状态不能被植物所吸收，一般要损失50％以上，而无土栽培的养分损失一般均不超过10％，水分消耗也比土壤栽培少7倍左右。

3. 清洁卫生，病虫害少

无土栽培没有了病菌及害虫潜伏的场所，病虫害大大减少，同时所用的肥料都是化学药品，无不良气味，不污染环境，生产的苗木容易达到出口检疫标准（图3-29）。

图3-29 干净整齐的无土栽培蔬菜

4. 节省劳力，降低劳动强度

无土栽培不需要调制培养土，也不需要耕作和锄草，减轻了劳动强度，生产全过程若采用自动化操作，更可节省劳力，为工厂化生产提供了条件。

5. 不受土地限制，适用范围广泛

无土栽培基本不受土壤条件的限制，在沙漠、荒山、海岛和盐碱地都可进行（图3-30），还适合在窗台、阳台、走廊、屋顶、墙壁及其他空闲地上进行。

但是无土栽培也有缺点。

图 3-30 位于海边的无土栽培温室

① 开始时投资较大，耗能较多，生产苗木成本较高。

② 有些病虫害传播较快，如镰刀菌和轮枝菌属的病菌危害较多。

③ 技术要求较严格，营养液的配制也较为复杂。

二、无土栽培的分类

依据无土栽培时根系生长环境的不同，通常分为水培、雾培、基质栽培等。

（一）水培

水培是采用现代生物工程技术，运用物理、化学、生物工程手段，对普通的植物、花卉进行驯化。因为携带和照顾方便、价格便宜、干净、花叶生长健康、能达到鱼花共赏画面而被广泛采用（图3-31、图3-32）。

1. 选择器具

根据欲进行水培植物材料的品种、形态、规格、花色等具体情况，选择能够与该花木品种相互映衬、相得益彰的代用瓶、盆、缸等器具，按照前面提到的水培器具选择的原则，购买或加工自制，使之使用得体，观之高雅。

图 3-31　葱兰水培　　　　　图 3-32　水培栀子花

2. 脱土洗根

把选好的花卉植株,从土壤中挖出或从花盆中轻轻倒出,先用右手轻提枝茎,左手轻托根系,换出右手轻轻抖动,慢慢拍打,使根部土壤脱落露出全部根系。然后在清水中浸泡清洗。

3. 根部消毒

根系清洗干净后,在 0.1% 高锰酸钾水溶液中浸泡一定时间。注意,根部消毒时间不可过长或太短,高锰酸钾溶液浓度也不可太高或太低。

4. 科学栽植

将所栽植物捋顺根系小心放入水培容器,为使植物直立不倒,可将瓶口周围用石子或卵石固定,倒入瓶体内 2/3 水分即可,注意要使根系舒展 (图 3-33)。

(二) 雾培

雾培又称气培,是喷雾栽培的简称,是无土栽培方式之一。它不用固体基质而是直接将营养液喷雾到植物根系上,供给其所需的营养和氧。通常用泡沫塑料板制成的容器,在板上打孔,栽入植物,茎和叶露在板孔上面,根系悬挂在下空间的暗处。每隔 3min

图 3-33 观赏灌木的水培

向根系喷营养液几秒钟。营养液循环利用，但营养液中肥料的溶解度应高，且要求喷出的雾滴极细（图 3-34、图 3-35）。

雾培用在育苗上也叫气雾快繁，是基于基质快繁技术基础上的一种发展与提高，让离体材料在一个优化的气雾环境中直接生根。雾化空间的创造分为下切口内雾化，与枝叶空间的外雾化，内雾化为切口部位提供适宜的湿度环境及温度环境，外雾化环境的创造，实现枝叶水分蒸腾的平衡及高温极限的调节（图 3-36、图 3-37）。

图 3-34 雾培垂直农场

图 3-35 雾培的清洁根系

内雾化在为切口提供适宜环境的同时，还可以结合生根激素、营养液、活性物质的科学混配技术，为切口细胞活化及根源基的发育创造最适合的生理分化环境，对于生根发育有积极的调控及促进作用，可以非常方便地进行切口部位的消毒与杀菌，这是基质快繁所不可比拟的。另外，气雾快繁为切口环境创造了最为富氧的气体环境，对于促进切口愈合根原基发育及防止切口腐烂来说，是最为有效的方法与措施，所以气雾快繁在生根速度和成活率上都比基质快繁有很大的提高，是未来快繁技术发展的一个方向与主流，是快

图 3-36　内雾化生根　　　　图 3-37　温室内的雾培设施

繁技术创新的一项主体技术。

（三）基质栽培

基质栽培是固体基质栽培植物的简称（图 3-38、图 3-39）。用固体基质（介质）固定植物根系，并通过基质吸收营养液和氧的一种无土栽培方式。基质种类很多，常用的无机基质有蛭石、珍珠岩、岩棉、沙、聚氨酯等；有机基质有泥炭、稻壳炭、树皮等（图 3-40、图 3-41）。因此基质栽培又分为岩棉栽培、沙培等。采用滴灌法供给营养液。其优点是设备较简单、生产成本较低等。但需基质多，连作的陈基质易带病菌而传病。

图 3-38　温室基质栽培蔬菜　　　　图 3-39　立体固体基质栽培

1. 基质栽培的优点

① 不受土壤条件的限制，可以在不适宜土壤栽培的地点和环境下进行栽培。在土壤贫瘠地区、干旱地区、盐碱地都可以进行，可充分利用土地资源。

图 3-40 陶粒栽培

图 3-41 固体基质——椰糠

② 固体基质对水气的通透性较强，使得根系环境的水、气更易于调节，更加有利于根系的发育。

③ 灌溉施肥比较准确，可根据作物不同生育时期对水分和营养的需求，准确供应作物所需的水分和养分，容易获得高产，而且产品品质提高。

④ 能避免连作障碍。一般连作障碍，90%是由于土传病害引起，在固体基质栽培条件下，只要注意器材的消毒处理，就能防止各种病菌的传播，万一传入病菌，但由于营养液和基质易于更新和消毒，容易消除病源菌，其消毒成本远远低于土壤栽培。

⑤ 栽培环境及产品洁净化有了可能。在温室土壤栽培中，经常发生土传病虫害，同时地表水分的蒸发，增加了温室湿度，成为病虫害发生的原因，而固体基质栽培避免了这些缺点，减少了农药的使用。同时营养液滴灌系统对水质的要求较高，避免了灌溉水和土壤中一些有毒物质对蔬菜的污染（图 3-42）。

⑥ 通常土壤栽培的一些作业，如耕耙、除草等，基质栽培则不再需要，可以大大节约用工、用时，劳动效率高。

2. 基质栽培的分类

可用于无土栽培的固体基质有多种，可以因地制宜，就地取材（图 3-41、图 3-42）。常用的有沙、石砾、珍珠岩、蛭石、岩棉、泥炭、锯木屑、稻壳、泡沫塑料等。按基质来源可将基质分为天然基质（如沙、石砾）和人工合成基质（如岩棉、泡沫塑料、多孔陶粒等）。按基质组成分类，可以将基质分为无机基质和有机基质。

图 3-42　水晶泥栽培各种花灌木

沙、石砾、岩棉、珍珠岩和蛭石等都是以无机物组成的,为无机基质,而树皮、泥炭、蔗渣、稻壳等是以有机残体组成的,为有机基质。按基质性质分类,可以分为惰性基质和活性基质两类。惰性基质是指基质本身无养分供应或不具有阳离子代换量的基质,如沙、石砾、岩棉等;活性基质是指具阳离子代换量,本身能供给植物养分的基质,如泥炭、蛭石等。按使用时组分不同分类,可以分为单一基质和复合基质。以一种基质作为生长介质的,如沙培、砾培、岩棉培等,都属于单一基质。复合基质是由两种或两种以上的基质按一定比例混合制成的基质,复合基质可以克服单一基质过轻、过重或通气不良的缺点。

3. 栽培基质的理化特点

固体基质栽培时,其理化性质对于观赏灌木的良好生长有着非常关键的影响。常见固体基质的理化性质见表 3-1、表 3-2。

表 3-1　常见固体基质的物理性质

常用基质	容重 /(g/cm³)	持水量 /%	总孔隙度 /%	通气孔隙 /%	持水孔隙 /%
草炭	0.27	250.6	84.5	16.8	67.7
蛭石	0.46	144.1	81.7	15.4	66.3
珍珠岩	0.09	568.7	92.3	40.4	52.3

续表

常用基质	容重 /(g/cm³)	持水量 /%	总孔隙度 /%	通气孔隙 /%	持水孔隙 /%
糖醛渣	0.21	129.3	88.2	47.8	40.4
棉籽壳	0.19	201.2	89.1	50.9	38.2
炉渣灰	0.98	37.5	49.5	12.5	37.0
锯末	0.19	—	78.3	34.5	43.8
炭化稻壳	0.15	—	82.5	57.5	25.0

表3-2　常见固体基质的化学性质

常用基质	pH	电导率 /(mS/cm)	阳离子代换量 /(mol/kg)	有机质 /(g/kg)	碱解氮 /(mg/kg)	有效磷 /(mg/kg)	速效钾 /(mg/kg)
草炭	5.80	1.04	48.50	262.2	1251.3	84.2	114.2
蛭石	7.57	0.67	5.15	0.6	9.3	22.2	135.0
珍珠岩	7.45	0.07	1.25	0.9	15.1	10.8	69.6
糖醛渣	2.28	5.10	18.93	365.2	267.8	190.0	13500.0
棉籽壳	7.67	4.70	15.32	252.1	731.0	131.5	5200.0
炉渣灰	7.76	2.23	4.12	0	40.1	52.6	120.4

4. 基质的选用原则

在了解了无土栽培固体基质的种类和主要理化性状以后，在基质的选用上应该把握以下两个基本原则。一是基质的适用性。理想的无土栽培基质，其容重应在0.59/cm² 左右，总孔隙度在60％左右，大小孔隙比在1∶(1.5～4)，化学稳定性强，酸碱度接近中性，没有毒性物质存在。当它能够满足以上条件时，均可作为无土栽培基质使用。二是经济性。所选用的基质应该是当地资源丰富，经过简单处理能够满足无土栽培对基质的要求，能够达到较好的生产效果，这样既可以减少基质异地运输的成本，又可以充分利用当地资源，降低生产成本，提高经济效益。

第三节　保护地育苗

所谓的保护地育苗，就是利用保护设施，如现代化全自控温

室、供暖温室、日光温室、塑料大棚、小拱棚、荫棚等，把土地保护起来，创造适宜植物生长的环境条件进行育苗的方法。

一、保护地育苗的类型

（一）风障畦

风障畦指在东西向畦的北面设置挡风障的保护地（图3-43）。风障高1.5～2.5m，向南倾斜。每排风障一般可保护2～6畦，其作用在于稳定障南的小气流、减少太阳辐射能在畦面的损失，提高障前的气温。障南第一畦称并一畦，白天气温可提高5～6℃，自并二畦以后各畦增温幅度依次递减约1℃。而每增温1℃，约相当于作业期或成熟期提早3～5天。这对排开早春绿叶菜类供应、提早果菜类蔬菜栽植以及保护甘蓝、洋葱等幼苗越冬等有重要作用。如在东西向畦的南面设置向北倾斜的矮风障（高0.6～0.8m），每畦一障，或在畦田上方用秸秆材料搭成稀疏的棚顶，则有疏光降温的效果，多用于怕日光直射的植物（如姜、人参等）栽培和夏季蔬菜育苗。

（二）地面覆盖畦

即在畦土表面加以覆盖的保护地，又分3种：①简易覆盖。主要用苇茅苫或蒿草、马粪等作覆盖物，用于保护菠菜、芹菜等蔬菜的越冬幼苗。对单株常扣盖纸帽、塑料薄膜帽或泥瓦盆，在栽植单株的穴坑顶部盖玻璃片，或用苇穗、高粱穗围护，以达到防风、防寒、保温的目的。②地膜覆盖。即在垄或高畦表面覆盖塑料薄膜，有保持水分、提高地温（3～5℃）和促进根系发展的作用。③地膜改良覆盖。即在早春将地膜覆于栽植蔬菜的沟顶，天暖断霜后顶膜落地成为地膜。

（三）阳畦

畦北设风障，四周围筑土墙，北墙一般略高于南墙。上面用玻璃、塑料薄膜或蒲席、草毡覆盖。由于畦内白天可充分吸收太阳光热，夜间可以保温，可比露地夜温提高约10℃以上（图3-44）。近年推广的改良阳畦，系在阳畦基础上加以适当改造而成的小型单屋

图 3-43　风障畦

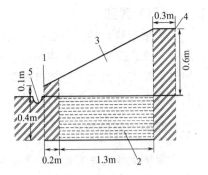

图 3-44　阳畦结构示意图

1—南墙；2—培养土；3—覆盖物；

4—北墙；5—排水沟

面建筑物，高 1.2～1.5m，屋顶用植物秸秆作材料，上铺泥土，前面盖玻璃框或塑料薄膜。其优点是工作人员可蹲入操作，透光保温性能也优于传统阳畦。

(四) 温床

结构同阳畦，但增加了土壤加温。热源为厩肥酿热或用电热线 (图 3-45)。加温期间床内夜温可提高到 25～30℃。此外，也可在露地做成加温畦或加温埂，在寒冷条件下进行早春生产。

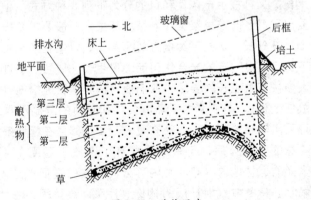

图 3-45　酿热温床

（五）温室

包括塑料大棚。有各种不同的类型，一般的温室只能调节温度条件，高级温室则还能控制湿度和二氧化碳浓度等。温室的建造费用较为昂贵，但由于它调节控制环境条件的性能优越，在冬季较长的寒冷地区有继续发展的前景。

二、保护地栽培方式

保护地栽培与露地栽培不是截然分割的。按保护的程度，主要有以下几种不同的栽培方式。

（一）风障栽培

各类作物除因局部气温和地温提高可提早播种、栽植外，栽培方式基本与露地同。栽培管理技术较简单。

（二）早熟栽培

冬季在保护地育苗，春季定植于露地，可提早各种蔬菜或其他作物在露地的定植期和成熟期，或延长分次收获的采收期，大幅度提高总产量。

（三）延迟栽培

延迟栽培又称延后栽培，夏、秋在露地育苗，冬春寒冷季节在保护地生长。又可按生产条件和目的分为下列 3 种方式：①抑制栽培，主要用于严冬时节果菜类和叶菜类蔬菜。一般要求植株在冬至前约 2 个月充分长大，果菜类接近成品果实，以便在冬季生长受抑制条件下仍可通过一定的光合作用而缓慢生长、成熟。抑制栽培的果菜类大多按有限生长的要求采取摘顶、摘心等管理措施（矮生菜豆则可放任生长）。由于植株受环境条件和封顶的限制不再继续增大，故可采用较高的密度。②补充栽培。如花椰菜在露地条件下长成带小花球的营养体后，冬季移栽或带土囤放于温度 15℃ 左右、无光或少光的保护地内，则叶片内养分向花球输送而形成大花球。③假植栽培。将冬前露地长成的植株（芹菜、莴苣等）带土挖出，密集地囤放在无光贮藏沟内，白天通风并让日光照射，保持 5～15℃；夜间覆盖防寒，保持 2～5℃。囤放的植株可缓慢生长，并延续 1~2 个月以上保持产品新鲜。这种栽培措施由于兼有贮藏的性质，故又称假植贮藏。

（四）促成栽培

促成栽培又称不时栽培，是完全的保护地栽培，植物一生全在保护地的综合条件下生长成熟。但有的是始终在一种设施内生长，有的则先在最优设施内育苗，以后移栽于其他较简易设施内生长。促成栽培也有几种不同方式：①全光促成栽培（图 3-46），即植物始终在太阳光照下生长。如温室促成栽培，系在秋冬、春季分期育苗、定植和采收。栽培的蔬菜种类、茬次安排等需因地制宜。②密囤栽培。将露地栽培形成的营养器官（如贮藏状态的干叶大葱、蒜和带有长须根的韭菜鳞茎等）密集地排列在畦内，缝间撒入泥土，充分灌水，保持 15~25℃ 的温度，使之在有光、弱光或无光下生长。在有光下生长者产量高，无光下生长者产量低，但产品黄化柔嫩。约 30 天采收 1 次。③菌蕈栽培，即在无光的暗室、地窖或遮阴的弱光下，利用各种培养基生产草菇、香菇、平菇、凤尾菇等食用菌的方式（图 3-47）。软化栽培是某些蔬菜在黑暗或弱光条件下生长并形成柔软、黄化器官的一种特殊栽培技术。软化的种类主要有韭菜、大蒜、水葱、芹菜、石刀柏、食用大黄以及芋、姜等。软化产品如韭黄、蒜黄、葱白、芹黄等不同于一般产品的显著特点在

图 3-46 促成栽培使得虎刺梅提早开花　　图 3-47 黑暗条件下的设施栽培

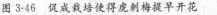

于：没有叶绿素或很少，节间伸长，保护组织和机械组织不发达，产品器官主要由薄壁细胞组成，细胞间隙小，品质柔嫩多汁，所含淀粉、蛋白质等营养物质大多降解，因此，多呈黄色或白色，组织柔软，食用时别具风味。软化栽培在观赏灌木栽培时基本少见，主要用于具特殊观赏价值的观赏灌木的栽培或培养。

三、保护地育苗的意义

它是利用人工建造的设施，使传统农业栽培模式逐步摆脱自然的束缚，走向现代工厂化农业、环境安全型农业生产、无毒农业的必由之路，同时也是农产品打破传统农业的季节性，实现农产品的反季节上市，进一步满足多元化、多层次消费需求的有效方法。

第四节　组织培养育苗

一、植物组织培养的概念及特点

（一）植物组织培养概念

在无菌条件下，将离体的植物器官（根、茎、叶、花、果实、种子等）、组织（如形成层、花药组织、胚乳、皮层等）、细胞（体细胞和生殖细胞）以及原生质体，培养在人工配制的培养基上，并给予适合其生长、发育的条件，使之分生出新植株，统称为组织培养，也叫离体培养或试管培养（图3-48）。

（二）植物组织培养的特点

① 组织培养的整个操作过程都是无菌状态。

② 组织培养中培养基的成分是完全确定的，不存在任何未知成分，其中包括大量元素、微量元素、有机元素、植物生长调节物质、植物生长促进物质、有害或悬浮物质的吸附物质等。

③ 外植体可以处于不同的水平之下，但都可以再生形成完整的植株。

④ 组织培养可以连续继代进行，形成克隆体系，但会造成品

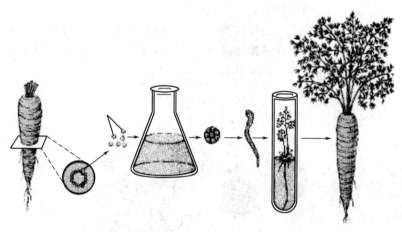

图 3-48 植物组织培养

质退化。

⑤ 植物材料处于完全异养状态，生长环境完全封闭。

⑥ 生长环境完全根据植物生物学特性人为设定。

二、植物组织培养的分类

对于植物组织培养来说，依据不同的分类方法可以分为不同的种类，现具体介绍如下。

（一）按外植体的来源分类

（1）植株培养 是指对具有完整植株形态的幼苗或较大的植株进行离体培养的方法。

（2）胚胎培养 是指对植物成熟或未成熟胚进行离体培养的方法。常用的胚胎培养材料有幼胚、成熟胚、胚乳、胚珠、子房。

（3）器官培养 是指对植物体各种器官及器官原基进行离体培养的方法。常用的器官培养材料有根（根尖、切段）、茎（茎尖、切段）、叶（叶原基、叶片、子叶）、花（花瓣、雄蕊）、果实、种子等。

（4）组织培养 是指对植物体各部位组织或已诱导的愈伤组织进行离体培养的方法。常用的组织培养材料有分生组织、形成层、表皮、皮层、薄壁细胞、髓部、木质部等。

（5）细胞培养　是指对植物的单个细胞或较小的细胞团进行离体培养的方法。常用的细胞培养材料有性细胞、叶肉细胞、根尖细胞、韧皮部细胞等（图3-49）。

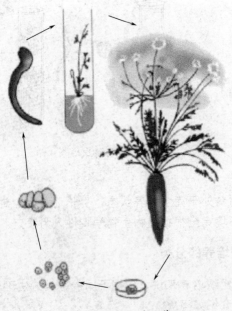

图 3-49　体细胞培养

（6）原生质体培养　是指对除去细胞壁的原生质体进行离体培养的方法（图3-50）。

（二）按培养过程分类

（1）初代培养　指将植物体上分离下来的外植体进行最初几代培养的过程。其目的是建立无菌培养物，诱导腋芽或顶芽萌发，或产生不定芽、愈伤组织、原球茎。通常是植物组织培养中比较困难的阶段，也称启动培养、诱导培养。

（2）继代培养　指将初代培养诱导产生的培养物重新分割，转移到新鲜培养基上继续培养的过程。其目的是使培养物得到大量繁殖，也称为增殖培养。

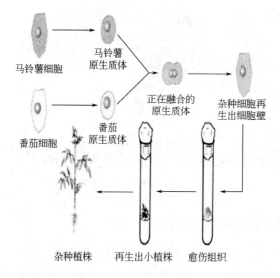

图 3-50 马铃薯的原生质体培养

（3）生根培养 指诱导无根组培苗产生根，形成完整植株的过程。其目的是提高组培苗田间移栽后的成活率。

（三）根据培养基类型分类

（1）固体培养 琼脂、卡拉胶等固化（图 3-51）。

（2）半液半固体培养 固液双层（图 3-52）。

图 3-51 固体培养

图 3-52 半液半固体培养

（3）液体培养 振荡、旋转或静置培养（图 3-53）。

图 3-53 液体培养金银花

三、植物组织培养实验室的构成

要在组织培养实验室内部完成所有的带菌和无菌操作，这些基本操作包括：各种玻璃器皿等的洗涤、灭菌；培养基的配制、灭菌；接种等。通常组织培养实验室包括准备室、无菌操作室、培养室以及温室等，细分的话还必须包括药品室、观察室、洗涤室等（图 3-54、图 3-55）。

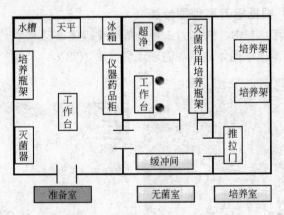

图 3-54 实验室布局示意图

（一）准备室

主要在准备室完成一些基本操作，比如实验常用器具的洗涤、

图 3-55 组织培养实验室效果图

干燥、存放；培养基的配制和灭菌；常规生理生化分析等；存放常用的化学试剂、玻璃器皿、常用的仪器设备（冰箱、灭菌锅、各种天平、烘箱、干燥箱等）。还要准备大的水槽等用于器皿等的洗涤，还要准备蒸馏水制备设备，还有显微镜等观察设备等。此外，准备室必须要有足够大的空间、足够大的工作台。

（二）无菌操作室

主要用于进行植物材料的消毒、接种以及培养物的继代培养、转移等。要求配备超净工作台、空调等。无菌操作室要根据使用频率进行不定期消毒，一般采用熏蒸法，即利用甲醛与高锰酸钾反应产生蒸气进行熏蒸，用量为每平方米 2ml，也可以在无菌操作室安装紫外灯，接种前半小时左右进行灭菌。需注意的是，工作人员进入操作室务必要更换工作服，避免带入杂菌，务必保持操作室清洁。

（三）培养室

主要用于接种完成材料的无菌培养。培养室的温度、湿度都是人为控制的。温度通过空调来调控，一般培养温度在 25℃ 左右，也与培养材料有关系，光周期可以通过定时器来控制，光照强度控制在 2500～6000lx，每天光照时间在 14h 左右。培养室的相对湿度控制在 70%～80%，过干时可以通过加湿器来增加湿度，过湿时则可以通过除湿器来降低湿度。此外，培养室还要放置培养架，每个一般 4～5 层，每层高 40cm，宽 60cm，长 120cm 左右。

（四）温室

在条件允许的情况下，可以安排配备温室，主要用于培养材料前期的培养以及组配苗木的炼苗，图 3-54、图 3-55 为组织培养实验室的构成。

四、组织培养常用的仪器设备

（一）组织培养常用设备

1. 天平

组织培养实验室需要 2～3 台不同精度的天平。感量 0.001g 的天平（分析天平）（图 3-56）和感量 0.01g 的天平（电子天平）（图 3-57）用于称量微量元素和一些较高精确度的实验用品。感量 0.1g 的天平，用于大量元素母液配制和一些用量较大的药品的称量。

图 3-56　电子天平（感量 0.001g）　　图 3-57　电子天平（感量 0.01g）

2. 冰箱

各种维生素和激素类药品以及培养基母液均需低温保存，某些试验还需植物材料进行低温处理，一般普通冰箱即可满足需要。

3. 酸度计

用于测定培养基及其他溶液的 pH，一般要求可测定 pH 范围 1~14 之间，精度达 0.01 即可。

4. 离心机

用于细胞、原生质体等活细胞分离，亦用于培养细胞的细胞器、核酸以及蛋白质的分离提取（图 3-58）。根据分离物质不同配置不同类型的离心机。细胞、原生质体等活细胞的分离用低速离心机；核酸、蛋白质分离用高速冷冻离心机；规模化生产次生产物，还需选择大型离心分离系统。

5. 加热器

用于培养基的配制。研究性实验室一般选用带磁力搅拌功能的加热器，规模化大型实验室用大功率加热和电动搅拌系统（图3-59）。

图 3-58 离心机

图 3-59 磁力搅拌器

6. 高压灭菌锅

用于培养基、玻璃器皿以及其他可高温灭菌用品的灭菌，根据

规模大小有手提式、立式、卧式等不同规格（图3-60～图3-62）。

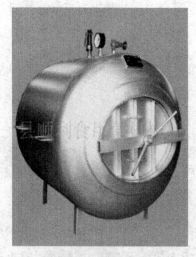

图3-60　大型灭菌锅

图3-61　中型灭菌锅

7. 干热消毒柜

用于金属工具如镊子、剪刀、解剖刀，以及玻璃器皿的灭菌。一般选用200℃左右的普通或远红外消毒柜（图3-63）。

8. 超净工作台

超净工作台是使用较早的最简单的无菌装置，主体为玻璃箱罩，入口有袖罩，内装紫外灯和日光灯，使用时对无菌室要求较高（图3-64～图3-66）。

图3-62　小型灭菌锅

其操作台面是半开放区，具方便、操作舒适等优点，通过过滤的空气连续不断吹出，直径大于0.03μm的微生物很难在工作台的操作空间停留，保持了较好的无菌环境。由于过滤器吸附微生

图 3-63 干热消毒柜

图 3-64 单人超净工作台

图 3-65 双人超净工作台

图 3-66 双人双面超净工作台

物，使用一段时间后过滤网易堵塞，因此应定期更换。

9. 培养架

培养架是目前所有植物组织培养实验室植株繁殖培养的通用设施。其成本低，设计灵活，可充分利用培养空间，以操作方便、最大限度利用培养空间为原则。一般有 4～5 层，层间间隔 40～50cm，光照强度可根据培养植物特性来确定，一般每架配备 2～4 盏日光灯（图 3-67）。

图 3-67 放满组培瓶的培养架

图 3-68 培养箱

10. 培养箱

细胞培养、原生质体培养等要求精确培养的实验，可用光照培养箱、CO_2 培养箱、湿度控制培养箱等培养（图 3-68）。

11. 其他设备

可安装时间程序控制器、温度控制系统或空调；实体显微镜、倒置式生物显微镜及配套的摄影、录像和图像处理设备；电泳仪、萃取和色谱设备、紫外分光光度计、高效液相色谱仪、气相色谱仪、酶联免疫测定系统。

（二）组织培养常用仪器

常用的培养器皿有试管、三角瓶、培养皿、培养瓶等，选择时根据培养目的和方式以及价格进行有目的地选择。试管主要用于培养基配方的筛选和初代培养；三角瓶主要用于培养物的生长，但是价格要相对偏高；培养皿主要用于滤纸的灭菌及液体培养；目前生产上常用的培养器皿主要以罐头瓶为主。

除了培养器皿，常见的仪器设备还有接种用的镊子、剪刀、解剖针、解剖刀和酒精灯等；绑缚用的纱布、棉花；配制培养基用的刻度吸管、滴管、漏斗、洗瓶、烧杯、量筒；还包括牛皮纸、记号笔、电炉（现多为电磁炉）、pH 试纸等。

五、组织培养培养基的组成

培养基是决定植物组织培养成败的关键因素之一。常见的培养基主要有两种，分别是固体培养基和液体培养基，两者的区别在于是否加入了凝固剂。培养基的构成要素包括以下几部分：

（一）水分

作为生命活动的物质基础存在。培养基的绝大部分物质为水分，实验研究中常用的水为蒸馏水，而最理想的水应该为纯水，即二次蒸馏水。生产上，为了降低成本，可以用高质量的自来水或软水来代替。

（二）无机盐类

植物在培养基中可以吸收的大量元素和微量元素都来自于培养基中的无机盐。在培养基中，提供这些无机盐的主要有硝酸铵、硝酸钾、硫酸铵、氯化钙、硫酸镁、磷酸二氢钾、磷酸二氢钠等，不同的培养基配方当中其含量各不相同。

（三）有机营养成分

包括糖类物质，主要用于提供碳源和能源，常见的有蔗糖、葡萄糖、麦芽糖、果糖；维生素类物质，主要用于植物组织的生长和分化，常用的有盐酸硫胺素、盐酸吡哆醇，烟酸、生物素等；氨基酸类物质，常见的有甘氨酸、丝氨酸、谷氨酰胺、天冬酰胺等，有助于外植体的生长以及不定芽、不定胚的分化促进。

（四）植物生长调节物质

植物生长调节物质在培养基中的用量很小，但是其作用很大。它不仅可以促进植物组织的脱分化和形成愈伤组织，还可以诱导不定芽、不定胚的形成。最常用的有生长素和细胞分裂素，有时也会用到赤霉素和脱落酸。

（五）天然有机添加物质

香蕉汁、椰子汁、土豆泥等天然有机添加物质，有时会有良好的效果。但是这些物质的重复性差，这些物质还会因高压灭菌而变性，从而失去效果。

（六）pH 值

培养基的 pH 值也是影响植物组织培养成功的因素之一。pH值的高低应根据所培养的植物种类来确定，pH 值过高或过低，培养基会变硬或变软。实验中常用氢氧化钠或盐酸进行调节。

（七）凝固剂

进行固体培养时，要在培养基中加入凝固剂。常见的有琼脂和卡拉胶，用量一般在 $7\sim10g/L$。前者生产中常用，后者透明度高，但价格贵。

（八）其他添加物

有时为了减少外植体褐变，需要向培养基中加入一些防褐变物质，如活性炭、维生素 C 等。还可以添加一些抗生素，抑制杂菌的生长。

六、组织培养培养基的配制

1. 培养基的种类

培养基有许多种类，根据不同的植物和培养部位及不同的培养目的需选用不同的培养基。培养基的名称，多数以发明人的名字来命名，如 White 培养基、Murashige 和 Skoog 培养基（简称 MS 培养基），也有对某些成分进行改良的称作改良培养基。目前国际上流行的培养基有几十种，常用的培养基及特点如下：①MS培养基，特点是无机盐和离子浓度较高，为较稳定的平衡溶液。其养分的数量和比例较合适，可满足植物的营养和生理需要。它的硝酸盐含量较其他培养基为高，广泛地用于植物器官、花药、细胞和原生质体培养，效果良好。有些培养基是由它演变而来的。②White培养基，特点是无机盐含量较低，适于生根培养。③B5培养基，特点是含有较低的铵，这可能对不少培养物的生长有抑制作用。从实践得知，有些植物更适宜在B5培养基上生长，如双子叶植物特别是木本植物。④N6培养基，特点是成分较简单，KNO_3和$(NH_4)_2SO_4$含量高，在国内已广泛应用于小麦、水稻及其他植物的花药培养和其他组织培养。

一般先配制母液备用，现在有配好的各种培养基干粉，一般现成培养基干粉中加了营养成分和琼脂，也有没加琼脂的，配制培养基前，根据需要购买。

2. 培养基的配制步骤

一般来讲，任何一种培养基的配制步骤都是大致相同的，配1L MS培养基的具体操作如下。

（1）取一大烧杯或铝锅，放入约900ml的水，然后加入MS培养基干粉40mg（具体用量根据培养基瓶上说明），并不断搅拌，使其溶解。

（2）将加热熔解好的培养基溶液倒入带刻度的大烧杯中，加入培养所需的植物生长调节物质，定容到1L。

（3）用1mol/L的NaOH溶液或HCl溶液调整pH值。

（4）分装到培养容器中。

（5）高压蒸汽灭菌锅灭菌20min，出锅晾凉备用。

七、组织培养的程序

（一）启动培养

这个阶段的任务是选取母株和外植体进行无菌培养，以及外植体的启动生长，利于离体材料在适宜培养环境中以某种器官发生类型进行增殖。该阶段是植物组织培养能否成功的重要一步。选择母株时要选择性状稳定、生长健壮、无病虫害的成年植株；选择外植体时可以采用茎段、茎尖、顶芽、腋芽、叶片、叶柄等。

外植体确定以后，进行灭菌。灭菌时可以选择次氯酸钠（1%）、氯化汞（0.1%~0.2%），时间控制在10~15min，清水冲洗3~5次，然后接种（图3-69）。

（二）增殖培养

对启动培养形成的无菌物进行增殖，不断分化产生新的丛生苗、不定芽及胚状体（图3-70）。每种植物采用哪种方式进行快繁，既取决于培养目的，也取决于材料自身的可能性，可以是通过器官、不定芽、胚状体发生，也可以通过原球茎发生。增殖培养时选用的培养基和启动培养有区别，基本培养基同启动培养相同，而细胞分裂素和矿质元素的浓度水平则高于启动培养。

图 3-69　初代培养

图 3-70　石斛增殖培养

（三）生根培养

第二阶段增殖的芽苗有时没有根，这就需要将单个芽苗转移到生根培养基或适宜的环境中诱导生根，如图3-71所示。这个阶段的任务是为移栽作苗木准备，此时基本培养基相同，但需降低无机盐浓度，减少或去除细胞分裂素，增加生长素的浓度。

（四）移栽驯化

此阶段的目的是将试管苗从异养到自养的转变，有一个逐渐适应的过程。此时需要对试管苗进行炼苗，使植株生长粗壮，并且打开瓶口，降低湿度。移栽之前要进行炼苗，逐渐地使试管苗适应外界环境条件，接着要打开瓶口，再有一个适应过程。炼苗结束后，取出试管苗，首先洗去小植株根部附着的培养基，避免微生物的繁殖污染，造成小苗死亡，然后将小苗移栽到人工配制的混合培养基质中。基质要选择保湿透气的材料，如蛭石、珍珠岩、粗沙等，如兰花移栽时要选择草苔藓等（图3-72）。

图3-71　小红枫的生根培养　　　　图3-72　温室试管苗移栽

八、组织培养的应用

（一）快速繁殖优良植物株系

组织培养具有时间短、增殖率高和全年生产等优点，比大田生产快得多。加上培养材料和试管苗的小型化，这就可使有限的空间培养出大量个体。例如兰花、桉树、杨树、秋海棠等植物，用一个茎尖或一小块叶片为基数，经过组织培养，一年内可以增殖到10000～100000株，繁殖速度如此快，说明组织培养对于短期内需要大量繁殖的植物，如引入的优良品种、优良单株、育种过程中优良子代的扩大等，特别有用，而且对一些难以繁殖或繁殖很慢的名贵花卉、果木及稀有植物，同样具有重要意义。

（二）培育作物新品种

用组织培养方法培育作物新品种，已经取得了多方面的成就。

例如，利用组织培养解决杂交育种中的种胚败育问题，获得了杂种子代，使远缘杂交得以成功；用花药培养和对未传粉的子房进行离体培养，获得了单倍体植株，从而开辟了单倍体育种的途径；通过胚乳离体培养，获得了三倍体植株，为改良农、林、果树和蔬菜的三倍体育种提供了新的方法；此外，还有利用原生质体培养及体细胞杂交进行天然突变系的筛选、外源遗传物质的导入等。

（三）获得无病植株

作物的病毒病害，是当前农业生产上的严重问题。尤其是营养繁殖的作物，病毒可以经繁殖用的营养器官传至下一代，以致随着作物繁殖代数的积累，病毒不仅绵延不绝，还会日益增多。其结果是作物退化减产，甚至导致某些品种绝灭（图3-73）。

根据病毒在植物体内分布并不均匀的特点，用生长点进行组织培养，结合病毒鉴定，可以得到无病毒植株，可使植株复壮，并能增加产量。在这方面，马铃薯、水仙、苹果、梨和花椰菜等作物，都取得了明显效果（图3-74）。

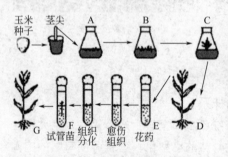

图3-73　组培苗的离体保存

图3-74　茎尖的脱毒培养

（四）保存和运输种质

由于有了组织培养方法，就无需再用一代代保存种子的方法去保存种质资源，而可以将植物器官、组织甚至细胞，在低温或超低温条件下进行长期保存。将来一旦需要，就可用组织培养方法迅速进行繁殖，不但大大减少了一代代保存材料所浪费的人力、物力和时间，而且也减少了在保存过程中因管理不善及病虫侵害所造成的损失。另外，由于用很小的空间保存了大量的种质资源，运输时也很方便。

附：植物组织培养 MS 培养基配方

（一）母液配制与保存

配制培养基时，如果每次配制都要按营养成分表依次称量，既费时，又增加了多次称量误差。为了提高配制培养基的工作效率，一般将常用的基本培养基配制成 10～200 倍，甚至 1000 倍的浓缩贮备液，即母液。母液贮存于冰箱中，使用时，将它们按一定的比例进行稀释混合，可多次使用，并在配制较多数量的培养基时，降低工作强度，也提高试验的精度。

基本培养基的母液有四种：大量元素（浓缩 20 倍），微量元素（浓缩 100 倍），铁盐（浓缩 200 倍），除蔗糖之外的有机物质（浓缩 100 倍）。

1. 大量元素

配制大量元素母液时要分别称量，分别溶解，在定容时按表 3-3 中的序号依次加入容量瓶中，以防出现沉淀。倒入磨口试剂瓶中，贴好标签和做好记录后，可常温保存或放入冰箱内保存。

表 3-3　大量元素母液（配 1L 20 倍的母液）

序号	成分	配方用量 /(mg/L)	称取量 /mg	配 1ml 培养基吸取量/ml
1	NH_4NO_3	1650	33000	
2	KNO_3	1900	38000	
3	KH_2PO_4	170	3400	50
4	$MgSO_4 \cdot 7H_2O$	370	7400	
5	无水 $CaCl_2$	440	6644	

2. 微量元素母液

在配制微量元素母液时，也应分别称量和分别溶解，定溶时不分先后次序，可随意加入溶量瓶中定容（表3-4），一般不会出现沉淀现象。倒入磨口试剂瓶中，贴好标签和做好记录后，可常温保存或放入冰箱内保有存。

表3-4 微量元素母液（配制1L 100倍母液）

成分	配方用量/(mg/L)	称取量/mg	配制1L培养基吸取量/ml
KI	0.83	83	
$MnSO_4 \cdot H_2O$	22.3	1690	
H_3BO_3	6.2	620	
$ZnSO_4 \cdot 7H_2O$	8.6	860	10
$Na_2MoO_4 \cdot 2H_2O$	0.25	25	
$CuSO_4 \cdot 5H_2O$	0.025	2.5	
$CoCl_2 \cdot 6H_2O$	0.025	2.5	

3. 铁盐母液

由于铁盐无机化合物不易被植物吸收利用，只有其螯合物才能被植物吸收利用，因此需要单独配成螯合物母液。

配制方法：称取5.56g硫酸亚铁和7.46g乙二胺乙酸二钠，分别用450ml的去离子水溶解，分别适当加热不停搅拌，分别溶解后将硫酸亚铁溶液缓缓加入到乙二胺四乙酸二钠溶液中，将两种溶液混合在一起，最后用去离子水定溶于1000ml，倒入棕色贮液瓶中，贴好标签和做好记录后放入冰箱内保存（表3-5）。

表3-5 铁盐母液（配1L 200倍母液）

成分	配方用量/(mg/L)	称取量/mg	配制1L培养基吸取量/ml
$FeSO_4 \cdot 7H_2O$	27.8	5560	
$Na_2 \cdot EDTA$	37.3	7460	5

4. 有机物母液

按表 3-6 中的量分别称取各种有机物，分别溶解后，用蒸馏水或去离子水定容于 1000ml，放入细口瓶中备用，贴好标签于 4℃冰箱中低温保存。

表 3-6　有机物母液（配制 1L 100 倍母液）

成分	配方用量 /(mg/L)	称取量 /mg	配制 1L 培养基吸取量/ml
肌醇	100	10000	
烟酸	0.5	50	
盐酸硫胺素	0.1	10	10
盐酸吡哆醇	0.5	50	
甘氨酸	2	200	

第四章

观赏灌木的出圃与质量评价

观赏灌木苗木质量的优劣直接关系到园林绿化美化的成败。为了确保苗木质量及观赏效果，对出圃苗木质量进行准确评价十分重要。苗木的掘取、运输、贮藏等过程也对苗木的生命力造成很大影响。它是苗圃育苗的最后工作阶段，是最直接体现苗圃苗木产量和经济效益的阶段。

第一节 观赏灌木的出圃

一、苗木出圃前的调查

(一)调查的目的和要求

通过调查，了解全圃苗木的数量和质量，以便做出苗木的出圃计划、第二年的生产计划和供销计划，并可通过调查，进一步掌握各种苗木的生长发育状况，科学地总结育苗经验，为今后的生产提供科学依据。选择树木落叶前调查，按树种或品种、繁殖方法、苗木的年龄等标准分别进行，调查其树高、胸径、地径、冠幅等生长指标，要求选用科学的调查方法，认真地测量各个质量指标，正确地统计苗木的产量、质量，保证可靠性在90%以上。

还要在调查前对圃地进行全面踏查，以便在调查过程中划分调查区和确定采用什么方法进行调查。树种或品种一致、育苗方法一致、苗木年龄一致、主要育苗技术措施一致的都可以采用相同的调查方法，划定为同一个调查区。同一调查区域的苗木要进行统一编号。

(二)调查时间

观赏灌木苗木调查，应在苗木的高、径生长停止以后进行，落叶树种要在落叶前进行。因此，调查的时间多在秋季树木停止生长以后。

(三)调查的方法

一般情况下，要对全圃进行调查工作量太大，而且造成人力、财力的浪费，也没有这样做的必要。主要有以下三种方法。

（1）记数法　主要针对珍贵树种大苗和某些针叶树种。为了数据准确，常按垄或畦逐株点数，并抽样测量苗高、地径或胸径、冠幅等，计算其平均值，以获得苗木的数量和质量信息。有些苗圃还对准备出圃的苗木，进行逐株清点、测量，并在树上做规格标志，为出圃工作带来了方便，但只是限于数量较少的情况。

（2）标准行法　适用于移植区、部分大苗区以及扦插苗区等。在要调查的苗木生产区中，每隔一定的行数，选一行或一垄作为标准行，再在标准行上选出有代表性的一定长度的地段，在选定的地段上进行苗木质量指标和数量的调查，然后计算出调查地段苗行的总长度和单位长度的产苗量，然后推算总的产苗量。

（3）标准地法　适用于苗床育苗、播种的小苗。在调查区内随机抽取 $1m^2$ 的标准地若干，在标准地上随即抽样测量苗高、地径、冠幅等质量指标，并计算出每平方米苗木的平均数量和质量，进而推算出全生产区苗木的产量和质量。

需要说明的是，选标准行或标准地，一定要从数量和质量上选有代表性的地段进行苗木调查，否则调查结果不能代表整个生产区的情况。

目前苗木调查常采用的抽样方法还有机械抽样法、简单随机抽样法和分层抽样法。这些方法与上述标准行法或标准地法相比，调查的工作量小，但可靠性大，精度高；外野调查时很容易计算出调查的数量和精度，若未达到要求，也很容易计算出要补测的样地数量。机械抽样是随机确定起始点，以等距离分布各样地；简单随机抽样是利用随机数字表决定样地位置；分层抽样是先根据苗木的质量粗测对调查因子分级别，然后按级别进行抽样调查。目前应用最多的方法是机械抽样法。

（四）苗木年龄的表示方法

苗圃出圃苗木，必须标明其年龄，以确保能够采取正确的养护措施。苗木的年龄一般以苗木的年生长周期为计算单位，即每年从地上部分开始生长到结束为一个生长周期，即为 1 年。对于不满 1 年或没有完整生命周期的苗木，也可以用半年来计算，因此在生活

中我们能够看到 3.5 年生苗、半年生苗等，需要注意的是，移植苗的年龄包括其移植前的年龄。不同方法育成的苗木其表示方法也有区别。

> 观赏灌木苗木年龄的表示方法：
>
> ① 播种苗：用两个数字表示，中间用"—"分开，前面数字表示总年龄，后一数字表示移植次数。举例说明：马尾松苗（2—0），即为马尾松 2 年生播种苗，没有经过移植。那杨树（1—1）表示的是什么呢？请读者朋友想一想。
>
> ② 扦插苗：表示方式同播种苗，如海棠（2—1），即海棠为 2 年生扦插苗，经过 1 次移植。
>
> ③ 嫁接苗：同样用两个数字表示，前一个数字为分数，分子为接穗年龄，分母为砧木年龄，如核桃嫁接苗（3/4—2），即核桃嫁接苗，砧木为 4 年生，接穗为 3 年生，经过了两次移植。

二、观赏灌木的出圃

（一）观赏灌木苗木出圃的规格

对于出圃的苗木，栽植要求不一样，对苗木的规格要求也不一样。但随着城市建设的需要，人们的绿化需求逐渐增加，对苗木的规格要求有逐渐加大的趋势。如北京市园林局对苗木的质量非常重视，根据多年来的经验，制订了"五不出"的要求，即不够规格的不出，树形不好的不出、根系不完整的不出、有严重病虫害的不出、有机械损伤的不出。

以下为北京市园林局目前执行的苗木出圃的规格标准，可供日常参考。

（1）有主干的果树、单干式的灌木，如苹果、榆叶梅、碧桃、紫叶李、西府海棠、垂丝海棠等，要求树冠丰满，枝条分布匀称，根际直径在 2.5cm 以上为出圃苗木的最低标准。另根际直径每提高 0.5cm，应提高一个规格级。

（2）多干式灌木，要求根际分枝处有 3 个以上分布均匀的主枝。但由于灌木种类繁多，类型各异，又可分为大、中、小型，各型规格要求如下。

① 大型灌木类：如丁香、黄刺玫、珍珠梅、金银木等，出圃高度要在 80cm 以上，高度每增加 30cm，即提高一个规格级。

② 中型灌木类：如紫荆、紫薇、木香等，出圃高度要求在 50cm 以上，另高度每增加 20cm，即提高一个规格级。

③ 小型灌木类：如月季、小檗、郁李等，出圃高度要求在 30cm 以上，另高度每增加 10cm，即提高一个规格级。

（3）绿篱苗木，如侧柏、小叶黄杨等，要求苗木树势旺盛，基部枝叶丰满，全株成丛，冠丛直径 20cm 以上，高 50cm 以上为出圃苗木的最低标准。另苗木高度每增加 20cm，即提高一个规格级。

（4）攀缘类苗木，如地锦、葡萄、凌霄等。要求生长旺盛，根系发达，枝蔓发育充实，腋芽饱满，每株苗木必须带 2～3 个主蔓。此类苗木以苗龄确定出圃规格，每增加 1 年提高一级。

（5）人工造型苗木，如龙柏、黄杨等植物球，培育年限较长，出圃规格各异，可按不同要求和不同使用目的而定，但是球体必须完整、丰满。

（二）出圃苗木的挖掘

俗称起苗，就是把已达出圃规格或需移植扩大株行距的苗木从苗圃地上挖起来。这一操作是育苗工作的重要生产环节之一，其操作的好坏直接影响苗木的质量和移植成活率、苗圃的经济效益以及城市绿化效果。因此，起苗工作要做到适时认真、符合要求，并采用科学的起苗方法。

1. 起苗时间

起苗时间主要由苗木的生长特性决定，但也受绿化季节、劳力安排情况及越冬情况等的影响。适宜的起苗时间是在苗木休眠期。不适宜的起苗时间会降低苗木成活率，落叶树种在秋季落叶或春季萌芽前起苗，但有些树种也可在雨季进行。常绿树种的起苗，北方大多在春季进行，容器苗起苗不受季节限制。

　　（1）春季起苗　园林苗圃中，起苗工作是春季作业的主要任务之一。理论上各类苗木均适于在春季芽萌动前起苗移栽，始于土壤化冻时，在萌芽前终止，因为芽萌动后起苗会影响苗木的栽植成活率；同时省去假植工序，减少人工等成本，但春季起苗时间短。因此，春季起苗要早，最好随起随栽。

　　（2）秋季起苗　一般在要起的苗木落叶后开始，此时苗木的地上部分停止生长，而根系还有些微活动，到土壤封冻前结束，利用苗圃秋耕作业结合起苗，有利于土壤改良、消灭病虫害以及减轻春季作业的繁忙。秋季起苗后及时栽植，当年秋季根系能恢复部分创伤，第二年春季能较早开始萌芽生长，若不能及时栽植的话则要假植，如落叶松等春季发芽早的树种，一般应在秋季起苗。

　　（3）冬季掘苗　在我国北方地区很少采用，破冻土带土球移植费时费力，但利用的是冬闲季节，可以充分安排劳动力，但方法较为费工，气候恶劣，必须随掘随栽。

2. 起苗方法

　　按照使用工具的不同有手工起苗和机械起苗，按照根系是否带土有裸根起苗和带土球起苗。

　　（1）手工起苗　是目前生产上应用最广泛的一种起苗方法。大部分落叶树种和容易成活的针叶树小苗一般采用裸根起苗。起苗时，沿苗行方向距苗行20cm左右挖沟，在沟壁下侧挖斜槽，然后根据要求的根系深度切断主根，再在第二行与第一行间插入工具切断侧根，把苗木推向中间即可取苗（见图4-1）。取苗时要全部切断根系再取，注意不能硬拔，避免损伤根系。

　　（2）机械起苗　用机械起苗，可以大大提高工作效率，减轻劳动强度。规模大的苗圃多采用起苗犁，但该法只限于裸根起苗（图4-2、图4-3）。

　　（3）带土球起苗　一般常绿树、名贵树种和较大的花灌木常采用带土球起苗。土球的大小，因苗木大小、根系分布情况、树种成活难易、土壤质地等条件而异。一般土球直径为根际直径的8～10倍，土球高度约为其直径的2/3，应包括大部分根系在内，灌木的

图 4-1 手工起苗示意图

图 4-2 带土球起苗机起苗

图 4-3 起苗挖掘机

土球大小以其冠幅的 1/4～1/2 为标准。

起苗时先用草绳将树冠捆好,再将苗干周围无根区的表面浮土铲去,然后在规定带土球大小的外围挖一条操作沟,沟深同土球高度,沟壁垂直。达到所需深度后,就向内斜削,将土球表面及周围修平,使土球上大下小呈坛子形。起掘时,遇到细根用铁锹斩断,3cm 以上粗根用枝剪剪断或用锯子锯断。土球修好后,用锹从土球底部斜着向内切断主根,使土球与地底分开,最后用蒲包、稻草、草绳等将土球包扎好。打包的形式和草绳围捆的密度视土球大小和运输距离的长短而定(图 4-4)。

图 4-4　带土球起苗

3. 起苗注意事项

(1)为保证起苗质量,应注意根的长度和数量,尽量保证苗根的完整。

(2)为保证成活率,不要在大风天起苗,以防苗木失水风干。

(3)起苗前若圃地干旱,应在起苗前 2～3 天灌水,使土壤湿润,以使苗木吸收充足的水分,以利成活,并可减少根系损伤。

（4）为提高栽植成活率，应随起随运随栽，当天不能栽植的要立即进行假植，以防苗木失水风干。针叶树在起苗过程中应特别注意保护好顶芽和根系的完整，防止苗木失水。

（5）起苗时操作要细致，工具要锋利，保证起苗质量。

第二节　观赏灌木的质量评价

优良苗木简称壮苗，表现出生命力旺盛、抗性强、栽植成活率高、生长快等特点。过去对苗木质量主要是根据苗高、地径和根系状况等形态指标进行评价。自1980年以后，苗木质量评价研究有了较快发展，苗木生理指标和活力的表现指标也逐渐成为评价苗木质量的重要方面。而对于园林苗木，其观赏价值也被作为质量评价指标。

一、苗木出圃的质量指标

凡能反映苗木质量优劣的形态指标和生理指标统称为苗木质量指标。在生产上一般选用便于测量的形态指标，如苗高、地径、根系、茎根比和高径比等来鉴别苗木的优劣。

二、观赏苗木质量评价指标

1. 形态指标

直接从苗木的外部形态，即直观看上去的表现作为评价标准。

（1）好的苗木根系发达，有发达的主根、侧根及须根，主根短而直，根系分布集中且有一定的长度。

（2）苗木主干通直，有与粗度相合适的高度，树冠饱满、匀称，枝条充分木质化，枝叶繁茂，叶色正常。

（3）苗木没有明显的病虫害和机械损伤。

（4）对于针叶树要求顶芽发育正常且饱满。如图4-5、图4-6所示的即为好苗木与次苗木的对比，可以通过它的外部形态明显地表现出来。

图 4-5　生长良好的针叶树苗木　　　图 4-6　生长不良的针叶树苗木

2. 生理指标

　　形态指标直观，容易操作使用，在生产上得到普遍应用，也是目前应用最广的评价苗木质量的标准。但是随着市场对苗木的需求逐渐严格，光是外表看着好的苗木其内部生命力不一定强，将其种植在绿化地点，即使前期生长表现良好，后期也会逐渐变差。另外，苗木的外部形态相对比较稳定，在许多情况下，苗木的内部生理活动已经发生了变化，但其外部形态短期不会表现出来。因此人们在评价苗木质量时逐渐由形态指标深入到生理指标，而且在该领域也取得了一定的成果。常用的生理指标有以下几种。

　　（1）苗木水分　水分是苗木生命活动不可缺少的物质，在植物体内其含量达到 50% 以上。苗木的生命活动在很大程度上取决于植物体内的水分状况，只有水的参与苗木才能正常生长。很多的试验和生产实践都说明一个问题，移植或定植后的苗木出现死亡的一个重要原因就是苗木体内的水分平衡失调。

　　研究发现，在一定范围内，苗木的水分含量与移植成活率呈现线性相关，随着苗木含水量的降低，栽植成活率也呈下降趋势。但是苗木体内水分完全丧失之前，苗木就已经死亡了。这就说明水分含量在评价苗木质量的时候存在偏差，吸足了水的死苗虽然含水量够，但依然不能成活。所以目前很少采用水分含量作为评价标准，而是采用苗木水势。

　　苗木水势是反映植物水分状况的主要指标之一，它能够敏感地反映苗木在干旱胁迫下水分的变化，因而成为应用最广泛的指标。在实际应用时存在的最大难题是怎样去精确地测定这个指标。关于水势的测定方法很多，野外测定常采用的是压力室法，该法应用最广，效果最佳，便于在野外进行迅速而简单的测定。

但是，水分在苗木体内变化很大，很容易丧失，由于影响因子的复杂性和可变性，该技术虽简便而迅速，但将苗木水势作为苗木质量的评价指标应用于生产，还有许多工作要做。

(2) 碳水化合物贮量　植物体通过光合作用，产生营养物质，其中一部分供给苗木生长和呼吸消耗，另一部分则以碳水化合物的形式贮藏在苗木体内，这就是苗木的干物质。苗木被挖起至栽植成活之前，其生命活动主要靠这部分干物质来完成，所以把它作为评价指标，植物体内干物质含量越高，越有利于植物体栽植成活。

(3) 根生长活力　它是评价苗木活力最可靠的方法。苗木在形态和生理上的各种变化都会通过根生长活力反映出来。它不仅能反映苗木活力大小，还能反映不同季节苗木活力的变化情况。该方法的不足之处在于测定所需的时间较长，大概需要1个月左右。但是方法可靠，用它作为苗木活力测定的方法，用于科研和生产都是非常有用的。

目前，对于普通苗圃来讲，后两个测定指标都需要专门的仪器来完成，不像前者直观、简单，所以目前应用最广的依旧是形态指标测定，尤其对于小型苗圃更是普遍，对于大型规模化苗圃，后两者则是发展的方向和趋势。

第三节　观赏灌木的分级及包装运输

一、观赏灌木的苗木分级

苗木分级又叫选苗，就是按照苗木的质量标准，将苗木分成若干等级，合乎一定规格的为同一类苗。苗木的等级反映苗木的质量。因此，为了便于苗木的包装运输以及苗木交易的标准化和规范

化，苗木分级工作应按苗木级别规格严格进行。而出圃苗木的规格，又因树种、地区、用途不同而有差异，除一些特殊整形的观赏树种外，乔木的一级苗标准如下。

（1）根系发达，侧根、须根多而健壮。

（2）树干健壮、挺直、圆满、均匀，有一定高度和粗度。

（3）树冠饱满、匀称，枝梢木质化程度好，顶芽健壮、完整。

（4）无病虫害和机械损伤（图 4-7、图 4-8）。

图 4-7　樱花一级苗

图 4-8　红叶石楠一级苗

二、观赏灌木的检验检疫

为了防止危险性病虫害、杂草随同苗木在销售和交流过程中传播蔓延，将其控制在最小的范围内以及时清除，因此，对出圃苗木进行检验检疫是十分必要的。尤其现在的国际、省际间交流越来越多，病虫害传播的可能性也越来越大，因此，苗木在流通过程中，需要专门的检疫机构进行检疫，获得检疫合格证书之后才能出圃或出售。运往外地的苗木，应按国家和地区的规定对重点病虫害进行检疫，如发现本地区和国家规定的检疫对象（国家规定的普遍或尚不普遍流行的危险性病虫及杂草），应停止调运并进行彻底消毒，不使本地区的病虫害扩散到其他地区。目前专门的检疫机构需要花钱去进行检疫，这就要求苗圃工作人员能够掌握一点简单的检疫技术，如熟悉检疫对象、了解危害等，同时在圃苗木要进行严格消毒，以控制危险性病虫害及杂草的传播。

三、观赏苗木的消毒

为了保证出圃苗木符合检疫标准，要对在圃苗木进行严格消毒，常用的消毒方法有以下几种。

（1）石硫合剂消毒　用4～6倍石硫合剂水溶液浸泡苗木10～20min，再用清水冲洗根部，可以灭杀其中的某些病虫害。

（2）波尔多液消毒　用1：1：100倍式波尔多液浸泡苗木15min左右，再用清水冲洗根部，但要注意对李属植物苗木谨慎使用，以免产生药害。

（3）升汞水消毒　用0.1%～0.2%升汞水溶液浸泡苗木20min左右，再用清水冲洗根部数次，可以灭杀大部分细菌，注意可以在该溶液中加入醋酸或者盐酸等酸溶液，杀菌效果会更好，同时加酸还可以降低升汞在每次浸泡苗木中的消耗。

（4）硫酸铜溶液消毒　用0.1%～1.0%硫酸铜溶液浸泡苗木5min，然后同样用清水冲洗。该方法主要用于休眠期苗木根系的消毒，不宜用作全株消毒使用。

此外，也可以氰酸气熏蒸消毒，熏蒸时一定要严格密封，以防漏气中毒。先将硫酸倒入水中，再倒入氰酸钾，之后工作人员立即离开熏蒸室，熏蒸后打开门窗，待毒气散尽后，方可入室。

四、苗木的包装、运输与贮藏

（一）观赏灌木的包装

为了防止苗木根系在运输期间大量失水，同时也避免碰伤树体，不使苗木在运输过程中降低质量，所以苗木运输时要包装，包装整齐的苗木也便于搬运和装卸。有人做过这样的试验，1年生油松苗木，在4月的北京进行晒苗，30min后成活率只有14%，

40min 就全部死亡了，可见在运输过程中对苗木进行包装是十分必要的。常用的包装材料有塑料布、塑料编织袋、草片、草包、蒲包、麻袋等，在具体使用过程中根据植物材料和包装材料来选择合适的包装材料。

目前苗木包装材料有苗木保鲜袋，它由三层性能各异的薄膜复合而成，外层为高反射层，光反射率达 50% 以上；中层为遮光层，能吸收外层透过光线的 98% 以上；内层为保鲜层，能缓释出抑制病菌生长的物质，防止病害的发生，而且这种保鲜袋可以重复使用。

在生产上苗木移植、包装、运输也常常使用一些容器，如美植袋，又称环保植树袋。它由聚丙烯材料制作，该材料具有最佳的透水透气性，并能有效控制植株根系的生长，能够自然断根。

> 美植袋的功效（图 4-9～图 4-11）：
>
> ① 根系不易环绕生长：由于特殊强化聚丙烯材料壁能让部分根穿透，可限制根长粗，使须根发育良好，无盘根现象，与田间栽植无异。
>
> ② 土球小且不易松散：因袋内保存大量须根，所以带的土球比传统方式小，且移植时土球不易松散，尤其种在沙质土壤的树木更加显著。
>
> ③ 移植快速、容易且移植季节大幅延长：用此栽植袋种植的树木，根系不往下生长，而仅有少数穿过侧面强化聚丙烯材料的侧根需要断根来移植，仅需简单工具切断少数侧根即可移植树木。因为 80% 以上的根系均存于栽植袋内而不会被伤害到，基本上全年都可移植。
>
> ④ 可降低多项成本
>
> a. 与容器栽培比较，栽培成本低，不需使用昂贵的盆栽培养土及灌溉设备且更省工。
>
> b. 美植袋可作包装土球容器，不需再另外包装，可降低成本。需注意定植于工程地时，要先除去栽植袋。
>
> c. 由于根系完整且养分累积于袋内，土球可较传统种

植树木之土球减少约 25%，或是说同样土球大小可种植较大规格的树木，其次本袋新款产品增加了四个手提环，所以可降低搬运成本。

d. 不需技术工人断根移植，普通工人即可移植。

e. 移植后成活率高，可节省日后保养维护费用。

以上所列各项表明，本袋较传统田间种植或容器（塑料盆或木箱）种植成本更低，效益更高。依据苗木生长状况，随时调整间距，便于整形修枝。体积小，质量轻，耐腐蚀不霉变，有利于作业、贮存和销售运输。

⑤ 苗木品质大幅提高　美植袋移植能于根部累积储藏碳水化合物（养分），移植后新根发育生长快速，而降低移植后的管理费用，因此在移植前不需大幅修剪枝叶，树型品质得以提高。

上述优点显示，使用美植袋生产苗木已是目前趋势，它集移植、包装、运输为一体，对生产者将会产生莫大益处。

图 4-9　植树袋

图 4-10　美植袋

（二）观赏灌木的运输

城市交通情况复杂，而树苗往往超高、超长、超宽，应事先办好必要的手续。苗木运输需由专人押运，运输途中押运人员要和司

图 4-11　各种规格和型号的美植袋

机配合好，尽量保证行车平稳，运苗途中提倡迅速及时，短途运苗不应停车休息，要一直运至施工现场。长途运苗应经常检查包内的湿度和温度，以免湿度和温度不符合植物要求。如包内温度高，要将包打开，适当通风，并要更换湿润物以免发热，若发现湿度不够，要适当加水。中途停车时应停于有遮阴的场所，遇到刹车绳松散、苫布不严、树梢拖地等情况应及时停车处理。有条件的还可用特制的冷藏车来运输。工作人员在运输途中还要注意电线等其他障碍物对运输的影响。到达目的地后，应及时卸车，按码放顺序，先装后卸，不能随意抽取，要注意做到轻拿轻放，不能及时栽植的则要及时假植。

1. 裸根苗的装车方法及要求

装车不宜过高过重，压得不宜太紧，以免压伤树枝和树根；树梢不准拖地，必要时用绳子围拴吊拢起来，绳子与树身接触部分，要用蒲包垫好，以防伤损干皮。卡车后厢板上应铺垫草袋、蒲包等物，以免擦伤树皮，碰坏树根。装裸根乔木时应树根朝前，树梢向后，顺序排码。长途运苗最好用苫布将树根盖严捆好，这样可以减少树根失水（图 4-12、图 4-13）。

图 4-12　玫瑰裸根苗

2. 带土球苗装车方法与要求

2m 以下（树高）的苗木，可以直立装车，2m 高以上的树苗，则应斜放，或完全放倒，土球朝前，树梢向后，并立支架将树冠支稳，以免行车时树冠晃摇，造成散坨。土球规格较大，直径超过 60cm 的苗木只能码 1 层；小土球则可码放 2~3 层，土球之间要码紧，还须用木块、砖头支垫，以防止土球晃动。土球上不准站人或压放重物，以防压伤土球（图 4-14、图 4-15）。

长距离运输时，苗木则需细致包装。包装时先将湿润物放在包装材料上，然后将苗木根对根放在湿润物上，并在根间加些湿润物，如苔藓等，防止苗木过度失水。苗木摆放当重量，便于搬运，一般不超过 25kg，将苗木卷成捆，用绳子捆住，但不宜太紧。最后在外面要附标签，其上注明树种、苗龄、数量、等级和苗圃名

图 4-13　常见裸根苗运输方式

图 4-14　带土球装车运输

图 4-15　带土球运输

称等。

　　若短距离运输，苗木可散装在筐篓内，首先在筐底放一层湿润物，再将苗木根对根分层放在湿润物上，并在根间稍放些湿润物，苗木装满后，最后再放一层湿润物即可。也可在车上放一层湿润物，上面放一层苗木，分层放置。

苗木长途运输保湿剂：

苗木长途运输过程中，如果采取不当措施，导致水分过度蒸发，造成苗子成活率低下，带来严重损失。运输途中可使用运输用保湿剂，分为蘸根型和叶面喷施型，用于运输过程中阻止叶面及根部风干失水，最大限度地减少植株水分蒸发，提高苗木成活率，成本低，效果好（图4-16～图4-18）。

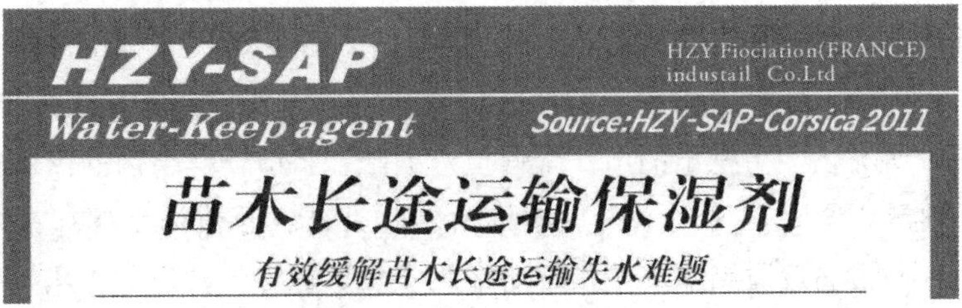

HZY-SAP
Water-Keep agent

HZY Fiociation(FRANCE)
industail Co.Ltd

Source:HZY-SAP-Corsica 2011

苗木长途运输保湿剂
有效缓解苗木长途运输失水难题

图 4-16　苗木长途运输保湿剂

图 4-17　蘸保湿剂

图 4-18　装车

五、观赏苗木的假植与贮藏

1. 苗木的假植

将苗木的根系用湿润的土壤进行暂时埋植处理称为假植。假植的目的主要是将不能马上栽植的苗木暂时埋植起来，防止根系失水或干燥，保证苗木质量。根据假植时间的长短分为临时性假植和越冬假植：在起苗后或栽植前进行的临时栽植，叫临时假植；当秋季起苗后，要通过假植越冬时，叫越冬假植或长期假植。

假植时，选一排水良好、背风背阴、与主风方向相垂直的地方挖一条假植沟。沟的规格因苗木的大小而异。播种苗一般深、宽各为30~40cm，迎风面的沟壁作成45°倾斜，短期假植时可将苗木在斜壁上成束排列，长期假植时可将苗木单株排列，然后把苗木的根系和茎的下部用湿润的土壤覆盖、踩紧，使根系和土壤紧密连接。一般情况下，用挖出的下一个假植沟的土，将前一假植沟的苗木根部埋严，同时挖好下一个假植沟，以此类推。假植沟土壤如果干燥，假植后应适当灌水，但切勿过足。在严寒地区，为了防寒，最好用草类、秸秆等将苗木的地上部分加以覆盖。但也要注意通气，可以竖通气草把，防止热量在假植沟内聚集，导致根系呼吸不通畅，造成根系腐烂等现象。在假植时还有一些问题需要工作人员注意：苗木入沟假植时，不能带有树叶，以免发热，苗木霉烂；一条假植沟最好假植同一树种、同一规格的苗木；同一条假植沟的苗木，每排数目要一致，以便统计数量；假植完毕，假植沟要编号，并插标牌，注明苗木品种、规格、数量等；假植期间要定期检查，土壤要保持湿润，早春气温回升，沟内温度也随之升高，苗木不能及时运走栽植时，应采取遮阴降温措施，推迟栽植期（图4-19、图4-20）。

2. 观赏苗木的贮藏

为了更好地保证苗木质量，推迟苗木萌发期，以达到延长栽植时间的目的，可采用低温贮藏苗木的方法，关键是要控制好贮藏的温度、湿度和通气条件。温度控制在1~5℃，最高不要超过5℃，在此温度下，苗木处于全眠状态，而腐烂菌不易繁殖，南方树种可

图 4-19　秋冬季节假植

图 4-20　依水假植

以稍高一点，不超过 10℃，低温能够抑制苗木的呼吸作用，但温度过低会使苗木受冻；相对湿度以 85%～100% 为宜，湿度高可以减少苗木失水，室内要注意经常通风。一般常采用冷库、地下室进行贮藏（图 4-21、图 4-22）。对于用假植沟假植容易发生腐烂的树种，如核桃等可采用低温贮藏的方法。目前，苗木用于绿化已经打破了时间的限制，为了保证全年苗木供应，可利用冷库进行苗木贮藏，将苗木放在湿度大、温度低又不见光的条件下，可保存长达半年的时间，这是将来苗木供应的趋势，所以大型苗圃配备专门的恒温库或冷藏库就成为必然趋势。

图 4-21　榛子苗木的冬藏

图 4-22　苗木的冷室贮藏

第五章

观赏灌木的整形修剪

第一节 观赏灌木整形修剪的方法及注意事项

整形修剪是一项重要的园艺实践，园林苗圃中要培养具有一定树体结构和形态的观赏灌木大苗，就必须进行整形修剪。整形，是指通过一定的修剪措施形成栽培所需的树体结构形态，表达树体自然生长所难以完成的不同栽培功能。修剪则是服从整形的要求，去除树体的部分枝、叶器官，达到调节树势、更新造型的目的。

整形与修剪是紧密相关、不可截然分开的完整栽培技术，是统一于栽培目的之下的有效管护措施。

一、观赏灌木整形修剪的目的与意义

（一）整形修剪的意义

（1）通过整形修剪可以培养出理想的主干、丰满的侧枝，使树体圆满、匀称、紧凑、牢固，为培养优美的树形奠定基础。

（2）整形修剪可以改善苗木的通风透光条件，减少病虫害，使苗木健壮、质量高。

（3）整形修剪可使植株矮化，以满足园林中特定绿化需要。

（二）观赏灌木整形修剪的目的

不同种类的树木因其生长特性不同而形成各种各样的树冠形状，但通过整形、修剪的方法可以改变其原有的形状，服务于人类的特殊需求，我国的盆景艺术就是充分发挥修剪整形技术的最好范例。园林树木的整形、修剪虽同样是对树木个体的营养生长与生殖生长的人为调节，却既不同于盆景艺术造型，也不同于果树生产栽培，城市树木的修剪具有更广泛的内涵，主要目的如下。

1. 调控树体结构

整形修剪可使树体的各层主枝在主干上分布有序、错落有致、主从关系明确、各占一定空间，形成合理的树冠结构，满足特殊的栽培要求。

（1）控制与调整树体结构，避免安全隐患 修剪是减少树木对居民或财产构成危险的重要措施之一，如通过修剪增加树冠的通透性，增强树木的抗风能力；及时修剪去除枯枝、死枝，避免折断坠落造成伤害；控制树冠枝条的密度和高度，保持树体与周边高架线路之间的安全距离，避免因枝干伸展而损坏设施。对城市行道树来说，修剪的另一个重要作用是避免树冠阻挡视线，减少行车交通事故（图5-1）。

图 5-1　合理修剪可以保持灌木的合理形态

（2）控制树体生长、增强景观效果　园林树木以不同的配置形式栽植在特定的环境中，并与周围的空间相互协调，构成各类园林景观。栽培管护中，需要通过适度修剪来控制与调整树木的树冠结构、形体尺度，以保持原有的设计效果。例如，在假山上或狭小的庭园中栽植的树木，要控制形体，达到缩小成寸、小中见大的效果；栽植在窗前的树木，需要控制一定的树冠密度，以免影响室内采光等。

（3）调节枝干方向、创造树木的艺术造型　通过整形修剪来改变树木的干形、冠形，创造出具有更高观赏价值的树木姿态。如在自然式园林中，追求"古干肌曲，苍劲如画"的境界；而在规则式修剪中，又推崇规整严谨、犹如机制的树冠形态。

2. 调控开花结实

修剪打破了树木原先的营养生长与生殖生长之间的平衡，调节树体内的营养分配，协调树体的营养生长和生殖生长，促进开花结实。正确运用修剪可使树体养分集中、新梢生长充实，控制成年树木的花芽或果枝；及时有效的修剪，既促进大部分短枝和辅养枝成为花果枝，达到花开满树的效果；又可避免花、果过多而造成的大小年现象。

3. 调控通风透光

当自然生长的树冠过度郁闭时，内膛枝得不到足够的光照，致使枝条下部光秃形成天棚型的叶幕，开花部位也随之外移；同时树冠内部相对湿度较大，极易诱发病虫害。通过适当的疏剪，可使树冠通透性能加强、相对湿度降低、光合作用增强，从而提高树体的抗逆能力，减少病虫害的发生。

4. 平衡树势

(1) 提高移栽树的成活率　树木移栽特别是大树移植过程中丧失了大量的根系，如直径 10cm 的出圃苗木，移栽过程中可能失去 95％ 的吸收根系，因此必须对树冠进行适度修剪以减少蒸腾量，提高树木移栽成活率。

(2) 促使衰老树的更新复壮　树体进入衰老阶段后，树冠出现秃裸，生长势减弱，花果量明显减少，采用适度的修剪措施可刺激枝干皮层内的隐芽萌发，诱发形成健壮的新枝，达到恢复树势、更新复壮的目的。

二、观赏灌木整形修剪的原则

1. 服从树木景观配置要求

不同的景观配置要求不同的整形修剪方式。如槐树作行道树时一般修剪成杯状形，作庭荫树时则采用自然式整形；桧柏孤植树应尽量保持自然形，作绿篱则一般行强度修剪促使形成规则式树形；榆叶梅栽植在草坪上宜采用丛状扁圆形，在路边用有主干的圆头形。

2. 遵循树木生长发育习性

不同树种具有不同生长发育习性，要求采用相应的整形修剪方式。如桂花、榆叶梅、毛樱桃等顶端生长势不太强但发枝力强，易形成丛状树，可整形成圆球形、半球形等；对于香樟、广玉兰、榉树等大型乔木树种，则主要采用自然式冠型。对于桃、梅、杏等喜光树种，为避免内膛秃裸、花果外移，通常需采用自然开心形的整形修剪方式。

(1) 发枝能力　整形修剪的强度与频度，不仅取决于树木栽培的目的，更取决于树木萌芽发枝能力和愈伤能力的强弱。如对悬铃木、大叶黄杨、女贞、圆柏等具有很强萌芽发枝能力的树种，耐重剪，可多次修剪；而对青桐、桂花、玉兰等萌芽发枝力较弱的树种，则应少修剪或只作轻度修剪。

(2) 分枝特性　对于具有主轴分枝的树种，修剪时要注意控制侧枝，剪除竞争枝，促进主枝的发育，如钻天杨、毛白杨、银杏等树冠呈尖塔形或圆锥形的乔木，顶端生长势强，具有明显的主干，适合采用保留中央领导干的整形方式。而具有合轴分枝的树种，易形成几个势力相当的侧枝，呈现多叉树干，如为培养主干可采用摘除其他侧枝的顶芽来削弱其顶端优势，或将顶枝短截，剪口留壮芽，同时疏去剪口下3~4个侧枝，促其加速生长。具有假二叉分枝（二歧分枝）的树种，由于树干顶梢在生长后期不能形成顶芽，下面的对生侧芽优势均衡，影响主干的形成，可采用剥除其中一个芽的方法来培养主干。对于具有多歧分枝的树种，可采用抹芽法或用短截主枝法重新培养中心主枝。

修剪中应充分了解各类分枝的特性，注意各类枝之间的平衡。如强主枝具有较多的新梢，叶面积大，具较强合成有机养分的能力，进而促使其生长更加粗壮；反之，弱主枝则因新梢少、营养条件差而生长愈渐衰弱。欲借修剪来平衡各枝间的生长势，应掌握强主枝强剪、弱主枝弱剪的原则。侧枝是构成树冠、形成叶幕、开花结实的基础，其生长过强或过弱均不易形成花芽，应分别掌握修剪的强度。如对强侧枝弱剪，目的是促使侧芽萌发，增加分枝，缓和生长势，促进花芽的形成，而花果的生长发育又进一步抑制侧枝的生长。对弱侧枝强剪，可使养分高度集中，并借顶端优势的刺激而抽生强壮的枝条，获得促进侧枝生长的效果。

(3) 花芽的着生部位、花芽性质和开花习性　不同树种的花芽着生部位有异，有的着生于枝条的中下部，有的生于枝梢顶部；花芽性质，有的是纯花芽，有的为混合芽；开花习性，有的是先花后叶，有的为先叶后花。所有这些性状特点，在花、果木的整形修剪时，都需要充分考虑。春季开花的树木，花芽着生在1年生枝的顶端或叶腋，其分化过程通常在上一年的夏、秋进行，修剪应在秋季落叶后至早春萌芽前进行，但在冬寒或春旱的地区，修剪应推迟至早春气温回升，芽即将萌动时进行。夏秋开花的种类，花芽在当年抽生的新梢上形成，在1年生枝基部保留3～4个（对）饱满芽短截，剪后可萌发出茁壮的枝条，虽然花枝可能会少些，但由于营养集中能开出较大的花朵。对于当年开两次花的树木，可在第一次花后将残花剪除，同时加强肥水管理，促使二次开花。

(4) 树龄及生长发育时期　幼树修剪，为了促使其尽快形成良好的树体结构，各级骨干枝的延长枝应以重短截为主，促进营养生长；为提早开花，对于骨干枝以外的其他枝条应以轻短截为主，促进花芽分化。成年期树木，正处于成熟生长阶段，整形修剪的目的在于调节生长与开花结果的矛盾，保持健壮完美的树形，稳定丰花硕果的状态，延缓衰老阶段的到来。衰老期树木，其生长势衰弱，生长量逐年减小，树冠处于向心生长更新阶段，修剪时以重短截为主，以激发更新复壮活力、恢复生长势，但修剪强度应控制得当。

3. 根据栽培的生态环境条件树木在生长过程中总是不断地协调自身各部分的生长平衡，以适应外部生态环境的变化

孤植树，光照条件良好，因而树冠丰满，冠高比大；密生的树木，主要从上方接受光照，因侧旁遮阳而发生自然整枝，树冠变得较窄，冠高比小。因此，需针对树木的光照条件及生长空间，通过修剪来调整有效叶片的数量，控制大小适当的树冠，培养出良好的冠形与干形。生长空间较大的，在不影响周围配置的情况下，可开张枝干角度，最大限度地扩大树冠；如果生长空间较小，则应通过修剪控制树木的体量，以防过分拥挤，降低观赏效果。对于生长在一些逆境条件下，如土壤瘠薄、盐碱地、干旱立地、风口地段等的树木，应采用低干矮冠的整形修剪方式，还应适当疏剪枝条，保持良好的透风结构。即使相同的树种，因配置不同或生长的立地环境不同，也应采用不同的整形修剪方式。如在北京，对榆叶梅一般有三种不同的整形修剪方式：梅桩式整形，适合配置在建筑、山石旁；主干圆头形，配置在常绿树丛前面和园路两旁；丛状扁圆形，适宜种植在坡形绿地或草坪上。桃花如栽植在湖边应剪成悬崖式；种植在大门的两旁应整形修剪成桩景式；配置在草坪上则以自然开心形为宜。

三、观赏灌木整形修剪的方法

（一）整形修剪的时期

修剪时期是根据观赏灌木抗寒性、生长特性及物候期等来决定的，一般可分为生长期修剪和休眠期修剪，或称夏季修剪和冬季修剪。夏剪在树木萌芽后至新梢或副梢生长停止前进行（一般是4～10月）；冬剪大约自土地封冻，树木休眠后至次年春季树液开始流动前进行，一般在12月至次年2月。在南方四季不明显的都进行夏剪。不同的树种具有不同的生物学特性及不同的物候，因此，某一树种具体的修剪时间还要根据其物候、伤流、风寒、冻害等具体情况分析确定。一般落叶树种适宜冬剪，伤流严重的应早剪或伤流过后再剪，常绿树种既适宜冬剪，也适宜夏剪。

（二）常见的观赏灌木整形形式

整形主要是为了保持合理的树冠结果，维持树冠上各级枝条之间的从属关系，促进整体树势的平衡，达到观花、观果、观叶和观形的目的。常见的整形形式有以下几种：①杯状形；②自然开心形；③多主干形；④中央主干形；⑤丛球形；⑥棚架形；⑦其他形状（见图5-2～图5-8）。

图 5-2　针叶灌木圆锥形

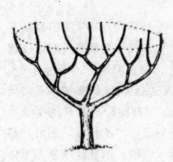

图 5-3　桃树杯状形

图 5-4　小冠苹果开心形

（三）观赏灌木整形修剪的依据

1. 芽的异质性

同一枝条上不同部位的芽在发育过程中，由于所处的的环境条件以及枝条内部营养状况的差异，造成芽的生长势以及其他特性的差别，即称为芽的异质性（图 5-9）。比如，位于枝条基部的芽子质量较差，而中上部的芽子饱满，质量好。芽的饱满程度是芽质量的一个标志，能明显影响抽生新梢的生长势。在修剪时，为了发出

图 5-5　海棠窄杯状

图 5-6　糯米条高灌丛状

图 5-7　玉兰中央领导干形

图 5-8　独干形榆叶梅

强壮的枝，常在饱满芽上剪截。为了平衡树势，常在弱枝上利用饱满芽当头，能使枝由弱转强；而在强枝上利用弱芽当头，可避免枝条旺长，缓和树势。

2. 萌芽力、成枝力

枝条上的芽萌发枝叶的能力称为萌芽力。枝条上萌芽数多的则萌芽力强，反之，则弱。一般以萌发的芽数占总芽数的百分率表示。

枝条上芽能抽生长枝的能力叫成枝力（图5-10）。抽生长枝多，则成枝力强，反之，则弱。一般以具体成枝数或以长枝占芽数百分率表示。萌芽力和成枝力因树种、品种、树龄、树势不同而不同，同一树种不同品种的萌芽力强弱也有差别，同一品种随树龄的增长，萌芽力也会发生变化。一般萌芽力和成枝力均强的品种易于整形，但枝条容易过密，在修剪时宜多疏少截，防止光照不良。而对于萌芽力强而成枝力弱的品种，则易形成中、短枝，树冠内长枝较少，应注意适当短截，促其发枝。

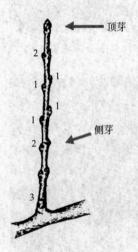

图5-9　芽的异质性
1—饱满芽；2—半饱满芽；
3—瘪芽

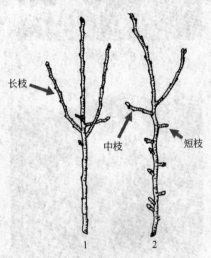

图5-10　萌芽力，成枝力
1—萌芽力弱，成枝力强；
2—萌芽力强，成枝力弱

3. 顶端优势（先端优势）

顶端优势就是同一枝上顶端抽生的枝梢生长势最强，向下依次递减的现象，这是枝条背地生长的极性表现。一般来说，观赏灌木都有较强的顶端优势（图5-11）。

顶端优势与整形密切相关，如毛白杨，为培育直立高大的树冠，苗木培育时要保持其顶端优势，不短截主干；而桃树常培养成开心形，要控制顶端优势，所以苗期整形时要短截主干，促进分枝生长。

4. 垂直优势

　　枝条和芽着生方位不同，生长势力表现差异很大，直立生长的枝条生长势旺，枝条长。而接近水平或下垂的枝条则生长短而弱；在枝条弯曲部位的芽生长势超过顶端，这种因枝条着生方位不同而出现强弱变化的现象，称为垂直优势（图 5-12）。在修剪上常用此特点，通过改变枝芽的生长方向来调节生长势。

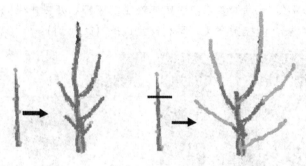

图 5-11　顶端优势

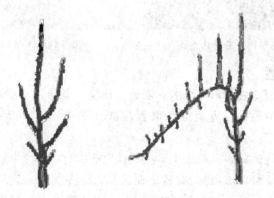

图 5-12　垂直优势

（四）观赏灌木整形修剪方法

　　在园林苗圃育苗中，苗木的修剪方法主要有 6 种，即抹芽、摘心、短截、疏枝、拉枝、刻伤。

1. 抹芽

树木在发芽时，常常是许多芽同时萌发。因此，为了节省养分和整形要求，必须抹掉多余的萌芽，使剩下的枝芽能正常生长（图5-13）。

2. 摘心

树木在生长过程中，由于枝条生长不平衡而影响树冠形状，应对强枝进行摘心，控制其生长，以调整树冠各主枝的长势，使之达到树冠匀称、丰满的要求。对抗寒性差的树种，亦可用摘心方法促其停止生长，使枝条充实，有利安全过冬（图5-14）。

图 5-13　葡萄抹芽　　　　　　图 5-14　苹果摘心

3. 短截

短截即剪去 1 年生枝的一部分，根据修剪量的多少分为四类：轻短截、中短截、重短截和极重短截（图5-15）。一年四季都可进行。

（1）轻短截　只剪去 1 年生枝梢顶端的一小部分（1/4～1/3）。如只剪截顶芽（破顶），或者是在秋梢上、春秋梢交界处留盲节剪截（截帽剪），因剪截轻，弱芽当头，故形成的中短梢多，单枝的生长量小，可缓和树势，促生中短枝，促进成花。

（2）中短截　在春梢中上部饱满芽处短截（1/2）。由于采用好芽当头，其效果是截后形成的长枝多，生长势强，母枝加粗生长快，可促进枝条生长，加速扩大树冠。一般多用于延长枝头和培养骨干枝、大型枝组或复壮枝势。

（3）重短截 在春梢的中下部剪截（2/3）。虽然剪截较重，因芽少质差，发枝不旺，通常能发出1～2个长中枝，一般用于缩小枝体、培养枝组。

（4）极重短截 即只留枝条基部2～3芽的剪截。截后一般萌发1～2个细弱枝，发枝弱而少，对于生长中庸的树反应较好。常用于竞争枝的处理，也用于培养小型的结果枝组。

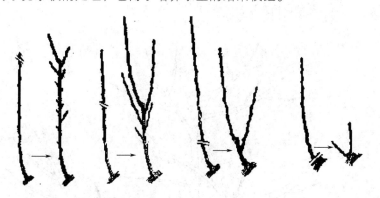

图 5-15 短截及其修剪反应

编者注：

在一种植物上可能所有的短截方法都能用上。核果类和仁果类花灌木，如碧桃、榆叶梅、紫叶李、紫叶桃、樱桃、苹果和梨等，主枝的枝头用中短截，侧枝用轻短截，开心形内膛用重短截或极重短截。垂枝类苗木，如龙爪槐、垂枝碧桃、垂枝榆、垂枝杏等枝条下垂，一般只用一种方法即重短截，剪掉枝条的90%，促发向上向前生长的枝条萌发和生长，形成圆头形树冠。如用轻短截，枝条会越来越弱，树冠无法形成。

4. 疏枝

将枝条由基部剪去称为疏枝。疏剪可以改善树冠本身的通风透光性，对全树来说，起削弱生长的作用，减少树体总生长量；对伤口以上有抑制作用，削弱长势，对伤口以下的枝芽有促进生长的作用，距伤口越近，作用越明显，疏除枝条越粗，造成的伤口越大，这种作用越明显，所以，没有用的枝条越早疏除越好。

在疏剪时应该注意的问题：疏除多年生大枝往往会削弱树体的生长，所以，当需要疏除多个大枝时，要逐年控制，分期疏除；避免"对口伤"。

疏除对象因目的而不同，一般是交叉枝、重叠枝、徒长枝、内膛枝、根蘖、病虫枝（图 5-16）。

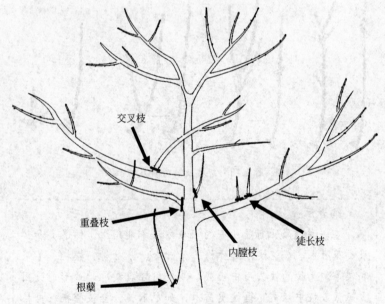

图 5-16　疏枝方法及对象

5. 拉枝

拉枝就是采用拉引的办法，使枝条或大枝组改变原来的方向和位置，并继续生长（图 5-17）。由于某种原因某一方向上的枝条被损坏或缺少，为了弥补缺枝可采用将两侧枝拉向缺枝部位的方法，弥补原来的树冠缺陷，否则将成为一株废苗。拉枝用得最多的还是花、果木类大苗培育。由于主枝角度过小，用修剪的方法往往达不到开角的目的，只能用强制办法将枝条向四处拉开；一般主枝角度以70°左右为宜。拉枝开角往往比其他修剪方法效果好。拉枝改变了树冠所占空间，有的甚至可增加50％的空间量，使营养面积扩大，通风透光条件更好。拉枝还可使壮强树变成中庸树，使树势很快缓和下来，有利于开花结果。

图5-17　拉枝　　　　　　　图5-18　环剥的愈合过程

6. 刻伤

刻伤也叫目伤，春季发芽前，在枝条上某芽上方1～3mm刻伤韧皮部，造成半月形伤口，可促进芽萌发。环割是在芽上割一圈，伤韧皮部，不伤木质部，作用与刻伤相同（图5-18、图5-19）。

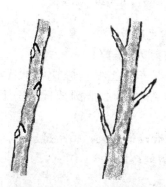

图5-19　刻伤及芽萌发位置

（五）修剪技术

1. 剪口和剪口芽的处理

剪口即疏剪枝条形成的伤口，距离剪口最近的芽称之为剪口芽，剪口芽的方向、质量决定新梢生长方向和生长状况。短截时要注意选留剪口芽，一般多选择外侧芽，尽量少用内侧芽和旁侧芽，防止形成内向枝、交叉枝和重叠枝（图 5-20、图 5-21）。

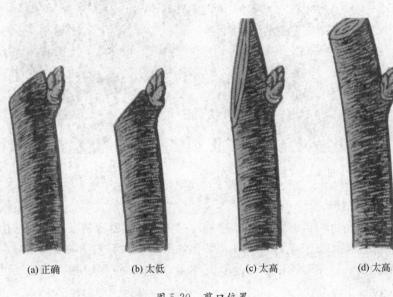

(a) 正确   (b) 太低   (c) 太高   (d) 太高

图 5-20　剪口位置

2. 修剪对象及常用方法

① 枯枝、病虫害枝：疏剪。

② 轮生枝：在骨干枝上（一般在中央领导干上）着生于同一圆周线上的一些枝，紧密排列成一圈，称为轮生枝。疏弱留强。

③ 交叉枝：两根枝条交叉，相互挤压，称为交叉枝。疏剪扰乱树形的枝条或疏剪弱枝留强枝。

④ 下垂枝：短截。

⑤ 徒长枝：要培养为枝组的进行短截，无利用价值的疏剪。

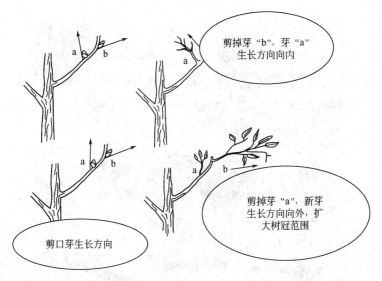

图 5-21 剪口芽的位置和新芽方向

⑥ 衰弱枝：小枝疏剪，大枝回缩。

⑦ 结果枝：疏剪。

⑧ 结果母枝：短截。

⑨ 落花落果枝：弱枝疏剪，强枝短截。

3. 常用修剪工具

在整形修剪过程中，常用工具与嫁接、扦插繁殖相近，主要有各种规格和型号的枝剪、锯等（见图 5-22）。

4. 观赏灌木整形修剪的程序

先观察要修剪植株周边的其他植株是否对该植株的生长结果有影响，从而有针对性地修剪；对要修剪的植株树冠四周、上下、内外进行观察，判断树势强弱，确定修剪程度；修剪时从树冠外部向内部修剪；先修剪大枝后修剪小枝，一般先修剪枯枝、病虫害枝、纤弱枝、荫蔽枝，后修剪结果枝及结果母枝。所有的剪口要求平滑。直径大于 3cm 的大枝每年只能疏剪 3～4 枝，否则会因修剪量过大而产量降幅过大。

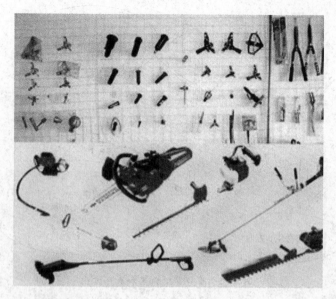

图 5-22　修剪工具系列

第二节　常见的观赏灌木树形

观赏树木的形态是其外形轮廓、体量、形状、质地、结构等特征的综合体现。它给人有大小、高矮、轻重等比例尺度的感觉，因此，观赏树木的形态美主要属于造型艺术美。

由于受树种习性、年龄、生长环境以及栽培技术等诸因素的影响，树木的形态十分丰富，能给人以多样化的美感，而且，树木形态作为风景园林三维结构不可分割的一部分，在园林造景中也起着特别重要的作用。若将一些形态突出的所谓优型材，如苏铁、雪松、南洋杉、假槟榔等种植在广场、草地或道路交叉口等游人视线集中处，完全可以成为活的雕塑品，充当园林主景。若根据树形的变化，采取丛植或群植，又可组织园林空间，装饰美化建筑物。

一、观赏灌木的形态美

（一）体量

观赏灌木，树体矮小，可作近距离观赏，可以清楚地观察到树木的完整形体与色彩。例如，对于高度为 1～3m 的树木，由于与人身体量的尺度接近，容易使人获得亲切感，即使在较近距离内，也能欣赏到树木的整体；高度 1m 以下的灌木，多为俯视观赏，在近距离情况下，无论是形状、色彩或质地均是清晰动人的。因此，与乔木类相比，灌木类更具有良好的协调、柔和环境的功效，至于它们给人的感受，则主要取决于树形以及树种之间的不同组合。例如，外形圆整的灌木，容易表达出生动、柔美的情调；多种花灌木群植或散点植时，则可形成五彩缤纷，绚丽灿烂或山花烂漫，野趣横生的气氛。

（二）树形

树形是指树木从整体形态上呈现的外部轮廓。树木千姿百态，会给人不同的视觉感受和情感体验。在艺术范畴内，若园林属于造型艺术的话，观赏树木的树形在园林的构图、布局上，都很重要。

观赏灌木的树形主要受树种的遗传学特性和生长环境条件的影响而变化。通常以正常生长条件下，成年树的冠形作为该树种基本树形划分的依据。观赏树木的树形多介于自然形与几何形之间。

常见的观赏灌木树形见图 5-23。

（三）质地

指观赏灌木树体整体的疏松与紧密、粗糙与光滑程度。质地在一定程度上，决定观赏树木的外貌，给人以不同的质感体念，有特殊的观赏价值。在风景园林中，可以利用不同树种的质地差异，形成视距幻觉，创造特定的观赏情趣和气氛。树木的质地主要受叶片的大小与数量及排列方式、分枝方式、枝条长短与数量、生长季节以及观赏视距等诸因素影响，情况较复杂。

（四）叶形

叶形变化万千，各具特色，难以逐一描述。按照树叶的大小和

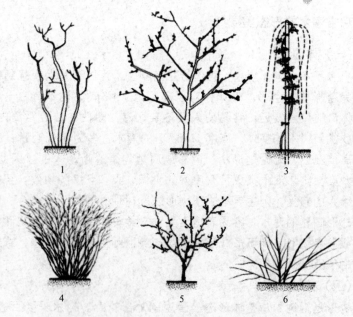

图 5-23 常见的观赏灌木树形
1—高灌丛形；2—独干形；3—篱架式造形；
4—丛状形；5—自然开心形；6—宽冠丛状形

形态，将叶形划分为以下三大类。

1. 小型叶类

叶片狭窄，细小或细长，叶片长度大大超过宽度。包括常见的鳞形、针形、凿形、钻形、条形以及披针形等，具有细碎、紧实、坚硬、强劲等视觉特征。

2. 中型叶类

叶片宽阔，大小介于小型叶与大型叶类之间，形状多种多样，有圆形、卵形、椭圆形、心脏形、肾形、三角形、菱形、扇形、马褂形、匙形等，多数阔叶树属此类型，给人以丰富、圆润、素朴、适度等感觉。

3. 大型叶类

叶片巨大，但整个树上叶片数量不多。大型叶树的种类不多，其中又以具有大中型羽状或掌状开裂叶片的树木为多，如苏铁科、棕榈科的许多树种以及泡桐等。它们多原产于热带湿润气候地区，有秀丽、洒脱、清疏的观赏特征。

此外，叶缘锯齿、缺刻以及叶片表皮上的茸毛、刺凸等附属物的特性，有时也可起丰富观赏内容的作用。

（五）花形

1. 单花形

单花形态丰富，但每一树种又较稳定。只有当花的体量较大时，单花形态才具有观赏上的实际意义。花形的划分在以观花为主的花卉中较为重要。在树木中，一般认为花瓣数多，重瓣性强，花径大，形体奇特者，观赏价值较高。

2. 花相

就单棵观赏灌木而言，人们不仅要欣赏单朵花的形态，而且有时更多的是观赏树木整体植株上全部花朵所表现出来的综合形貌——花相。某些树木，如桂花，单花较小，形态平庸，单花效益微弱，但若在开花盛期，大量的单花于枝节聚生成团，形体增大，在绿叶陪衬下如"金粟万点"，格外诱人，观赏效果倍增。

（六）枝干形

枝干的质地有光滑与粗糙之分，幼树枝干多显得平滑，老年树枝干变得更粗糙。一些树干的开裂与树皮剥落的形态，同样有较显著的美学意义，如白皮松、悬铃木等，树干常块状剥落，色泽深浅相间，斑驳可爱，惹人注目；刺槐、板栗等，树皮沟状深裂，有如健美运动员的臂膀，刚劲有力，给人以强健的感受；龙爪柳、龙爪槐等，枝曲折伸展，均具一定的欣赏价值。虽然枝干不是树木主要的观赏器官，但其变化也是十分多样的，在观赏上仍有利用的价值。

二、常见观赏灌木的整形方式

（1）紫丁香多主干高冠丛形整形过程 见图 5-24、图 5-25。

图 5-24　紫丁香多主干高冠丛形

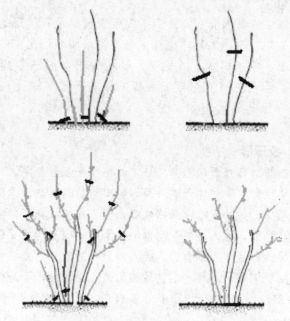

图 5-25　紫丁香多主干高冠丛形整形过程

（2）独干形整形过程　见图 5-26。

（3）藤本类大苗的整形修剪　藤本植物的树形有多种，如棚架

图 5-26　独干形榆叶梅

式、凉廊式、悬崖式、瀑布式等。藤本植物整成什么样的树形，主要与设立架式有关，苗圃大苗整形修剪的主要任务是养好根系，并培养数条健壮的主蔓（图 5-27～图 5-29）。

图 5-27　廊道式紫藤

图 5-28　棚架紫藤——紫藤隧道

（4）绿篱及特殊造型的大苗整形修剪　绿篱灌木可从基部大量分枝，形成灌丛，以便定植后进行多种形式的修剪，因此，至少重剪 2 次。为使园林绿化丰富多彩，除采用自然树形外，还可利用树木的发枝特点，通过不同的修剪方法，培育成各种不同的形状，如梯形、扇形、圆球形等（图 5-30、图 5-31）。

图 5-29　瀑布式紫藤

图 5-30　绿篱式整形修剪

图 5-31　球形灌木绿篱

第六章

观赏灌木病虫害及杂草防治技术

第一节 观赏灌木的病虫害防治

一、病虫害防治的概念

观赏灌木在生长发育过程中，由于受到昆虫、病菌等生物的侵害或不良环境条件的影响，使得正常的生理活动受到干扰，细胞、组织、器官遭到破坏，植物生长发育不正常，甚至死亡，不仅影响了美观，而且造成经济损失，这种现象称为园林植物病虫害。

为了减轻或防止病原微生物和害虫危害作物或人畜，而人为地采取某些手段，称为病虫害防治。

二、观赏灌木病虫害的症状及危害

（一）观赏灌木病害的症状及危害

感病植株本身表现的不正常状态为病状，园林植物常见的病状有以下五种类型。

（1）变色 植物感病之后，病部细胞内的叶绿素不能正常形成，而其他色素形成过多，导致植物发病部位出现不正常的颜色，称之为变色，在叶片上表现得最为明显，有花叶、黄化或白化（见图 6-1，见彩图）等，同样变色也可以发生在花上。

（2）坏死 植物感病后细胞和组织死亡的现象，称为坏死。植物组织坏死后呈现褐色或暗褐色，常见的坏死类型有腐烂、溃疡、斑点和炭疽等（图 6-2～图 6-4，见彩图）。

（3）畸形 植物感病后，细胞或组织生长过度或不足而造成畸形，常见的有矮缩、丛簇、肿瘤、丛枝、变形、疮痂等（图 6-5、图 6-6）。

（4）萎蔫 植物体因病害而表现出的失水状态，称为萎蔫。植物萎蔫可以由很多种原因引起，可以是根部腐烂、坏死，也可以是干旱。但典型的萎蔫是指根部或茎部维管束组织感病，使得水分输导受到阻碍而致（图 6-7、图 6-8，见彩图）。

图 6-1　苹果花叶病

图 6-2　苹果腐烂病

图 6-3　柑橘溃疡病

图 6-4　茶树炭疽病

图 6-5　枣树丛枝病

图 6-6　桃树缩叶病

（5）流脂流胶　植物感病后，自病部流出树脂或树胶，称为流脂病或流胶病。前者发生在针叶树上，后者发生于阔叶树上。流脂或流胶的原因比较复杂，一般由真菌、细菌或非生物性病原引起，也可能是综合作用的结果，如桃树流胶病、松树流脂病（图 6-9、图 6-10，见彩图）。

图 6-7　俏黄栌萎蔫病

图 6-8　香蕉枯萎病

图 6-9　桃树流胶病

图 6-10　芒果流胶病

（二）观赏灌木虫害的症状及危害

1. 取食根茎

如蛴螬、蝼蛄、地老虎等地下害虫，为害花圃、苗圃、草坪、地被植物的根系或幼苗的嫩茎，造成缺苗断垄，严重时全军覆没，造成重大经济损失。这类害虫其幼虫均为咀嚼式口器，有的成虫也为咀嚼式口器，常常造成严重为害（图6-11～图6-13，见彩图）。

图 6-11　蛴螬幼虫

图 6-12　金龟子成虫

图 6-13　金龟子为害樱桃叶片

2. 取食叶片、花冠

如槐尺蠖、柳毒蛾、杨扇舟蛾等常把苗木叶片造成缺刻或蚕食一光，严重影响苗木的光合作用和正常生长，使得苗木衰弱不良，既达不到出圃要求，又易被其他病虫所侵害。这类害虫其幼虫为咀嚼式口器，成虫为虹吸式口器，成虫一般不为害（图 6-14，见彩图）。

图 6-14　槐尺蠖幼虫及为害状

3. 刺吸汁液

如蚜虫、介壳虫、叶蝉、椿象等刺吸植物体内养分，使叶片枯黄、嫩梢萎缩、花蕾脱落，导致霉污病，有些种类还是植物病毒病

图 6-15　蚜虫及为害状

害的媒介。这类害虫其成虫和若虫均是刺吸式口器（图 6-15，见彩图）。

4. 蛀食枝干

天牛、木蠹蛾、透翅蛾等蛀食木质部，造成枝干死亡；茎蜂、槐小卷蛾、松梢螟等易造成嫩梢枯死。该类害虫的幼虫口器均是咀嚼式口器（图 6-16～图 6-19，见彩图）。

图 6-16　木蠹蛾幼虫危害沙棘症状　　图 6-17　木蠹蛾越冬幼虫及为害状

图 6-18　粒肩天牛啃食杨树嫩枝

三、观赏灌木病虫害防治技术

病虫害对观赏灌木造成的危害如此巨大，为了减少损失，我们

图 6-19 桃红颈天牛幼虫及为害状

要采取措施进行防治，常见的防治方法如下。

1. 园林技术防治

园林技术防治是利用一系列栽培管理技术，降低有害生物种群数量或减少其侵染的可能性，来培育健壮植物，增强植物抗害、耐害和自身补偿能力，或避免有害生物危害的一种植物保护措施。通常选育抗性品种是一种经济有效的措施，不同的植物品种对病虫害的抗性有明显不同，选育抗性强的品种可以在病虫害防治中处于主要地位，在具体处理过程中，可以采用引种、杂交育种、人工诱变和辐射诱变等方法。在选育了抗性强的品种之后，还要在栽培过程中保证苗木的质量，及时剔除劣质苗、低质苗，可以采取扦插等无性繁殖方法，这是培育健壮苗木的基础。此外，还要保证严格的栽培管理措施，合理安排园林植物布局，避免相邻种植同种害虫的源植物；严格按照科学的栽植规程进行操作，同时栽后及时整形修剪，做到科学合理灌溉、合理施肥。

2. 物理机械防治

物理机械防治是采用物理和人工的方法消灭害虫或改变物理环境，创造不利害虫的环境或阻隔其侵入的防治方法。物理机械防治见效快，可以在害虫大发生前进行消灭，也可以在害虫大发生时作为一种应急措施。常见的物理方法有以下几种。

（1）捕杀法　捕杀法是根据害虫发生特点和规律人为直接杀死害虫或破坏害虫栖息场所的措施。可以人工摘除卵块、虫苞，也可以在冬天刮除老皮；及时剪去病虫枝等。

（2）阻隔法　即人为设置各种障碍，切断病虫害的侵害途径。可以使用防虫网，也可以进行地膜覆盖，还可以利用幼虫的越冬习性，在树干基部或中部设置障碍物，也可以针对不能迁飞的昆虫挖障碍沟。

（3）诱杀法　主要利用害虫的趋性，配合一定的物理装置、化学毒剂或人工处理等来防治害虫的一类方法，包括灯光诱杀、毒饵诱杀、潜所诱杀等。灯光诱杀是利用昆虫具有不同程度的趋光性，对颜色有着自己独特的选择，采用黑光灯、双色灯或高压汞灯结合诱集箱、水坑或高压电网诱杀害虫的方法，还可以利用昆虫对颜色的趋避特性。毒饵诱杀是利用昆虫对一些挥发性物质特殊气味敏感的感受能力，表现出的正趋性反应，在其所喜欢的食物中加入毒物质，可以用这种方法诱杀蝼蛄、金龟子等害虫。此外，还可以利用害虫具有选择特殊环境潜伏或生活的习性，设置特殊场所进行诱杀；也可以利用昆虫对某些植物的喜好性，适量种植该植物诱杀，还可以利用昆虫对黄颜色的喜爱进行色板诱杀（图6-20、图6-21、图6-22）。

3. 化学防治

化学防治是指应用各种化学农药来控制危害园林植物害虫种群数量的一种方法。这种方法效果显著，具备其他方法所不具备的优点，是病虫害防治体系当中快速、高效的防治方法，不受地域限制，易于机械化操作。但是也有缺点，可以使得苗木产生抗药性，杀死非目标生物，破坏生态平衡等。

（1）农药剂型　农药的常见剂型有：粉剂，即原药加入一定比例的高岭土、滑石粉等惰性材料并经机械加工而成的粉末状物；可湿性粉剂，即原药与少量表面活性剂以及细粉状载体等粉碎混合而成，兑水使用；乳油，即原药加入溶剂、乳化剂、稳定剂等经溶化

图 6-20　诱虫灯

图 6-21　防虫网

混合而成的透明或半透明的液体；还有颗粒剂、烟剂、悬浮剂、缓释剂、片剂以及其他剂型。

（2）农药的使用方法　生产中常见的使用方法有喷雾法、喷粉法、土壤处理法、毒土法、种苗处理法、毒饵法、熏烟法、注射法、打孔法等（图 6-23、图 6-24）。

（3）农药的科学使用　农药的科学使用要以"经济、安全、有

图 6-22 试验地里的诱虫板

图 6-23 喷雾法施入农药

图 6-24 马铃薯种子拌药促产

效"为原则，以生态学为基础，以控制有害生物种群数量为目的，做到合理用药、安全用药。

① 合理用药：根据园林植物有害生物的种类，结合农药自身的防治范围，做到"准确用药"；选择苗木有害生物生长发育最薄弱环节进行防治，做到"适时用药"；选择几种农药交替使用避免药害产生，做到"交互用药"；选择几种农药同时使用防治不同的有害生物种类和不同部位的有害生物，做到"混合用药"。

② 安全用药：即保证用药时对人、畜、天敌、植物本身以及其他有益生物安全，防止人、畜农药中毒，防止对植物产生药害。

4. 生物防治

生物防治是利用生物及其生物产品来控制有害生物的方法。生物防治对人、畜安全，对环境影响小，可以达到长期控制的目的，还不产生抗性问题。生物防治资源丰富，易于开发，是目前最科学的防治方法。

（1）以虫治虫　指利用昆虫和天敌的关系，以一种生物抑制另一种生物，以降低有害生物种群密度的方法。该方法最大的优点是对环境没有污染，不受地形控制，在一定程度上可以保持生态平衡，常见的天敌昆虫有瓢虫、草蛉、赤眼蜂等（图6-25）。

（2）以菌治虫　指利用昆虫的病原微生物来防治害虫，将真菌、细菌等制成制剂，采用喷雾法、土壤处理、诱杀等方法来杀死有害生物的方法。

（3）以鸟治虫　利用鸟类在不同时期啄食各个世代和不同龄期的苗木害虫。鸟类是控制园林害虫的主力军，但在苗圃并不常见。常见的鸟类有啄木鸟、燕子等，数据显示，啄木鸟一冬天可将附近80%树干里的害虫掏出来（图6-26），这是任何农药所不能完成的。

图 6-25　管氏肿腿蜂成功灭杀天牛　　　　图 6-26　啄木鸟捕食

（4）以菌治病　是指利用有益生物及其产物来抑制病原物的生存与活动，从而减轻病害的发生，即"拮抗作用"。利用微生物之间的竞争作用、捕食作用、交互保护作用等来达到防止某些病害的发生。

第二节　观赏灌木的杂草及防治技术

杂草生长在园林苗圃，不仅与苗木争肥水、争光照，而且还影响园林苗圃的美观，同时杂草也为许多病虫害提供了中间寄主，或者成为害虫产卵生存的地方。在相同的水肥条件下，有没有杂草危害，对苗木的质量、苗木生长量有着极为显著的影响。因而清除苗圃杂草，是实现苗木良好生长、搞好苗圃育苗的关键。

一、实行化学除草的概况

我国从成立之初就开始发展苗圃，但化学除草作为苗圃管理的一项重要内容，经历了很大的波动。起先人们认为，化学除草很好，可以代替人工除草；但由于对除草剂的认识不够，陆续发生了一些事故，除草剂开始被限制使用。直到 20 世纪 80 年代以后，人们逐渐又认识到了化学除草的优越性，才又开始发展起来。

但是因为认识到了化学除草的益处而放弃其他传统的除草方式肯定是不可能的，目前的现状是传统的除草方法和化学除草相结合。

目前存在的除草方式有以下几种。

1. 人工除草

人工除草是农业上最传统的一种除草方式，据历史资料记载，除草用的手锄已经有 3000 多年的历史，目前在农业、林业、园林中仍然广泛使用。人工除草适应性强，适合各种圃地，而且不会出现特别明显的错误，但是效率低，劳动强度大，除草效果也差，对苗木的根系伤害相当严重。

2. 畜力除草

畜力除草是普通林业苗圃中比较常见的除草方式，适用于人工

或机械不能到达的地方。目前的园林苗圃一般都靠近市区，畜力除草推广起来不太现实，但是畜力除草比较容易与培土相结合，这是其他除草方式不可比拟的。

3. 机械除草

即是广泛使用各种类型的园艺拖拉机进行中耕除草。不仅有除草的作用，还可以中耕土壤。在免耕法、少耕法还没有实行的时候，机械除草具有非常积极的意义，它可以代替部分笨重的体力劳动，可以提高工作效率。机械除草的缺点是株间不能锄到，而株间的杂草对苗木的影响却是很大的，因此对株间苗木所起的作用不大，同时机械除草受天气状况的影响太大，土壤过干或过湿，机械除草都不适用。

4. 化学除草

随着我国农药研究的发展，除草剂的剂型越来越多，除草剂的使用成本也越来越低，适宜使用它的园林苗木也逐渐增多，化学除草将成为苗圃除草的主要手段。但是苗圃植物种类繁多，规格多样，在使用化学除草时，需要经过仔细试验才能进行。

二、化学除草的发展趋势

（1）新型除草剂层出不穷，这些除草剂都是高效低毒、低残留剂型。

（2）混合制剂产品急剧增加。

（3）除草剂剂型多样化，使用技术多样化，除了常见的粉剂、粒剂、乳油和可湿性粉剂外，还发展了微粒剂、泡沫喷雾剂、胶悬剂等，且喷洒技术不断提高。

（4）解毒剂、保护剂和增效剂迅速发展。

（5）从生化角度开展了对除草剂的研究，为提高药效、降低药量提供科学依据。

（6）加强了除草剂对苗圃生态系统的研究，从生态观点出发研究相互关系，从中找出规律，为合理安全用药提供依据。

三、杂草的特性及危害

（一）杂草的特性

杂草同苗圃苗木一样，也存在完整的生命周期。每个阶段都有着明显的特点，要仔细了解其每个阶段的特点，做到针对性防治。

一般来讲，杂草同苗木一样，其生命周期大致分为种子期、幼苗期、迅速生长期（速生期）和成熟期（也叫死亡时期）。种子期，即种子萌发之前的一段时间，这段时间种子处于休眠状态，即使给予合适的外部环境条件也不萌发，此时的除草剂对种子休眠的解除有一定的作用，可以使部分种子打破休眠，但此时不是利用除草剂清除杂草的最佳时间。幼苗期，杂草的生长与土壤的各种因子有着密切的关系，根系发生较浅，此时杂草同苗木一样体积较小，除草效果不会很明显。杂草出土之后到速生期之前存在一个"蹲苗期"，处在这个时期的幼苗长势相对较弱，对外界环境的抵抗能力差，是进行化学除草的最佳时期，可以抓紧时间在这一时期进行化学除草，可以收到事半功倍的效果。迅速生长之后，有一个营养生长的高峰期，这一时期正好在雨季前后，这一时期是造成荒草的主要时期。

综上所述，杂草的生命周期如图 6-27 所示。

图 6-27　杂草的生命周期

不论是 1 年生杂草，还是多年生杂草，都要经过这样一个过程。在世代交替的过程中，杂草主要通过种子繁殖和营养繁殖来繁殖后代。杂草一般都具有极强大的繁殖能力，这是杂草在发育过程中逐渐适应外界环境条件的结果。也正是由于其与农作物的不断竞争，才使得我们对它的认识更加明确，更促进了除草剂的发展。

杂草具有这样的特点：

① 数量繁多。每株杂草的种子少则数百粒，多的达上万粒，如一株马齿苋最多可以产生 20 万粒种子，而且都很小。

② 种子生命力强，寿命长。即使过了几十年，有些杂草的种子还可以萌发。

③ 发芽不整齐。杂草种子所处的环境条件不同，如土层深度、成熟时间等，发芽时间不整齐，生命周期也存在时间差别，这就给除草带来了难度。

④ 杂草传播能力强。杂草可以借助很多方法传播，导致杂草繁多，且持续时间相对很长，也给除草带来了难度。

（二）杂草的危害

（1）与苗木争夺养分，使得苗木的生长受到影响　据东北旺苗圃的初步估算，每年杂草要消耗掉所施全部肥料的 20%～30%。因此在苗圃里面，如果杂草丛生的话，苗木常常生长细弱，质量很差。

（2）与苗木争夺空间，使得苗木通风透光不良　"种豆南山下，草盛豆苗稀"，育苗也是同样的道理。

（3）为苗圃病虫害传播提供条件　杂草除了使得苗木生长势减

图 6-28　杂草丛生的苗圃

弱外，还可以为苗木病菌、病毒和寄生虫等提供中间寄主或生存场所，还是象鼻虫等交尾和产卵的地方。

（4）为苗圃用工增加了成本，花费大量的劳力和财力　所有的苗圃实践标明，中耕除草是苗圃花费最大的一项，同样劳动强度也最大。

（5）影响苗圃美观，妨碍苗圃交通、浇水等　图 6-28 为杂草丛生的苗圃，其苗木的生长明显受到影响。

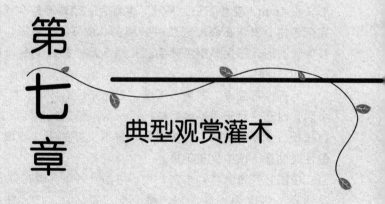

第七章

典型观赏灌木

牡　丹

◆ 学名：*Paeonia suffruticosa* Andr

◆ 科属：毛茛科芍药属

◆ 树种简介：牡丹是落叶灌木，茎高达 2m，分枝短而粗。叶通常为二回三出复叶，偶尔近枝顶的叶为 3 小叶；顶生小叶宽卵形，长 7～8cm，宽 5.5～7cm，3 裂至中部，裂片不裂或 2～3 浅裂，表面绿色，无毛，背面淡绿色，有时具白粉，沿叶脉疏生短柔毛或近无毛，小叶柄长 1.2～3cm；侧生小叶狭卵形或长圆状卵形，长 4.5～6.5cm，宽 2.5～4cm，不等 2 裂至 3 浅裂或不裂，近无柄；叶柄长 5～11cm，和叶轴均无毛。

花单生枝顶，直径 10～17cm；花梗长 4～6cm；苞片 5，长椭圆形，大小不等；萼片 5，绿色，宽卵形，大小不等；花瓣 5，或为重瓣，玫瑰色、红紫色、粉红色至白色，通常变异很大，倒卵形，长 5～8cm，宽 4.2～6cm，顶端呈不规则的波状；雄蕊长 1～1.7cm，花丝紫红色、粉红色，上部白色，长约 1.3cm，花药长圆形，长 4mm；花盘革质，杯状，紫红色，顶端有数个锐齿或裂片，完全包住心皮，在心皮成熟时开裂；心皮 5，稀更多，密生柔毛。蓇葖长圆形，密生黄褐色硬毛。花期 5 月；果期 6 月（图 7-1、图 7-2，见彩图）。

牡丹性喜温暖、凉爽、干燥、阳光充足的环境。喜阳光，也耐半阴，耐寒，耐干旱，耐弱碱，忌积水，怕热，怕烈日直射。适宜在疏松、深厚、肥沃、地势高燥、排水良好的中性沙壤土中生长。酸性或黏重土壤中生长不良。

中国牡丹资源特别丰富，根据中国牡丹争评国花办公室专组人员调查，中国滇、黔、川、藏、新、青、甘、宁、陕、桂、湘、粤、晋、豫、鲁、闽、皖、赣、苏、浙、沪、冀、内蒙古、京、津、黑、辽、吉、海、南、港、台等地均有牡丹种植。大体分野生种、半野生种及园艺栽培种等类型。

牡丹栽培面积最大最集中的有菏泽、洛阳、北京、临夏、彭

图 7-1 牡丹全株形态

图 7-2 不同颜色的牡丹花

州、铜陵县等。通过中原花农冬季赴广东、福建、浙江、深圳、海南进行牡丹催花，促使牡丹在以上几个地区安家落户，使牡丹的栽植遍布中国各省、市、自治区。

◆ 繁殖方法：牡丹繁殖方法有分株、嫁接、播种等，但以分株及嫁接繁殖居多，播种方法多用于培育新品种。

1. 分株

牡丹的分株繁殖在明代已被广泛采用。具体方法为：将生长繁茂的大株牡丹，整株掘起，从根系纹理交接处分开。每株所分子株多少以原株大小而定，大者多分，小者可少分。一般每3～4枝为一子株，且有较完整的根系（图7-3）。再以硫黄粉少许和泥，将根上的伤口涂抹、擦匀，即可另行栽植。分株繁殖的时间是在每年秋分到霜降期间。此时，气温和地温较高，牡丹处于半休眠状态，但还有相当长的一段营养生长时间，此时进行分株栽培对根部生长影响不甚严重，分株栽植后还能生出一些新根和少量的株芽。若分株栽植过迟，当年根部生长很弱，或不发生新根，次年春，植株发育更弱，根弱则不耐旱，容易死亡。如分株过早，气温、地温较高，还能迅速生长，容易引起秋发。

图7-3 牡丹的分株繁殖所埋的根系　　图7-4 牡丹的嫁接繁殖

牡丹分株的母株，一般利用健壮的株丛。进行分株繁殖的母株上应尽量保留根蘖，新苗上的根应全部保留，以备生长5年可以多分生新苗。这样的株苗栽后易成活，生长亦较旺盛。根保留得越多，生长愈旺。

2. 嫁接

牡丹的嫁接繁殖（图7-4），依所用砧木的不同分为两种：一种是野生牡丹；一种是用芍药根。常用的牡丹嫁接方法主要有嵌接法、腹接法和芽接法三种。

（1）嵌接法 用芍药根作砧木，因芍药根柔软无硬心，容易嫁接，根粗而短，养分充足，接活后初期生长旺盛。如用牡丹根嫁接，木质部较硬，嫁接时比较困难，但寿命较长。嫁接时间一般以每年9月下旬至10月上旬为最佳。其砧木是用直径2～3cm、长10～15cm的粗壮而无病虫害的芍药根。

（2）腹接法 是一种高接换头改良品种的方法，它是利用劣种牡丹或8～10年生的药用牡丹植株上的众多枝条，嫁接成不同色泽的优良品种。嫁接时间为7月上旬至8月中旬。先选择品种优良、植株肥壮、无病虫的牡丹植株，剪取由地面发出的土芽枝，或当年生的短枝（长5～7cm），最好是有2～3个壮芽的短枝作接穗。接穗上留一个叶柄。选好接穗后，在接穗下部芽的背面斜削一刀，成马耳形，再在马耳形的另一面斜削成楔形，使嫁接后两面都能接触到木质部和韧皮部之间的形成层组织，才易成活。牡丹腹接前后，除在雨季不加灌溉外，应保持植株正常生长的适宜湿度。芽接法是牡丹繁殖和培养多品种、多花色于一株的有效方法。

（3）芽接法 在5～7月进行。嫁接时以晴天为好。其方法有贴皮法和换芽法两种。贴皮法是在砧木的当年生枝条上连同木质部切削去一块长方形或盾形的切口，再将接穗的腋芽连同木质部削下一大小、形状与砧木切口大小、形状相同的芽块。然后迅速将芽块贴在砧木的切口上，用塑料绳扎紧。换芽法是将砧木上嫁接部位的腋芽连同形成层一起去掉，保留木质部上完整的芽胚，然后用同样方法将接穗的腋芽同样剥下，迅速套在砧木的芽胚上，注意两者应相吻合，最后用塑料绳扎紧。嫁接后的植株应及时浇、松土、施肥，促其愈合（图7-5）。

3. 扦插

扦插繁殖，是利用牡丹枝条易生不定根的特性繁殖新株的方法，属无性繁殖方法之一。方法是将扦插的枝条先剪下，脱离母株，再插入土壤或其他基质内使之生根，成为新株（图7-6）。牡丹扦插繁殖的枝条，要选牡丹根部发出的当年生土芽枝，或在牡

图 7-5　紫斑牡丹的芽接苗　　　　图 7-6　牡丹的扦插繁殖

丹整形修剪时，选择茎干充实、顶芽饱满而无病虫害的枝条作插穗，长 10～18cm。牡丹的根为肉质根，喜高燥、忌潮湿、耐干旱。因此，育苗床应选择通风向阳处，筑成高床育苗。扦插时，插完一畦浇灌一畦，一次浇透。

4. 播种

播种繁殖，是以种子繁衍后代或选育新品种，是一种有性繁殖方法（图 7-7、图 7-8）。播种前必须对土壤进行较细致的整理消毒，土地要深耕细作，施足底肥。然后筑成 70～80cm 宽的小畦，穴播、条播均可。播种不可过深，以 3～4cm 为度，播种后覆土与地面平。再轻轻将土壤踏实，随即浇透水。

图 7-7　牡丹种子　　　　　　　图 7-8　牡丹幼苗

5. 压条

牡丹压条法，是利用枝条能产生不定根的特性而进行繁殖的方法。方法是将枝条压倒或在植株上用土压埋，不脱离母株，土壤保持湿润，枝条被埋处生根，然后剪掉栽植，成为新株，同样属牡丹无性繁殖法。主要有套盆培土压条法和双平法。

6. 组织培养

植物的组织培养繁殖，是根据植物组织细胞的全能性，利用牡丹的胚、花芽、茎尖、嫩叶和叶柄进行离体培养。一般是将这些材料放入 75% 的酒精中浸泡 5～10min，并立即投入无菌水中洗涤，然后在 5% 的安替福民溶液中浸 7～10min 进行表面灭菌，再用无菌水冲洗 3～4 次，最后放在培养基上进行无菌培养。基本培养基为 MS，其他附加成分主要有吲哚乙酸、萘乙酸、吲哚丁酸、赤霉素、水解蛋白等。

◆ 整形修剪

(1) 选留枝干　牡丹定植后，第一年任其生长，可在根颈外萌发出许多新芽（俗称土芽）；第二年春天时，待新芽长至 10cm 左右时，可从中挑选几个生长健壮、充实、分布均匀的保留下来，作为主要枝干（俗称定股），余者全部除掉。以后每年或隔年断续选留 1～2 个新芽作为枝干培养，以使株丛逐年扩大和丰满。

(2) 酌情利用新芽　为使牡丹花大艳丽，常结合修剪进行疏芽、抹芽工作，使每枝保留 1 个芽，余芽除掉，并将老枝干上发出的不定芽全部清除，以使养分集中，开花硕大。每枝上所保留的芽应以充实健壮为佳。有些品种生长势强，发枝力强且成花率高，每枝上常有 1～2 个甚至 3 个芽均可萌发成枝并正常开花，对于这些品种每枝上可适当多留些芽，以便增加着花量和适当延长花期；而某些长势弱、发枝力弱并且成花率低的品种则应采取 1 枝留 1 芽的修剪措施（图 7-9、图 7-10）。

◆ 常规栽培管理

(1) 栽植　要求土壤质地疏松、肥沃，中性微碱。将所栽牡丹苗的断裂、病根剪除，浸杀虫、杀菌剂，放入事先准备好的盆钵或

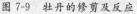

图 7-9　牡丹的修剪及反应

图 7-10　抹芽

坑内，根系要舒展，填土至盆钵或坑多半处将苗轻提晃动，踏实封土，深以根茎处略低于盆面为宜。

（2）浇水　栽植后浇一次透水。牡丹忌积水，生长季节酌情浇水。北方干旱地区一般浇花前水、花后水、封冻水。盆栽的为便于管理可于花开后剪去残花连盆埋入地下。

（3）施肥　栽植 1 年后，秋季可施肥，以腐熟有机肥料为主。结合松土施用、撒施、穴施均可。春、夏季多用化学肥料，结合浇水施花前肥、花后肥。盆栽的可结合浇水施液体肥。

（4）修剪　栽植当年，多行平茬。春季萌发后，留 5 枝左右，其余抹除，集中营养，使第二年花大色艳。秋冬季，结合清园，剪去干花柄、细弱枝、无花枝。盆栽时，按需要修整成自己喜爱的形状。

（5）中耕　生长季节应及时中耕，拔除杂草，注意防止病、虫发生。秋冬季，对 2 年生以上牡丹的地块实施翻耕。

（6）换盆　当盆栽牡丹生长 3～4 年后，需在秋季换入加有新肥土的大盆或分株另栽。

（7）喷药 早春发芽前喷石硫合剂，夏季用杀虫、杀菌剂混合液，视病情每 2 周 1 次。结合施肥，也可添加化学肥料及生长调节剂等。

（8）催花 为增加节日或庆典活动，按品种可提前 50 天左右将牡丹加温，温度控制在 10～25℃，日均 15℃左右。前期注意保持植株湿润，现蕾后注意通风透光，成蕾后，按花期要求进行控温。平时要行叶面施肥，保证充足水分供应。这样，冬春两季随时都能见花。

（9）观赏 单株牡丹自然花期 10～15 天，随温度升高而缩短，3～8℃可维持月余。大田栽植可采取临时搭棚遮风避光，延长观赏时间；盆栽时应移至阳光不能直射、温度 5～10℃、通风透光的环境，视长相及盆土湿润程度适时浇水，花朵上不要淋水，这样花期最长。

碧 桃

◆ 学名：*Amygdalus persica* var. *persica* f. *duplex*

◆ 科属：蔷薇科李属

◆ 树种简介：乔木，高 3～8m；树冠宽广而平展；树皮暗红褐色，老时粗糙呈鳞片状；小枝细长，无毛，有光泽，绿色，向阳处转变成红色，具大量小皮孔；冬芽圆锥形，顶端钝，外被短柔毛，常 2～3 个簇生，中间为叶芽，两侧为花芽。叶片长圆披针形、椭圆披针形或倒卵状披针形，长 7～15cm，宽 2～3.5cm，先端渐尖，基部宽楔形，上面无毛，下面在脉腋间具少数短柔毛或无毛，叶边具细锯齿或粗锯齿，齿端具腺体或无腺体；叶柄粗壮，长 1～2cm，常具 1 至数枚腺体，有时无腺体。花单生，先于叶开放，直径 2.5～3.5cm；花梗极短或几无梗；萼筒钟形，被短柔毛，稀几无毛，绿色而具红色斑点；萼片卵形至长圆形，顶端圆钝，外被短柔毛；花瓣长圆状椭圆形至宽倒卵形，粉红色，罕为白色；雄蕊 20～30，花药绯红色；花柱几与雄蕊等长或稍短；子房被短柔毛。果实形状和大小均有变异，卵形、宽椭圆形或扁圆形，直径（3）

5～7(12)cm，长几与宽相等，色泽变化由淡绿白色至橙黄色，常在向阳面具红晕，外面密被短柔毛，稀无毛，腹缝明显，果梗短而深入果洼；果肉白色、浅绿白色、黄色、橙黄色或红色，多汁有香味，甜或酸甜；核大，离核或粘核，椭圆形或近圆形，两侧扁平，顶端渐尖，表面具纵、横沟纹和孔穴；种仁味苦，稀味甜（图7-11～图7-13，见彩图）。

图 7-11 碧桃全株

图 7-12 碧桃的花

图 7-13 碧桃叶片

碧桃性喜阳光，耐旱，不耐潮湿的环境。喜欢气候温暖的环境，耐寒性好，能在－25℃的自然环境下安然越冬。要求土壤肥沃、排水良好。不喜欢积水，如栽植在积水低洼的地方，容易出现死苗。

原产中国，分布在西北、华北、华东、西南等地区。现世界各国均已引种栽培。

◆ 繁殖方法：为保持优良品质，必须用嫁接法繁殖，砧木用山毛桃。采用春季芽接或枝接法，嫁接成活率可多达90%以上，具体操作如下。

（1）接穗选择 碧桃母树要选择健壮而无病虫害、花果优良的植株，选当年的新梢粗壮枝、芽眼饱满枝作为接穗。

（2）嫁接方法 剪取母树的接穗即剪去叶片，留叶柄。在接穗芽下面1cm处用刀尖向上削切，长1.5～2cm，芽内侧要稍带木质部，芽位于接芽的中间。砧木可选择如铅笔粗的实生苗，茎干距地面3～5cm，选用树干北侧的垂直部分，第一刀稍带木质部竖切2cm，削下的树皮剪掉1/2～2/3，将接芽插入砧木，形成层密接，尤其要注意在砧木削切处的下部不留空隙，紧密结合。在接芽的下面用塑料胶布向左缠2圈，再向右缠2圈，均衡地向上绑缚，露出接芽。注意芽接时间，南方以6～7月中旬为佳，北方以7～8月中旬为宜（图7-14）。

图7-14 嫁接碧桃

（3）接后管理 芽接后10～15天，叶柄呈黄色脱落，即是成活的象征，叶柄变黑则说明未成活。成活苗在长出新芽，愈合完全

后除去塑料胶布，在芽接处以上 1cm 处剪砧，萌芽后，要抹除砧木发芽，同时结合施肥，一般施复合肥 1～2 次，促使接穗新梢木质化，具备抗寒性能。为防治蚜虫，可喷洒 2000 倍的乐果溶液，当叶片发生缩叶病时，可使用石硫合剂。

◆ 整形修剪

碧桃系桃的变型，为蔷薇科落叶小乔木，喜光，耐旱，喜肥沃而排水良好的土壤，不耐水湿，碱性土及黏重土均不适宜其生长。花期 3～4 月，分为长花枝、中花枝和短花枝及花束状枝，花芽分化集中在 7～8 月。根系较浅。其花色丰富，妖媚动人；枝姿别致；用早、中、晚不同品种搭配，观赏期可长达一个多月。冬季是对碧桃进行修剪的理想季节。

树木修剪要坚持"随树作形，因枝修剪"的原则。对有"中心主干"或"树中树"的碧桃苗木，要充分利用现有的枝条，整成疏散分层形或延迟开心形，即主枝分为 2～3 层，最下面一层留 3 个主枝，中间的一层留 2 个主枝，最上面的一层留 1 个主枝或不留主枝（图 7-15）。但由于这种树形枝量比较大，为保持树冠内的通风透光，在整形修剪过程中，要特别注意开张主枝的角度，但这种树形随着树龄的增大、枝量的增多，光照条件会逐渐恶化，下层的主枝生长势会逐渐降低，花量减少，走向衰弱。这时可以逐渐去除下

图 7-15　碧桃开心形树形

层的主枝，从而将树形逐步改造成自然开心形。对这种树进行改造，就要对几大主枝在合适的位置进行回缩，即在主枝上位置较低、长势较弱、角度比较开张的背后侧枝处短截，将主枝头直接换到背后侧枝上，使主枝头的生长点降低，生长势减弱，从而促进了主枝基部芽梢的生长。如果没有合适的侧枝，也可以对主枝保留50～80cm进行截干，刺激主枝基部潜伏芽的萌发。

◆ 栽培管理

(1) 对幼树疏枝　对幼树进行整形时，机械地追求标准树形，疏枝过重，对树体造成了较大的伤害。碧桃栽植时一般都要进行必要的修剪：一是为了保持地上和地下部分平衡，为苗木的成活提供保证；二是通过合理修剪进行整形。园林中应用的碧桃苗木树形各式各样，如果苗木有3个以上长势均衡、角度开张、分布均匀的枝条，这种苗木稍加修剪就可以成为标准的自然开心形树形。但有的苗木由于苗期主干或主枝的基部萌生的直立枝或背上枝，没有及时疏除或没有实施削弱其生长势的修剪措施，或者其他原因，在树冠的中央形成了"树中树"，这种树木除了有几个角度比较开张的主枝外，还有所谓的"中心主干"。对这类苗木进行整形时，为了整成自然开心形树形，就对"树中树"进行整体疏除。这样不但对树体造成了很大伤害，也造成很大浪费。

(2) 水肥管理　碧桃耐旱，怕水湿，一般除早春及秋末各浇一次开冻水及封冻水外，其他季节不用浇水。但在夏季高温天气，如遇连续干旱，适当的浇水是非常必要的。雨天还应做好排水工作，以防水大烂根导致植株死亡。碧桃喜肥，但不宜过多，可用腐熟发酵的牛马粪作基肥，每年入冬前施一些芝麻酱渣，6～7月施用1～2次速效磷、钾肥，可促进花芽分化。

(3) 盆景制作　将嫁接成活的桃苗，于翌年惊蛰前后，从接芽以上1.5～2.0cm处剪去，促使接芽生长，此间可同时进行上盆和造型修剪。碧桃用土可选用疏松透气、排水、保肥的沙质土。配盆应选用颜色与花色形成对比的紫砂陶盆或釉陶盆；造型修剪，应根据树势及生长情况和自己的审美观，采取疏剪、扭枝、拉枝、做弯、短截、平断、造痕、疏花等手段逐步进行（图 7-16）。

图 7-16　碧桃盆景

榆　叶　梅

◆ 学名：*Amygdalus triloba*

◆ 科属：蔷薇科桃属

◆ 树种简介：短枝上的叶常簇生，1 年生枝上的叶互生；叶片宽椭圆形至倒卵形，长 2～6cm，宽 1.5～3（4）cm，先端短渐尖，常 3 裂，基部宽楔形，上面具疏柔毛或无毛，下面被短柔毛，叶边具粗锯齿或重锯齿；叶柄长 5～10mm，被短柔毛。

花 1～2 朵，先于叶开放，直径 2～3cm；花梗长 4～8mm；萼筒宽钟形，长 3～5mm，无毛或幼时微具毛；萼片卵形或卵状披针形，无毛，近先端疏生小锯齿；花瓣近圆形或宽倒卵形，长 6～10mm，先端圆钝，有时微凹，粉红色；雄蕊 25～30，短于花瓣；子房密被短柔毛，花柱稍长于雄蕊。

果实近球形，直径 1～1.8cm，顶端具短小尖头，红色，外被短柔毛；果梗长 5～10mm；果肉薄，成熟时开裂；核近球形，具厚硬壳，直径 1～1.6cm，两侧几不压扁，顶端圆钝，表面具不整齐的网纹。花期 4～5 月，果期 5～7 月（图 7-17～图 7-19，见彩图）。

图 7-17 榆叶梅开花全株

图 7-18 重瓣榆叶梅花

图 7-19 榆叶梅叶片及果实

喜光，稍耐阴，耐寒，能在－35℃下越冬。对土壤要求不严，以中性至微碱性的肥沃土壤为佳。根系发达，耐旱力强，不耐涝，抗病力强。生于低至中海拔的坡地或沟旁乔、灌木林下或林缘。

产于黑龙江、吉林、辽宁、内蒙古、河北、山西、陕西、甘肃、山东、江西、江苏、浙江等地。中国各地多数公园内均有

栽植。

◆ 繁殖方法：榆叶梅种子一般于 8 月中旬成熟，当果皮呈橙黄色或红黄色时，即可采收，然后将果实取肉后晾干，经筛选后装入麻袋或通透的容器内，置于阴凉干燥通风处贮藏。

榆叶梅可以采取嫁接、播种、压条等繁殖方法，但以嫁接繁殖效果最好，只需培育 2～3 年就可成株，开花结果。嫁接方法主要有枝接和芽接两种，可选用山桃、榆叶梅实生苗和杏做砧木，砧木一般要培养 2 年以上，基径应在 1.5cm 左右，嫁接前要事先截断，需保留地表面上 5～7cm 的树桩。

（1）芽接于 8 月底到 9 月中旬，在事先选做接穗的枝条上定好芽位，接芽需粗壮、肥实，无干尖和病虫害。用经消毒的芽接刀在芽位下 2cm 处向上呈 30°斜切入木质部，直至芽位上 1cm 处，然后在芽位上方（1cm 处）横切一刀，将接芽轻轻取下。在砧木距地表 3cm 处，用刀在树皮上切一个 "T" 形，长×宽为 3cm×2cm，将树皮轻轻揭开再把接芽嵌入 "T" 形切口中，使接芽与砧木紧密接合，再把塑料带剪成窄带绑扎好即可。嫁接后，接芽在 7 天左右没有萎蔫，说明已经成活，20 天左右即可将塑料带拆除。

（2）枝接 于春季 3 月中、上旬，取 1 年生重瓣榆叶梅的枝条做接穗，长约 8cm，需保留 3～4 个芽。在砧木横截面的一侧，用刀在木质部和树皮间垂直切下 4cm 左右，将接穗的下端削成鸭嘴形，长约 3.5cm，然后将接穗垂直插入砧木的切口处，略微 "露白"，再用塑料带紧紧缠绕，为了保湿可立即在周边培土，20 天左右即可成活，1 个月后将土轻轻扒开，拆去塑料带（图 7-20）。

◆ 整形修剪：榆叶梅在园林中最常用的树形是 "自然开心形"（图 7-21）。在嫁接成活后，待苗木长到 1m 以上时，在 65cm 左右处将其截断。翌年生长季在距地 45cm 左右选留第一个主枝，自其上 10cm 处选留第二个主枝，在第二个主枝上 10cm 处选留第三个主枝。这三个主枝要均匀分布在不同的方向，分布角度大约呈 120°，开张角度应在 45°。

三个主枝选定后，其余枝条可少量留存做辅养枝，其余的疏

图 7-20　枝接成活的榆叶梅　　　　图 7-21　经过重剪之后的榆叶梅

除。第二年冬剪时，可对三个主枝进行短截，短截长度为枝长的1/3，在短截时要注意树冠的平衡，强枝要轻剪，弱枝重剪，剪口下留外芽。第三年春季，要及时将邻近新生主枝的延长枝的一些新生枝进行疏除，保留一些健壮的枝条，冬剪时要继续对主枝延长枝短截，并保留一些侧枝，这些侧枝应方向一致，或全部顺时针，或全部逆时针，不可产生交叉枝。

　　保留下来的侧枝也应当适当短截，逐步培养成开花枝组，开花枝组在主干的间距应不小于 30cm。开花枝组培养过程中要注意中长枝和短枝相结合，这样做才可最大限度地使其着生花芽。树冠基本培养形成后的修剪主要分为夏季修剪和冬季修剪，夏季修剪一般在花谢后的 6 月份进行，主要是对过长的枝条进行摘心，还要将已开过花的枝条剪短，只留基部的 3～4 个芽，以使新萌发的枝条接近（图 7-22）。

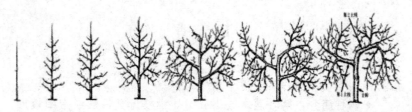

图 7-22　榆叶梅开心形树形培养过程

　　◆栽培管理：榆叶梅生性强健，喜阳光，耐干旱，耐寒冷。榆叶梅应栽种于光照充足的地方，在光照不足的地方栽植，植株瘦

小而花少，甚至不能开花；榆叶梅在排水良好的沙质壤土中生长最好，在素沙土中也可正常生长，但在黏土中多生长不良，表现为叶片小而黄，不发枝，花小或无花。榆叶梅有一定的耐盐碱能力，在pH 8.8、含盐量为0.3%的盐碱土中能正常生长，未见不良反应；榆叶梅怕涝，故不宜栽种于低洼处和池塘、沟壕边。

榆叶梅喜湿润环境，但也较耐干旱。移栽的头一年还应特别注意水分的管理，在夏季要及时供给植株充足的水分，防止因缺水而导致苗木死亡。在进入正常管理后，要注意浇好三水，即早春的返青水、仲春的生长水、初冬的封冻水。早春的返青水对榆叶梅的开花质量和一年的生长至关重要，这一次浇水不仅可以防止早春冻害，还可及时供给植株生长所需的水分。这次浇水宜早不宜晚，一般应在3月初进行，过晚则起不到防寒、防冻的作用。

榆叶梅喜肥，定植时可施用几锹腐熟的牛马粪做底肥，从第二年进入正常管理后可于每年春季花落后、夏季花芽分化期、入冬前各施一次肥。榆叶梅在早春开花、展叶后，消耗了大量养分，此时对其进行追肥非常有利于植株花后的生长，可使植株生长旺盛，枝繁叶茂；夏秋季的6～9月为其花芽分化期，此时应适量施入一些磷、钾肥，不仅有利于花芽分化，而且有助于当年新生枝条充分木质化；入冬前结合浇冻水再施一些圈肥，这次肥可以有效提高地温，增强土壤通透性，而且能在翌年初春及时供给植株需要的养分，这次施肥宜浅不宜深，施肥后应注意及时浇水，可以采取环状施肥。

丁　香

◆ 学名：*Syringa* Linn.

◆ 科属：木犀科丁香属

◆ 树种简介：落叶灌木或小乔木。小枝近圆柱形或带四棱形，具皮孔。冬芽被芽鳞，顶芽常缺。叶对生，单叶，稀复叶，全缘，稀分裂；具叶柄。花两性，聚伞花序排列成圆锥花序，顶生或侧生，与叶同时抽生或叶后抽生；具花梗或无花梗；花萼小，钟状，具 4 齿或为不规则齿裂，或近截形，宿存；花冠漏斗状、高脚碟状或近幅状，裂片 4 枚，开展或近直立，花蕾时呈镊合状排列；雄蕊 2 枚，着生于花冠管喉部至花冠管中部，内藏或伸出；子房 2 室，每室具下垂胚珠 2 枚，花柱丝状，短于雄蕊，柱头 2 裂。果为蒴果，微扁，2 室，室间开裂；种子扁平，有翅；子叶卵形，扁平；胚根向上（图 7-23～图 7-26，见彩图）。

图 7-23　四季丁香全林

图 7-24　紫丁香花

图 7-25　丁香冬态

图 7-26　丁香发芽态

丁香属主要分布于亚热带亚高山、暖温带至温带的山坡林缘、林下及寒温带的向阳灌丛中。生于山坡丛林、山沟溪边、山谷路旁及滩地水边。

丁香喜光，喜温暖、湿润及阳光充足。稍耐阴，阴处或半阴处生长衰弱，开花稀少。具有一定耐寒性和较强的耐旱力。对土壤的要求不严，耐瘠薄，喜肥沃、排水良好的土壤，忌在低洼地种植，积水会引起病害，直至全株死亡。落叶后萌动前裸根移植，选土壤肥沃、排水良好的向阳处种植。

主要分布于欧洲东南部、日本、阿富汗、朝鲜和中国。

◆ 繁殖方法：该属物种大部分可以人工栽培和种植，可采用播种、扦插、嫁接、分株、压条繁殖。播种苗不易保持原有性状，但常有新的花色出现；种子需经层积，翌春播种。夏季用嫩枝扦插，成活率很高。

(1) 嫁接　是其主要繁殖方法，以小叶女贞作砧木，靠接、枝接、芽接均可（图7-27）。

图 7-27　小叶女贞为砧木嫁接丁香

(2) 播种　可于春、秋两季在室内盆播或露地畦播。北方以春播为佳，于3月下旬进行冷室盆播，温度维持在10～22℃，14～25天即可出苗，出苗率40%～90%，若露地春播，可于3月下旬至4月初进行。播种前需将种子在0～7℃的条件下沙藏2个月，播后半个月即出苗。未经低温沙藏的种子需2个月或更长的时间才能出苗。可开沟条播，沟深3cm左右，株行距15cm×10cm。无论室内盆播还是露地条播，当出苗后长出4～5对叶片时，即要进行分盆移栽或间苗。分盆移栽为每盆1株。露地可间苗或移栽2次，株行距为15cm×30cm（图7-28、图7-29）。

(3) 扦插　可于花后1个月，选当年生半木质化健壮枝条作插穗，插穗长15cm左右，用50～100mg/L的吲哚丁酸水溶液处理

图 7-28 紫丁香种子

图 7-29 紫丁香小苗

15～18h，插后用塑料薄膜覆盖，1 个月后即可生根，生根率达80%～90%。也可在秋、冬季取木质化枝条作插穗，一般于露地埋藏，翌春扦插。

◆ 整形修剪：若丁香不进行修剪，任其生长，浓密的主枝和侧枝会彼此拥挤，枝条交错，开花数目也逐年减少，大大降低其观赏价值。因此为了平衡树势和树形，适时进行科学的整形修剪是非常重要的。丁香每年在花谢后和长叶后需各修剪 1 次，去除老枝、病枝、残枝，用新生枝条来取代它们，使枝条之间保持一定的间隙，为侧枝和花枝提供生长空间，以利于通风透光。对树龄较大和树丛过高的花灌木，还应该适当短截，促使其构成新的花枝。丁香常用的修剪方式主要是疏枝和短截。

(1) 疏枝　主要是剪除影响生长和美观的病虫枝、枯死枝、纤弱枝、内膛枝、重叠枝、徒长枝等；主枝下部的细小侧枝应当全体剪掉；衰老的大枝也应当剪除，使留下的主枝之间保持平均的间隙。

(2) 短截　主要对一些老株进行短截，疏去内膛过密的枝条，使植株有更佳的通风透光性，促使新枝的萌生和花芽的形成。丁香的花序皆着生在枝条的顶端，由顶芽分化成花芽，因此在花期（除切取鲜花外）不应进行短截，应待花谢后再进行修剪。在每年的春终夏始之际，在花序开始凋零的时候如不留种，可将残花连同花穗下部 2 个芽剪掉，以减少营养消耗。

（3）切取鲜花　丁香观赏效果甚佳，是春季室内瓶养的主要切花之一。在切取花枝时一定要贴近下面的侧枝来剪取，不要随便用手攀折，尽量少留残桩。一棵成龄的大丛丁香，每年春季可为人们提供大批切花，但在首次开花的幼龄丁香上剪取切花时，数量不宜过多，否则会影响幼树的生长。

（4）日常修剪　在日常的修剪工作中，对根部不留作分株用的根蘖条都要随时剪除，特制是那些用红蜡树、女贞和暴马丁香等作砧木所培养出来的嫁接苗，因其每年都会从砧木上产生大量根蘖，如不及时剪除，丁香会被砧木所代替。

（5）老树复壮　丁香生命力强，可采取一次更新或二次更新的方法对老苗进行复壮。一次更新就是将树丛地上部分全部剪掉，使其长出旺盛的新枝，很快又能形成一株新的株丛。对园林绿地中的丁香一次更新可能会影响景观，也可采用二次更新的措施，分两年逐次修剪，第一年先剪掉株丛 1/2 的老枝，用保存下来的另一半老枝来保持本有的树形，第二年再把留下来的另一半老枝剪掉。这样既不影响观赏，同时还能为新枝的生长提供同化养分。

◆ 栽培管理

（1）栽种　丁香宜栽于土壤疏松而排水良好的向阳处。一般在春季萌芽前裸根栽植，株距 2～3m。2～3 年生苗栽植穴径应在70～80cm，深 50～60cm。每穴施 100g 充分腐熟的有机肥及 100～150g 骨粉，与土壤充分混合后作基肥。

（2）浇水　栽植后浇透水，以后每 10 天浇 1 次水，每次浇水后要松土保墒。灌溉可依地区不同而有别，华北地区，4～6 月是丁香生长旺盛并开花的季节，每月要浇 2～3 次透水，7 月以后进入雨季，则要注意排水防涝。到 11 月中旬入冬前要灌足水。

（3）修剪　3～4 年生大苗，应对地上枝干进行强修剪，一般从离地面 30cm 处截干，第 2 年就可以开出繁茂的花。一般在春季萌动前进行修剪，主要剪除细弱枝、过密枝，并合理保留好更新枝。花后要剪除残留花穗。

（4）施肥　一般不施肥或仅施少量肥，切忌施肥过多，否则会引起徒长,从而影响花芽形成,反而使开花减少。但在花后应施些磷、钾肥及氮肥。

连　翘

◆ 学名:*Forsythia suspensa* (Thunb.) Vahl

◆ 科属:木犀科连翘属

◆ 树种简介:连翘属于落叶灌木。枝开展或下垂,棕色、棕褐色或淡黄褐色,小枝土黄色或灰褐色,略呈四棱形,疏生皮孔,节间中空,节部具实心髓。

叶通常为单叶,或 3 裂至三出复叶,叶片卵形、宽卵形或椭圆状卵形至椭圆形,长 2～10cm,宽 1.5～5cm,先端锐尖,基部圆形、宽楔形至楔形,叶缘除基部外具锐锯齿或粗锯齿,上面深绿色,下面淡黄绿色,两面无毛;叶柄长 0.8～1.5cm,无毛(图7-30～图 7-33,见彩图)。

图 7-30　连翘全株

图 7-31　连翘的花

花通常单生或 2 至数朵着生于叶腋,先于叶开放;花梗长 5～6mm;花萼绿色,裂片长圆形或长圆状椭圆形,长 (5) 6～7mm,先端钝或锐尖,边缘具睫毛,与花冠管近等长;花冠黄色,裂片倒卵状长圆形或长圆形,长 1.2～2cm,宽 6～10mm;在雌蕊长 5～7mm 的花中,雄蕊长 3～5mm,在雄蕊长 6～7mm 的花中,雌蕊长约 3mm。

果卵球形、卵状椭圆形或长椭圆形,长 1.2～2.5cm,宽0.6～

图 7-32　连翘叶片　　　　　　图 7-33　连翘的果

1.2cm，先端喙状渐尖，表面疏生皮孔；果梗长 0.7～1.5cm。花期 3～4 月，果期 7～9 月。

连翘耐寒、耐旱、耐瘠薄，对气候、土质要求不高，适生范围广。在干旱阳坡或有土的石缝，甚至在基岩或紫色沙页岩的风化母质上都能生长。连翘根系发达，虽主根不太显著，但其侧根都较粗而长，须根众多，广泛伸展于主根周围，大大增强了吸收和固土能力；连翘耐寒力强，经抗寒锻炼后，可耐受－50℃低温，其惊人的耐寒性，使其成为北方园林绿化的佼佼者；连翘萌发力强、发丛快，可很快扩大其分布面。因此，连翘生命力和适应性都非常强。以在阳光充足、深厚肥沃而湿润的立地条件下生长较好。

连翘产于河北、山西、陕西、山东、安徽西部、河南、湖北、四川。生于山坡灌丛、林下或草丛中，或山谷、山沟疏林中。中国除华南地区外，其他各地均有栽培，日本也有栽培。

◆ 繁殖方法：连翘较易成活，栽培管理技术简单，既可播种育苗，也可扦插、分株、压条繁殖。

（1）播种　种子繁殖是于 3～4 月将种子撒播，半个月左右出苗，苗高 10cm 时按株距 10cm 定苗，翌年 4 月中旬、苗高 30cm 左右时即可定植，经 3～4 年后开花结实（图 7-34）。

（2）分株　是在秋季落叶后、春季萌芽前将母株旁的幼苗带土挖出栽种。

(3) 扦插繁殖 选 1～2 年生嫩枝,剪成 30cm 左右长的插条,上端剪口离节处 1cm 左右,南方在春季、北方在夏季斜播,深 20cm 左右,行、株距 15～30cm,培育 2～3 年后春季定植。

(4) 压条 是在春季将植株下垂枝条压埋入土中,翌年春剪离母株定植 (图 7-35)。

图 7-34 连翘山地播种育苗   图 7-35 连翘的压条繁殖

连翘一般以扦插繁殖为主,苗木宜于向阳而排水良好的肥沃土壤上栽植,若选地不当、土壤瘠薄,则生长缓慢,产量低。每年花后应剪除枯枝、弱枝及过密、过老枝条,同时注意根际施肥。

◆ 整形修剪:定植后,幼树高达 1m 左右时,于冬季落叶后,在主干离地面 70～80cm 处剪去顶梢。再于夏季通过摘心,多发分枝,从中在不同的方向上,选择 3～4 个发育充实的侧枝,培育成为主枝。以后在主枝上再选留 3～4 个壮枝,培育成为副主枝,在副主枝上放出侧枝。通过几年的整形修剪,使其形成低干矮冠、内空外圆、通风透光、小枝疏朗、提早结果的自然开心形树形。同时于每年冬季将枯枝、重叠枝、交叉枝、纤弱枝以及徒长枝和病虫枝剪除;生长期还要适当进行疏删短截。每次修剪之后,每株施入火土灰 2kg、过磷酸钙 200g、饼肥 250g、尿素 100g,于树冠下开环状沟施入,施后盖土、培土保墒。对已经开花结果多年、开始衰老的结果枝群,也要进行短截或重剪(即剪去枝条的 2/3),可促使剪口以下抽生壮枝,恢复树势,提高结果率(图 7-36)。

图 7-36　连翘修剪后的株形　　　　图 7-37　　通过间苗的连翘幼苗

◆ 栽培管理

（1）苗期管理　苗高 7～10cm 时，进行第 1 次间苗，拔除生长细弱的密苗，保持株距 5cm 左右，当苗高 15cm 左右时，进行第 2 次间苗，去弱留强，按株行距 7～10cm 留壮苗 1 株。加强苗床管理，及时中耕除草和追肥，可喷洒 0.5％尿素（含氮 46％）水溶液进行根外追肥。培育 1 年，当苗高 80cm 以上时，即可出圃定植（图 7-37）。

（2）除草施肥　定植后于每年冬季在株旁松土除草 1 次，并施入腐熟厩肥或饼肥和土杂肥，幼树每株 2kg，结果树每株 10kg，于株旁挖穴或开沟施入，施入后盖土、培土，以促幼树生长健壮，多开花结果。早期株行间可间作矮秆作物。

月　季

◆ 学名：*Rosa chinensis* Jacq

◆ 科属：蔷薇科蔷薇属

◆ 树种简介：月季是直立灌木，高 1～2m；小枝粗壮，圆柱形，近无毛，有短粗的钩状皮刺。小叶 3～5，稀 7，连叶柄长 5～11cm，小叶片宽卵形至卵状长圆形，长 2.5～6cm，宽 1～3cm，先端长渐尖或渐尖，基部近圆形或宽楔形，边缘有锐锯齿，两面近无毛，上面暗绿色，常带光泽，下面颜色较浅，顶生小叶片有柄，侧生小叶片近无柄，总叶柄较长，有散生皮刺和腺毛；托叶大部贴生于叶柄，仅顶端分离部分成耳状，边缘常有腺毛（图 7-38～图 7-41，见彩图）。

图 7-38　月季全株　　　　　　图 7-39　月季的花

图 7-40　月季的叶片　　　　　图 7-41　月季的皮刺

花几朵集生，稀单生，直径 4～5cm；花梗长 2.5～6cm，近无毛或有腺毛，萼片卵形，先端尾状渐尖，有时呈叶状，边缘常有羽状裂片，稀全缘，外面无毛，内面密被长柔毛；花瓣重瓣至半重瓣，红色、粉红色至白色，倒卵形，先端有凹缺，基部楔形；花柱离生，伸出萼筒口外，约与雄蕊等长。果卵球形或梨形，长 1～2cm，红色，萼片脱落。花期 4～9 月，果期 6～11 月。月季对气候、土壤要求虽不严格，但以疏松、肥沃、富含有机质、微酸性、排水良好的壤土较为适宜。性喜温暖、日照充足、空气流通的环境。大多数品种最适温度白天为 15~26℃，晚上为 10~15℃。冬季气温低于 5℃即进入休眠。有的品种能耐—15℃的低温和 35℃的高温；夏季温度持续 30℃以上时，即进入半休眠，植株生长不良，虽也能孕蕾，但花小瓣少，色暗淡而无光泽，失去观赏价值。

中国是月季的原产地之一。在中国主要分布于湖北、四川和甘肃等地的山区，尤以上海、南京、常州、天津、郑州和北京等地种植最多。

◆ 繁殖方法

(1) 嫁接法　常用野蔷薇作砧木，分为芽接和枝接两种。芽接成活率较高，一般于 8~9 月进行，嫁接部位要尽量靠近地面，具体方法是：在砧木茎枝的一侧用芽接刀于皮部做 "T" 形切口，然后从玫瑰的当年生长发育良好的枝条中部选取接芽。将接芽插入 "T" 形切口后，用塑料袋扎缚，并适当遮阴，这样经过 2 周左右即可愈合 (图 7-42、图 7-43)。

图 7-42　树状月季嫁接

图 7-43　通过嫁接形成的树状月季

(2) 播种法　即春季播种繁殖。可穴播，也可沟播，通常在 4 月上、中旬即可发芽出苗。移植时间分为春植和秋植两种，一般在秋末落叶后或初春树液流动前进行 (图 7-44、图 7-45)。

(3) 分株法　多在早春或晚秋进行，方法是将整株玫瑰带土挖

图 7-44　月季种子

图 7-45　沟播月季

出进行分株，每株有 1～2 条枝并略带一些须根，将其定植于盆中或露地，当年就能开花。

（4）扦插法　一般在早春或晚秋玫瑰休眠时，剪取成熟的带 3～4 个芽的枝条进行扦插。如果采用嫩枝扦插，要适当遮阴，并保持苗床湿润。扦插后一般 30 天即可生根，成活率 70％～80％。扦插时若用生根粉蘸枝，成活率更高（图 7-46、图 7-47）。

图 7-46　月季扦插

图 7-47　月季扦插生根

（5）压条法　一般在夏季进行，方法是把玫瑰枝条从母体上弯下来压入土中，在入土枝条的中部，把下部半圈树皮剥掉，露出枝端，等这根枝条生出不定根并长出新叶以后，再与母体切断（图 7-48、图 7-49）。

◆整形修剪：花后要剪掉干枯的花蕾。当月季花初现花蕾时，拣一个形状好的花蕾留下，其余的一律剪去。目的是每一个枝条只留一个花蕾，将来花开得饱满艳丽，花朵大而且香味浓郁。每季开

图 7-48　月季的压条繁殖　　　　图 7-49　月季高空压条

完一期花后必须进行全面修剪。一般宜轻度修剪，及时剪去开放的残花和细弱、交叉、重叠的枝条，留粗壮、年轻枝条从基部起只留3～6cm，留外侧芽，修剪成自然开心形，使株形美观，延长花期。另外，盆栽月季要选矮生多花且香气浓郁的品种。

　　夏季修剪主要是剪除嫁接砧木的萌蘖枝花，花后带叶剪除残花和疏去多余的花蕾，减少养料消耗，为下期开花创造好的条件。为使株形美观，对长枝可剪去 1/3 或一半，中枝剪去 1/3，在叶片上方 1cm 处斜剪，若修剪过轻，植株会越长越高，枝条越长越细，花也越开越小。冬季修剪随品种和栽培目的而定，修时要留枝条，并要注意植株整体形态，大花品种宜留 4～6 枝，每枝长 30～45cm，选一侧生壮芽，剪去其上部枝条，蔓生或藤本品种则以疏去老枝、剪除弱枝、病枝和培育主干为主。

　　◆ 栽培管理

　　(1) 行距　露地栽培月季，根系发达，生长迅速，植株健壮，花朵微大，观赏价值高，在管理时根据不同的类型、生长习惯和地理条件来选择栽培措施，栽培密度直立品种为 75cm×75cm，扩张性品种株行距为 100cm×100cm，纵生性品种株行距为 40cm×50cm，藤木品种株行距为200cm×200cm。月季地栽的株距为50～100cm，需根据苗的大小和需要而定。

　　(2) 土壤　露地栽培地选择地势较高、阳光充足、空气流通、

图 7-50　生长季的月季要进行摘心

微酸性土壤。栽培时深翻土地，并施入有机肥料做基肥。盆栽月季宜用腐殖质丰富而呈微酸性肥沃的沙质土壤，不宜用碱性土。在每年春天新芽萌动前要更换一次盆土，以利其旺盛生长，换土有助于当年开花（图 7-50）。月季可以用各种材质的花盆栽种。营养土配制比例是园土：腐叶土：砻糠灰＝5：3：2。每年越冬前后适合翻盆、修根、换土，逐年加大盆径，以泥瓦盆为佳。

（3）光照　月季喜光，在生长季节要有充足的阳光，每天至少要有 6h 以上的光照，否则，只长叶子不开花，即便是结了花蕾，开花后花色不艳也不香。

（4）浇水　要做到见干见湿，不干不浇，浇则浇透。月季怕水淹，盆内不可有积水，水大易烂根。月季浇水因季节而异，冬季休眠期保持土壤湿润，不干透就行。开春枝条萌发，枝叶生长，适当增加水量，每天早晚浇 1 次水。在生长旺季及花期需增加浇水量，夏季高温，水的蒸发量加大，植物处于虚弱半休眠状态，最忌干燥脱水，每天早晚各浇一次水，避免阳光暴晒。高温浇水时，每次浇水应有少量水从盆底渗出，说明已浇透，浇水时不要将水溅在叶上，防止病害。

（5）越冬　冬天如果有保温条件，室温最好保持在 18℃以上，且每天要有 6h 以上的光照。如果没有保温措施，那就任其自然休眠。到了立冬时节，待叶片脱落以后，每个枝条只保留 5cm 的枝条，5cm 以上的枝条全部剪去，然后把花盆放在 0℃左右的阴凉处保存，盆土要偏干一些，但不能干得过度，防止干死（图 7-51）。

图 7-51　月季埋土防寒

（6）施肥　月季喜肥。盆栽月季要勤施肥，在生长季节，要10 天浇 1 次淡肥水。不论使用哪一种肥料，切记不要过量，防止出现肥害，伤害花苗。但是，冬天休眠期不可施肥。月季喜肥，基肥以迟效性有机肥为主，如腐肥的牛粪、鸡粪、豆饼、油渣等。每半月加液肥水一次，能常保叶片肥厚，深绿有光泽。早春发芽前，可施一次较浓的液肥，在花期注意不施肥，6 月花谢后可再施一次液肥，9 月间第 4 次或第 5 次腋芽将发时再施一次中等液肥，12 月休眠期施腐熟的有机肥越冬。冬耕时可施人粪尿或撒腐熟有机肥，然后翻入土中，生长期要勤施肥，花谢后追施 1～2 次速效肥。高温干旱时应施薄肥，入冬前施最后一次肥，在施肥前还应注意及时清除杂草。

银　芽　柳

◆ 学名：*Salix leucopithecia*

◆ 科属：杨柳科柳属

◆ 树种简介：银芽柳属落叶灌木，高 2～3m。叶长椭圆形，长9～15cm，缘具细锯齿，叶背面密被白毛，半革质。雄花序椭圆柱形，长 3～6cm，早春叶前开放，盛开时花序密被银白色绢毛，颇为美观。基部抽枝，新枝有茸毛。雌雄异株，花芽肥大，每个芽有一个紫红色的苞片，先花后叶，柔荑花序，苞片脱落后，即露出银白色的花芽，形似毛笔。花期 12 月至翌年 2 月（图 7-52～图 7-55，

图 7-52　银芽柳冬态

图 7-53　银芽柳全株

图 7-54　银芽柳的芽

图 7-55　银芽柳嫩芽

见彩图)。

　　银芽柳是一种喜光花木,也耐阴、耐湿、耐寒、好肥,适应性强,在土层深厚、湿润、肥沃的环境中生长良好,一般宜于地栽。银芽柳生长的好坏,主要看其花芽是否饱满,分布是否均匀。

　　银芽柳原产我国东北地区,朝鲜半岛、日本也有分布。

　　◆ 繁殖方法

　　(1) 扦插繁殖　银芽柳常用扦插繁殖。春季剪取 20～30cm 长的枝条,可直接在露地做畦扦插,插后 20～25 天生根,成活率高。

扦插银柳用的插条，可用收获商品银柳基部剪剩下来的枝段。要求枝条健壮，叶芽饱满，直径在 0.5cm 以上，剪截成每根长15cm 的段，按芽的方向一致，以 50 根或 100 根为一捆，包扎后保湿保存作扦插用。扦插育苗地要求土壤疏松肥沃，排灌方便。育苗地翻耕前需施入腐熟的农家肥作底肥。畦面筑成 1.2m 宽、30cm高。扦插前铺上黑地膜，这样春季可提高地温，并防止杂草滋生。为使发根均匀，可用 (100～200)×10^{-6} 吲哚丁酸或萘乙酸处理插条基部。株行距各为 30cm，插种后半个月左右就能生根放叶。待新芽长到 10cm 左右长时，便可整枝定芽。一般每枝苗只需保留 3个芽，其余瘦弱多余的芽均应及时抹去。

作为切花栽培的银芽柳在较为寒冷的地区虽然能够露地越冬，但入冬后枝条会受冻抽条，可在入冬前将花枝全部剪下，在 1～3℃冷室内湿润的沙床上越冬，任其休眠，等到翌年 1 月上旬移入5～10℃的冷室内，将花枝的基部浸泡于水中催芽，待花芽展开后拿到市场上作为切花出售。

(2) 嫁接繁殖　银芽柳还可用嫁接方法繁殖，此法可培育出具有主干的植株，而且枝条下垂生长，即"垂枝银芽柳"，常用于园林绿化。以具有一定高度 (可根据需要选择) 的垂柳苗做砧木，用劈接法嫁接，很容易成活。嫁接成活的植株注意整枝造型，使其枝叶扶疏，具有优美的树形 (图 7-56、图 7-57)。

优质的银芽柳饱满，分布均匀，把芽鞘剥去，芽外覆盖的肉毛细、白且密，十分美丽。要使银柳芽洁白如玉，就必须在银柳生长季节中施足肥料，定植株距适中，定期进行肥水管理、病虫害防治，适时除草、松土，使银芽柳生长健壮。

◆ 整形修剪：当植株高达 1～1.5m 时，要进行摘心，以促发分枝，提高插条产量。由于银芽柳的栽培年限较长，因此保证植株具有良好的基本树形十分重要。在栽培中，可将银芽柳修剪成自然开心式，其主干应保持直立状态，对有倾斜趋势的植株要做扶正处理。

◆ 栽培管理：扦插苗成活后，注意施肥 1～2 次，促使新枝生

图 7-56 嫁接形成的垂枝银芽柳

图 7-57 垂枝银芽柳

长。当新枝高 20cm 时移栽大田，每平方米 50～60 株，生长期每月施肥 1 次，特别在冬季花芽开始膨大后和剪取花枝后要加施 1 次肥，前者为磷、钾肥，后者为氮肥。夏季高温干旱时，注意灌溉，保持土壤湿润。每年早春花谢后，应从地面 5cm 处平茬，以促使萌发更多新枝，并修剪弱枝和姿态不整的枝条。剪取花枝时要轻剪轻拿，防止芽苞脱落，影响花枝质量。

栽培养护要诀：①银芽柳要选择无花芽的健壮枝条作为插穗。②栽培土壤要肥沃、疏松，要施足腐熟有机肥，有利于根系的生长及养分的吸收，从而保证枝条粗壮，花芽饱满又均匀。需要常疏松表土，促进土壤中养分分解，为银芽柳的根系生长和养分吸收创造良好条件。除在种植地施以基肥外，在生长期需适当追施液肥，并在叶面喷施 0.2% 磷酸二氢钾，促使枝叶粗厚，植株粗壮。③夏天如遇干旱、高温，需及时浇水，以傍晚至夜间进行为宜。如连续下雨，应及时防积排涝。种植初期要及时修剪，以促使萌发更多侧枝。④要定期喷药防治病虫害，并适时施肥。

黄　刺　玫

◆ 学名：*Rosa xanthina* Lindl.

◆ 科属：蔷薇科蔷薇属

◆ 树种简介：直立灌木，高 2～3m；枝粗壮，密集，披散；小枝无毛，有散生皮刺，无针刺。小叶 7～13，连叶柄长 3～5cm；小叶片宽卵形或近圆形，稀椭圆形，先端圆钝，基部宽楔形或近圆形，边缘有圆钝锯齿，上面无毛，幼嫩时下面有稀疏柔毛，逐渐脱落；叶轴、叶柄有稀疏柔毛和小皮刺；托叶带状披针形，大部贴生于叶柄，离生部分呈耳状，边缘有锯齿和腺。花单生于叶腋，重瓣或半重瓣，黄色，无苞片；花梗长 1～1.5cm，无毛，无腺；花直径 3～4(5)cm；萼筒、萼片外面无毛，萼片披针形，全缘，先端渐尖，内面有稀疏柔毛，边缘较密；花瓣黄色，宽倒卵形，先端微凹，基部宽楔形；花柱离生，被长柔毛，稍伸出萼筒口外部，比雄蕊短很多。果近球形或倒卵圆形，紫褐色或黑褐色；直径 8～10mm，无毛，花后萼片反折。花期 4～6 月，果期 7～8 月（图 7-58～图 7-61，见彩图）。

黄刺玫喜光，稍耐阴，耐寒力强。对土壤要求不严，耐干旱和

图 7-58　黄刺玫全株

图 7-59　黄刺玫果实

图 7-60　黄刺玫的花

图 7-61　黄刺玫的根茎枝叶

瘠薄，在盐碱土中也能生长，以疏松、肥沃土地为佳。不耐水涝。为落叶灌木。少病虫害。

东北、华北各地庭园习见栽培。

◆ 繁殖方法：黄刺玫的繁殖主要用分株法。因黄刺玫分蘖力强，重瓣种又一般不结果，分株繁殖方法简单、迅速，成活率又高。对单瓣种也可用播种、扦插、压条法繁殖。因黄刺玫多在北方栽培应用，春季温度低，多采用嫩枝扦插，北方于6月上、中旬选择当年生半木质化枝条进行扦插，方法同月季春插法。分株，在早春萌芽前、土地解冻后进行，分株时先将枝条重剪，连根挖起，用利刀将根劈开即可定植，定植后需加强肥水管理。

(1) 分株繁殖 一般在春季 3 月下旬芽萌动之前进行。将整个株丛全部挖出，分成几份，每份至少要带 1～2 个枝条和部分根系，然后重新分别栽植，栽后灌透水（图 7-62）。

(2) 嫁接 采用易生根的野刺玫作砧木，黄刺玫当年生枝作接穗，于 12 月至翌年 1 月上旬嫁接。砧木长度 15cm 左右，取黄刺玫芽，带少许木质部，砧木上端带木质部切下后，把黄刺玫芽靠上后用塑料膜绑紧，按 50 株 1 捆，蘸泥浆湿沙贮藏，促进愈合生根。3 月中旬后分栽育苗，株行距 20cm×40cm，成活率在 40％左右（图 7-63）。

图 7-62 黄刺玫分株繁殖

图 7-63 用野刺玫嫁接黄刺玫

(3) 扦插 雨季剪取当年生木质化枝条，插穗长 10～15cm，留 2～3 枚叶片，插入沙中 1～2cm，株行距 5cm×7cm。分株在早春萌芽时进行。

(4) 压条 7 月将嫩枝压入土中，待其生根后，将其与母株分离，另行栽植。

◆ 常规栽培管理：黄刺玫一般在 3 月下旬至 4 月初栽植。需带土球栽植，栽植时，穴内施 1～2 铁锹腐熟堆肥作基肥，栽后重剪、浇透水，隔 3 天左右再浇 1 次，便可成活。成活后一般不需再施肥，但为了使其枝繁叶茂，可隔年在花后施 1 次追肥。日常管理中应视干旱情况及时浇水，以免因过分干旱缺水引起萎蔫，甚至死亡。雨季要注意排水防涝，霜冻前灌 1 次防冻水。花后要进行修剪，去掉残花及枯枝，以减少养分消耗。落叶后或萌芽前结合分株进行修剪，剪除老枝、枯枝及过密细弱枝，使其生长旺盛。对 1～2 年生枝应尽量少短剪，以免减少花数。黄刺玫栽培容易，管理粗放，病虫害少。

天 目 琼 花

◆ 学名：*Viburnum sargentii*

◆ 科属：忍冬科科荚迷属

◆ 树种简介：落叶灌木，高 2～3m。小枝、叶柄和总花梗均无毛。叶下面仅脉腋集聚簇状毛或有时脉上亦有少数长伏毛。树皮暗灰褐色，有纵条及软木条层；小枝褐色至赤褐色，具明显条棱。叶浓绿色，单叶对生；卵形至阔卵圆形，长 6～12cm，宽 5～10cm，通常浅 3 裂，基部圆形或截形，具掌状 3 出脉，裂片微向外开展，中裂长于侧裂，先端均渐尖或突尖，边缘具不整齐的大齿，上面黄绿色，无毛，下面淡绿色，脉腋有茸毛；叶柄粗壮，无毛，近端处有腺点。伞形聚伞花序顶生，紧密多花，由 6～8 小伞房花序组成，直径 8～10cm，能孕花在中央，外围有不孕的辐射花，总柄粗壮，长 2～5cm；花冠杯状，辐状开展，乳白色，5 裂，直径 5mm；花药紫色；不孕性花白色，直径 1.5～2.5cm，深 5 裂。核果球形，直径 8mm，鲜红色，有臭味，经久不落。种子圆形，扁平。花期 5～6 月，果期 8～9 月（图 7-64、图 7-65，见彩图）。

天目琼花喜光又耐阴；耐寒，多生于夏凉湿润多雾的灌木丛中；对土壤要求不严，在微酸性及中性土壤中都能生长。根系发达，移植容易成活。

原产中国，发现于浙江天目山地区。天目琼花山野自生，天然分布于内蒙古、河北、甘肃及东北地区。朝鲜、日本、俄罗斯等国亦有分布。

◆ 繁殖方法

图 7-64　天目琼花的叶和花　　　图 7-65　天目琼花的果实和种子

（1）扦插繁殖　常于春末至秋初用当年生枝条进行嫩枝扦插，或于早春用去年生的枝条进行硬枝扦插（图 7-66）。进行嫩枝扦插时，在春末至早秋植株生长旺盛时，选用当年生粗壮枝条作为插穗。把枝条剪下后，选取壮实的部位，剪成长 5~15cm 的段，每段要带 3 个以上的叶节。剪取插穗时需要注意的是，上面的剪口在最上一个叶节上方大约 1cm 处平剪，下面的剪口在最下面的叶节下方大约 0.5cm 处斜剪，上下剪口都要平整（刀要锋利）。进行硬枝扦插时，在早春气温回升后，选取去年的健壮枝条做插穗，每段插穗通常保留 3~4 个节，剪取的方法同嫩枝扦插。

图 7-66　天目琼花的硬枝扦插

（2）压条繁殖　选取健壮的枝条，从顶梢以下 15~30cm 处把树皮剥掉一圈，剥后的伤口宽度在 1cm 左右，深度以刚刚把表皮剥掉为限。剪取一块长 10～20cm、宽 5～8cm 的薄膜，上面放些淋湿的园土，像裹伤口一样把环剥的部位包扎起来，薄膜的上下两端扎紧，中间鼓起。4～6 周后生根。生根后，把枝条连同根系一起剪下，就成了一棵新的植株。

◆ **整形修剪**：天目琼花的修剪一般在冬季进行。天目琼花的株形为多主干式灌丛形。多干式灌丛形有两种修剪方式：一种是在园林栽植时用几株小苗组合在一起，将各个"主干"上萌发的枝条及时疏除，保留几个直立的主干，对于"主干"间向内生长的枝条全部疏除，只保留向外生长的枝条，这样多干式灌丛形就形成了，此后主要对树冠内过密枝、冗杂枝、病虫枝、徒长枝进行修剪即可。另一种是在苗圃内培育出多干式灌丛形的植株，即对长势较强的植株进行平茬处理，在其新萌发出的枝条中选择 4～5 个长势健壮的枝条作主干培养，不断疏除主干上的侧枝，只保留向外侧生长的枝条，这样多干式灌丛形即可形成。
需要注意的是，天目琼花枝条较为松散，极易突出树冠，对于突出树冠的枝条要及时短截。此外，还应在第 2 年萌动前剪去隔年果穗。

◆ **栽培管理**：天目琼花喜湿润环境，在圃间栽培要保持土壤湿润，过于干旱会影响生长，使叶片小而黄。春季移栽后要及时浇好头三水，三水过后可每月浇 1～2 次透水，每次浇水后要及时松土保墒。秋末要及时浇灌封冻水。翌年早春及时浇解冻水，此后每月浇一次透水，秋末按头年方法浇封冻水。第三年起可按第二年的方法浇水。

天目琼花喜肥，栽植时可施用经腐熟发酵的牛马粪作基肥，基肥要与栽培土充分拌匀。5 月中、下旬可追施一次尿素，8 月初追施一次磷、钾肥。秋末结合浇冻水施用一次农家肥。第二年 4 月初、5 月初各施用一次尿素，可有效加速其生长。8 月初追施磷、钾肥。秋末按头年方法施用农家肥。此后每年可按第二年方法施肥。

锦 带 花

◆ 学名：*Weigela florida* (Bunge) A. DC.

◆ 科属：忍冬科锦带花属

◆ 树种简介：锦带花属落叶灌木，高达 1～3m；幼枝稍四方形，有 2 列短柔毛；树皮灰色。芽顶端尖，具 3～4 对鳞片，常光滑。叶矩圆形、椭圆形至倒卵状椭圆形，长 5～10cm，顶端渐尖，基部阔楔形至圆形，边缘有锯齿，上面疏生短柔毛，脉上毛较密，下面密生短柔毛或茸毛，具短柄至无柄（图 7-67、图 7-68，见彩图）。

图 7-67　锦带花全株　　　　　图 7-68　锦带花叶片

花单生或成聚伞花序生于侧生短枝的叶腋或枝顶；萼筒长圆柱形，疏被柔毛，萼齿长约 1cm，不等，深达萼檐中部；花冠紫红色或玫瑰红色，长 3～4cm，直径 2cm，外面疏生短柔毛，裂片不整齐，开展，内面浅红色；花丝短于花冠，花药黄色；子房上部的腺体黄绿色，花柱细长，柱头 2 裂（图 7-69、图 7-70，见彩图）。果实长 1.5～2.5cm，顶有短柄状喙，疏生柔毛；种子无翅。花期4～6 月。

生于海拔 800～1200m 的湿润沟谷、阴处或半阴处，喜光，耐阴，耐寒；对土壤要求不严，能耐瘠薄土壤，但以深厚、湿润而腐殖质丰富的土壤生长最好，怕水涝。萌芽力强，生长迅速。

分布于中国黑龙江、吉林、辽宁、内蒙古、山西、陕西、河

图 7-69 锦带花的粉色花

图 7-70 金叶锦带花

南、山东北部、江苏北部等地。前苏联、朝鲜和日本也有分布。

◆ 繁殖方法

(1) 播种 可于 9～10 月采收，采收后，将蒴果晾干、搓碎、风选去杂后即可得到纯净种子。千粒重 0.3g，发芽率 50%。直播，或于播前 1 周，用冷水浸种 2～3h，捞出放室内，用湿布包着催芽后播种，效果更好。播种于无风及近期无暴雨天气进行，床面应整平、整细。播种方式可采用床面撒播或条播，播种量 2g/m²，播后覆土厚度不能超过 0.3cm，播后 30 天内保持床面湿润，20 天左右出苗 (图 7-71)。

图 7-71 锦带花播种繁殖幼苗

图 7-72 锦带花扦插苗

(2) 扦插 锦带花的变异类型应采用扦插法育苗，种子繁殖难以保持变异后的性状。黑龙江省的做法是在 4 月上旬，剪取

1~2年生未萌动的枝条，剪成长10~12cm的插穗，用2000 mg/kg α-萘乙酸溶液蘸插穗后插入覆膜遮阳沙质插床中，沙床底部最好垫上一层腐熟的马粪增加地温。地温要求在25~28℃，气温要求在20~25℃，空气湿度要求在80%~90%，透光度要求在30%左右。50~60天即可生根，成活率在80%左右（图7-72）。

（3）压条　通常在花后选下部枝条压入土壤中，下部枝条容易呈匍匐状，节处很容易生根成活。

（4）分株　在早春和秋冬进行。多在春季萌动前后结合移栽进行，将整株挖出，分成数丛，另行栽种即可。

◆ 整形修剪：由于锦带花的生长期较长，入冬前顶端的小枝往往生长不充实，越冬时很容易干枯。因此，每年春季萌动前应将植株顶部的干枯枝以及其他的老弱枝、病虫枝剪掉，并剪短长枝。若不留种，花后应及时剪去残花枝，以免消耗过多的养分，影响生长。对于生长3年的枝条要从基部剪除，以促进新枝的健壮生长。由于着生花序的新枝多在1~2年生枝上萌发，所以开春不宜对上一年生的枝作较大的修剪，一般只疏去枯枝。

◆ 栽培管理：锦带花适应性强，分蘖旺，容易栽培。选择排水良好的沙质壤土作为育苗地，1~2年生苗木或扦插苗均可上垄栽植培育大苗，株距50~60cm，栽植后离地面10~15cm平茬，定植3年后苗高100cm以上时，即可用于园林绿化。

（1）施肥　盆栽时可用园土3份和砻糠灰1份混合，另加少量厩肥等做基肥。栽种时施以腐熟的堆肥作基肥，以后每隔2~3年于冬季或早春的休眠期在根部开沟施一次肥。在生长季每月要施肥1~2次。

（2）浇水　生长季节注意浇水，春季萌动后，要逐步增加浇水量，经常保持土壤湿润。夏季高温干旱易使叶片发黄干缩和枝枯，要保持充足水分并喷水降温或移至半阴湿润处养护。每月要浇1~2次透水，以满足生长需求（图7-73）。

图 7-73 锦带花幼苗滴灌

木 槿

◆ 学名：*Hibiscus syriacus* Linn

◆ 科属：锦葵科木槿属

◆ 树种简介：落叶灌木，高 3～4m，小枝密被黄色星状茸毛。叶菱形至三角状卵形，长 3～10cm，宽 2～4cm，具深浅不同的 3 裂或不裂，先端钝，基部楔形，边缘具不整齐齿缺，下面沿叶脉微被毛或近无毛；叶柄长 5～25mm，上面被星状柔毛；托叶线形，长约 6mm，疏被柔毛。花单生于枝端叶腋间，花梗长 4～14mm，被星状短茸毛；小苞片 6～8，线形，长 6～15mm，宽 1～2mm，密被星状疏茸毛；花萼钟形，长 14～20mm，密被星状短茸毛，裂片 5，三角形；花钟形，淡紫色，直径 5～6cm，花瓣倒卵形，长 3.5～4.5cm，外面疏被纤毛和星状长柔毛；雄蕊柱长约 3cm；花柱枝无毛。蒴果卵圆形，直径约 12mm，密被黄色星状茸毛；种子肾形，背部被黄白色长柔毛。花期 7～10 月（图 7-74、图 7-75，见彩图）。

木槿喜光而稍耐阴，喜温暖、湿润气候，较耐寒，但在北方地

图 7-74　木槿全株

图 7-75　木槿的花

区栽培需保护越冬，喜水湿而又耐旱，对土壤要求不严，在重黏土中也能生长。萌蘖性强，耐修剪。

木槿原产东亚，主要分布于中国台湾、福建、广东、广西、云南、贵州、四川、湖南、湖北、安徽、江西、浙江、江苏、山东、河北、河南、陕西等地。

木槿属主要分布在热带和亚热带地区，木槿属物种起源于非洲大陆，非洲木槿属物种种类繁多，呈现出丰富的遗传多样性。

◆ 繁殖方法：木槿有播种、压条、扦插、分株等繁殖方法，但生产上主要运用扦插繁殖和分株繁殖。

(1) 扦插繁殖　木槿扦插较易成活，扦插材料的取得也较容易，当年夏、秋季节即可开花。方法是在当地气温稳定通过 15℃以后，选择 1～2 年生健壮、未萌芽的枝，切成长 15～20cm 的小段，扦插时备好一根小棍，按株、行距在苗床上插小洞，再将木槿枝条插入，压实土壤，入土深度 10～15cm，即入土深度达插条的 2/3 为宜，插后立即灌足水。扦插时不必施任何基肥。室内盆栽扦插时，选 1～2 年生健壮枝条，长 10cm 左右，去掉下部叶片，上部叶片剪去一半，扦插于以粗沙为基质的小钵内，用塑料罩保湿，保持较高的湿度，在 18～25℃ 的条件下，20 天左右即可生根（图 7-76）。

(2) 分株繁殖　在早春发芽前，将生长旺盛的成年株丛挖起，以 3 根主枝为 1 丛，按株、行距 50cm×60cm 进行栽植。

图 7-76 木槿扦插在黄土盆中

◆ 整形修剪：新栽植的木槿植株较小，在前 1～2 年可放任其生长或进行轻修剪，即在秋冬季将枯枝、病虫弱枝、衰退枝剪去。树体长大后，应对木槿植株进行整形修剪。整形修剪宜在秋季落叶后进行。根据木槿枝条开张程度不同可分为直立型和开张型。

（1）直立型木槿修剪方法 直立型木槿枝条着生角度小，近直立，萌芽力强，成枝力相对较差，不耐长放，可将其培养改造成有主干不分层树形，主干上选留 3～4 个主枝，其余疏除，在每个主枝上可选留 1～2 个侧枝，称为有主干开心形（图 7-77）。方法如下。

① 合理选留主枝和侧枝，将多余主枝和侧枝分批疏除，使主侧枝分布合理，疏密适度。

② 对主枝和侧枝重回缩，新枝头分枝角度要大，方向要正，对外围过密枝要合理疏剪，以便通风透光。

③ 对 1 年生壮花枝开花后缓放不剪，翌年将其上萌发的旺枝和壮花枝全部疏除，留下中短枝开花，内膛较细的多年生枝不断进行回缩更新，对中花枝在分枝处短截，可有效调节枝势，提高花芽质量。

④ 对外围枝头进行短截，剪口留外芽，一般可发 3 个壮枝，将枝头竞争枝去掉，其他缓放，然后回缩培养成枝组。

（2）开张型木槿修剪方法　开张型木槿枝条角度大，枝条开张，抽生旺枝和中花枝的能力比直立型强一些，可将其培养成丛生灌木状。开张型木槿，常发生主枝数过多，外围枝头过早下垂，内膛直立枝多且乱现象。修剪方法如下。

① 及时用背上枝换头，防止外围枝头下垂早衰，对枝头的处理与开心形相同（图 7-78）。

图 7-77　直立形木槿　　　　　图 7-78　开张形木槿冬态

② 对内膛萌生的直立枝一般疏去，防止枝条过多，扰乱树形。

◆ 栽培管理

（1）整地定植　整好苗床，按畦带沟宽 130cm、高 25cm 做畦，每平方米施入厩肥 6 千克、火烧土 1.5 千克、钙镁磷 75g 作为基肥。扦插要求沟深 15cm，沟距 20～30cm，株距 8～10cm，插穗上端露出土面 3～5cm 或入土深度为插条的 2/3，插后培土压实，及时浇水。扦插苗一般 1 个月左右生根出芽，采用塑料大棚等保温增温设施，也可在秋季落叶后进行扦插育苗，将剪好的插穗用 100～200mg/L 的 NAA 溶液浸泡 18～24h，插到沙床上，及时浇水，覆盖农膜，保持温度 18～25℃，相对湿度 85％以上，生根后移到圃地培育。

木槿为多年生灌木，生长速度快，可 1 年种植多年采收。为获得较高的产量，便于田间管理及鲜花采收，可采用单行垄作栽培，垄间距 110～120cm，株距 50～60cm，垄中间开种植穴或种植沟。木槿移栽定植时，种植穴或种植沟内要施足基肥，一般以垃圾土或腐熟的厩肥等农家肥为主，配合施入少量复合肥。移栽定植最好在幼苗休眠期进行，也可在多雨的生长季节进行。移栽时要剪去部分枝叶以利成活。定植后应浇 1 次定根水，并保持土壤湿润，直到成活。

(2) 肥水管理 当枝条开始萌动时，应及时追肥，以速效肥为主，促进营养生长；现蕾前追施 1～2 次磷、钾肥，促进植株孕蕾；5～10 月盛花期间结合除草、培土追肥 2 次，以磷、钾肥为主，辅以氮肥，以保持花量及树势；冬季休眠期间进行除草清园，在植株周围开沟或挖穴施肥，以农家肥为主，辅以适量无机复合肥，以供应来年生长及开花所需养分。长期干旱无雨天气，应注意灌溉，而雨水过多时要排水防涝。

扶　桑

◆ 学名：*Hibiscus rosa-sinensis*

◆ 科属：锦葵科木槿属

◆ 树种简介：常绿大灌木或小乔木。茎直立而多分枝，高可达6m。叶互生，阔卵形至狭卵形，长 7～10cm，具 3 主脉，先端突尖或渐尖，叶缘有粗锯齿或缺刻，基部近全缘，秃净或背脉有少许疏毛，形似桑叶。花大，有下垂或直上之柄，单生于上部叶腋间，有单瓣、重瓣之分；单瓣者漏斗形，重瓣者非漏斗形，呈红、黄、粉、白等色，花期全年，夏秋最盛（图 7-79、图 7-80，见彩图）。

扶桑又名朱槿，原产我国南部。喜温暖湿润气候，不耐寒霜，不耐阴，宜在阳光充足、通风的场所生长，对土壤要求不严，但在肥沃、疏松的微酸性土壤中生长最好，冬季温度不低于 5℃。

◆ 繁殖方法：常用扦插和嫁接繁殖。

(1) 扦插繁殖 5～10 月进行，以梅雨季成活率最高，冬季在温室内进行。插条以一年生半质化枝条最好，长 10cm，剪去下部叶片，留顶端叶片，切口要平，插于沙床，保持较高空气湿度，室

图 7-79 扶桑全株

图 7-80 扶桑的花

温为 18～21℃，插后 20～25 天生根。用 0.3%～0.4%吲哚丁酸处理插条基部 1～2s，可缩短生根期。根长 3～4cm 时移栽上盆（图7-81）。

图 7-81 扶桑的室内扦插

图 7-82 嫁接形成的多色花扶桑

（2）嫁接繁殖　在春、秋季进行。多用于扦插困难或生根较慢的扶桑品种，尤其是扦插成活率低的重瓣品种。用枝接或芽接，砧木用单瓣扶桑。嫁接苗当年抽枝开花（图 7-82，见彩图）。

◆ 整形修剪：为了保持树形优美，着花量多，根据扶桑发枝萌蘖能力强的特性，可于早春出房前后进行修剪整形，各枝除基部留2～3 芽外，上部全部剪截，可促发新枝，长势更旺盛，株形也亦美观。修剪后，因地上部分消耗减少，要适当节制水肥。

◆栽培管理：在北方地区，重瓣扶桑扦插生根后适宜采用塑料育苗钵集中栽植，培养 2 个月根系布满土坨，应移栽到瓦盆。重瓣扶桑不耐低温，在气温低于 15℃下植株生长受到抑制，容易落花，5℃以下叶片迅速萎蔫。露地苗应在 9 月上旬前上盆，北京地区 9 月中、下旬天气转凉时就应从室外搬进室内，需要在温室内越冬。冬季如温度等条件有保证，可花开不断。病虫害中以蚜虫、介壳虫和白粉虱最为常见，可喷 1.8％阿维菌素 3000 倍液或高效氯氰菊酯 2000 倍液杀除，挂黄色黏虫板也有一定效果。

山 茶 花

◆学名：*Camellia japonica* L.

◆科属：山茶科山茶属

◆树种简介：灌木或小乔木，高 9m，嫩枝无毛。叶革质，椭圆形，长 5～10cm，宽 2.5～5cm，先端略尖，或急短尖而有钝尖头，基部阔楔形，上面深绿色，干后发亮，无毛，下面浅绿色，无毛，侧脉 7～8 对，在上下两面均能见，边缘有相隔 2～3.5cm 的细锯齿。叶柄长 8～15mm，无毛。花顶生，红色，无柄；苞片及萼片约 10 片，组成长 2.5～3cm 的杯状苞被，半圆形至圆形，长 4～20mm，外面有绢毛，脱落；花瓣 6～7 片，外侧 2 片近圆形，几离生，长 2cm，外面有毛，内侧 5 片基部连生约 8mm，倒卵圆形，长 3～4.5cm，无毛；雄蕊 3 轮，长 2.5～3cm，外轮花丝基部连生，花丝管长 1.5cm，无毛；内轮雄蕊离生，稍短，子房无毛，花柱长 2.5cm，先端 3 裂（图 7-83、图 7-84，见彩图）。蒴果圆球形，直径 2.5～3cm，2～3 室，每室有种子 1～2 个。

产于中国重庆、浙江、江西、四川及山东；日本、朝鲜半岛也有分布。

◆繁殖方法：常用扦插、嫁接、播种繁殖。

（1）扦插 华东地区第 1 次扦插适期是 6 月中、下旬，第 2 次扦插在 8 月下旬至 9 月初进行。这两个时期气温均在 30℃左右，

图 7-83　山茶的花　　　　　　　图 7-84　山茶全株

采取遮阴设施，气温可控制在 25℃ 左右。插穗应选取树冠外部组织充实、叶片完整、叶芽饱满和无病虫害的当年生半成熟枝。插穗长度一般为 4～10cm，先端留 2 个叶片，剪取时下部要带踵。扦插密度一般为行距 10～14cm，株距 3～4cm，要求叶片相互交接而不重叠，插穗入土 3cm 左右，浅插生根快，深插发根慢，插后要喷透水。从扦插至生根，一般需要 30 天左右。扦插成活的关键是扦插前期要保持足够的湿度，采取措施以减少热气对流，切忌阳光直射，并注意叶面喷水，保持叶面经常覆盖一层薄薄的水膜。

生根后，要逐步增加光照，10 月份以后要使幼苗充分接受阳光，加速木质化。

(2) 嫁接　①苗砧芽嫁接：将砧木种子播于沙床后约经 2 个月生长，幼苗高达 4～5cm，即可挖取用劈接法进行嫁接。接穗选择生长良好的半木质化枝条，从下至上 1 芽 1 叶，一个一个地削取。将接穗削成正楔形，放入湿毛巾中。将挖取的砧木幼苗，去净泥沙，然后在幼苗子叶上方 1～1.5cm 处剪断，将茎纵劈一刀，深度与接穗所削的斜面一致；将削好的接穗插入砧木劈口之中，对准一边形成层，用塑料薄膜带扎紧。将接好的苗子，以 8cm×2cm 的行株距种植于苗床中。床土以肥沃、疏松的沙质壤土为宜。种植后的苗床要搭塑料棚保温，一般 10～15 天开始愈合，20～25 天可在夜间揭开薄膜，使其通气。其后逐步加强通风，适当增加光照，至新芽萌动以后，全部揭去薄膜。②半熟枝嫁接：利用粗种山茶或油茶成年植株作砧木，进行腹接，1～2 年内即可培育成名种山茶的大型植株。选择植株健康、芽眼饱满而无病虫害的植株作砧木，夏接在 2 月底以前进行修整，秋接在 6 月上、中旬进行修整，剪除病弱枝、下垂枝、交叉枝和过密枝。嫁接适宜温度为 5～30℃。对直径 1cm 以上的枝条，均采用拉皮接，即在砧木的适当部位，上、左、右各刻一刀，深达木质部，将皮拉下，其长度与接穗的削面一致，然后将削好的接穗贴在砧木拉皮处，将皮向上拉包住接穗，然后用塑料带缚住，露出芽子，再套上塑料袋，以增加湿度，促进愈合，30 天后解除包扎，待接穗抽出新梢，逐步木质化后，解除绑扎。断砧分 3 次进行：第 1 次在绑扎时剪除梢顶；第 2 次在接穗的第 1 次新梢充分木质化后，剪去砧木上部的 1/3；第 3 次在接穗第 2 次新梢充分木质化后，于接口处断掉砧木。高温季节进行嫁接，成功与否要取决于对高温的控制。必须搭荫棚，盖双层帘子，使棚内基本上不见直射阳光，中午前后要喷水降温，使局部气温控制在 30℃左右（图 7-85）。

图 7-85 山茶插皮接成活情况

（3）播种 10 月上、中旬，将采收的果实放置室内通风处阴干，待蒴果开裂取出种子后，立即播种。若秋季不能马上播种，需沙藏至翌年 2 月播种。播种前可用新高脂膜拌种，一般秋播比春播发芽率高。

◆ 栽培管理

（1）花芽形成　花蕾形成于初夏，6～7 月份形成花芽。花芽形成的适宜温度白天 26℃，夜间 15℃。

（2）开花　山茶花花期较长，在秋末至次年 5 月均有山茶开花，不同品种花期不同，大部分品种花期在 2～4 月，有的品种花期在 11 月，有的品种可迟到次年 5 月，单朵花期可长达 2 周。

（3）结果　山茶果实 10 月底至 11 月成熟。成熟果实开裂，种子自行脱落。

（4）种子萌发　种子须经过休眠方可萌发。种子保存温度：0～5℃，在 18～20℃ 时 1 个月可发芽。

（5）施肥方法　不能施肥过量，不能施浓肥，否则会损害根系，减少花朵的数量。山茶花基肥最好是用有机肥，如经过发酵的鸡鸭粪和动物脏器以及豆饼、鱼骨粉等。这些有机肥中氮、磷、钾等成分比较全面，而且肥效很长。施用时，可将其晒干，碾碎成粉末，先与 5～6 倍的干土混合，然后在翻盆装盆土时撒在离植株根部 2～3cm 处。

山茶花喜欢阴凉的天气，惧怕高温炎热，在开春以后追肥时，须浇施矾肥水。矾肥水的制作是在 10kg 清水中加入 100g 绿矾（即硫酸亚铁），再加入 200g 豆饼粉、1000g 干禽粪泡沤。天热时泡 1 个月，天凉时泡 3～4 个月即可腐熟。

珍　珠　梅

◆ 学名：*Sorbaria sorbifolia* (L.) A. Br.

◆ 科属：蔷薇科珍珠梅属

◆ 树种简介：灌木，高达 2m，枝条开展；小枝圆柱形，稍屈曲，无毛或微被短柔毛，初时绿色，老时暗红褐色或暗黄褐色；冬芽卵形，先端圆钝，无毛或顶端微被柔毛，紫褐色，具有数枚互生外露的鳞片。羽状复叶，小叶片 11～17 枚，连叶柄长 13～23cm，宽 10～13cm，叶轴微被短柔毛；小叶片对生，相距 2～2.5cm，披针形至卵状披针形，长 5～7cm，宽 1.8～2.5cm，先端渐尖，稀尾尖，基部近圆形或宽楔形，稀偏斜，边缘有尖锐重锯齿，上下两面无毛或近于无毛，羽状网脉，具侧脉 12～16 对，下面明显；小叶无柄或近于无柄；托叶叶质，卵状披针形至三角披针形，先端渐尖至急尖，边缘有不规则锯齿或全缘，长 8～13mm，宽 5～8mm，外面微被短柔毛。顶生大型密集圆锥花序，分枝近于直立，长10～20cm，直径 5～12cm，总花梗和花梗被星状毛或短柔毛，果期逐渐脱落，近于无毛；苞片状披针形至线状披针形，长 5～10mm，宽 3～5mm，先端长渐尖，全缘或有浅齿，上下两面微被柔毛，果期逐渐脱落；花梗长 5～8mm；花直径 10～12mm；萼筒钟状，外面基部微被短柔毛；萼片三角卵形，先端钝或急尖，萼片约与萼筒等长；花瓣长圆形或倒卵形，长 5～7mm，宽 3～5mm，白色；雄蕊 40～50，长于花瓣 1.5～2 倍，生在花盘边缘；心皮 5，无毛或稍具柔毛。蓇葖果长圆形，有顶生弯曲花柱，长约 3mm，果梗直立；萼片宿存，反折，稀开展。花期 7～8 月，果期 9 月（图7-86～图 7-88，见彩图）。

图 7-86　珍珠梅全株

图 7-87　珍珠梅枝叶

珍珠梅耐寒，耐半阴，耐修剪。在排水良好的沙质壤土中生长较好。生长快，易萌蘖，是良好的夏季观花植物。

河北、江苏、山西、山东、河南、陕西、甘肃、内蒙古均有分布。

图 7-88　珍珠梅的花果

◆ 繁殖方法：珍珠梅的繁殖以分株法为主，也可播种。但因种子细小，多不采用播种法。

（1）分株繁殖　珍珠梅在生长过程中，具有易萌发根蘖的特性，可在早春 3～4 月进行分株繁殖。选择生长发育健壮、没有病虫害，并且分蘖多的植株作为母株。

方法是：将树龄 5 年以上母株根部周围的土挖开，从缝隙中间下刀，将分蘖与母株分开，每蔸可分出 5～7 株。分离出的根蘖苗要带完整的根，如果根蘖苗的侧根又细又多，栽植时应适当剪去一些。这种繁殖方法成活率高，成型见效快，管理上也较为简便，但繁殖数量有限。分株后浇足水，并将植株移入稍荫蔽处，1 周后逐渐放在阳光下进行正常养护。

（2）扦插繁殖　这种方法适合大量繁殖，一年四季均可进行，但以 3 月和 10 月扦插生根最快，成活率高。扦插土壤一般用园土 5 份、腐殖土 4 份、沙土 1 份混合，起沟做畦，进行露地扦插。插条要选择健壮植株上的当年生或 2 年生成熟枝条，剪成长 15～20cm 的段，留 4～5 个芽或叶片。扦插时，将插条的 2/3 插入土中，土面只留最上端 1～2 个芽或叶片。插条切口要平，剪成马蹄形，随剪随插，镇压插条基部土壤，浇一次透水。此后每天喷 1～2 次水，经常保持土壤湿润。20 天后减少喷水次数，防止过于潮湿，引起枝条腐烂，1 个月左右可生根移栽。

（3）压条繁殖 3～4月份，将母株外围的枝条直接弯曲压入土中，也可将压入土中的部分进行环割或刻伤，以促进快速生根。待生长新根后与母株分离，春秋植树季节移栽即可。

◆栽培管理：珍珠梅适应性强，对肥料要求不高，除新栽植株需施少量底肥外，以后不需再施肥，但需浇水，一般在叶芽萌动至开花期间浇2～3次透水，立秋后至霜冻前浇2～3次水，其中包括1次防冻水，夏季视干旱情况浇水，雨多时不必浇水。花谢后花序枯黄，影响美观，因此应剪去残花序，使植株干净整齐，并且避免残花序与植株争夺养分与水分。秋后或春初还应剪除病虫枝和老弱枝，对1年生枝条可进行强修剪，促使枝条更新与花繁叶茂。

珍珠梅对土壤要求不严，但是栽培在深厚肥沃的沙壤土中则生长更好，开花更繁茂。

珍珠梅对施肥要求不高，刚栽培时需施足基肥，就能满足其生长要求，一般不再施追肥。以后结合冬季管理，每隔1～2年施1次基肥即可。

棣 棠

◆学名：*Kerria japonica* (L.) DC

◆科属：蔷薇科棣棠花属

◆树种简介：棣棠花是落叶灌木，高1～2m，稀达3m；小枝绿色，圆柱形，无毛，常拱垂，嫩枝有棱角。叶互生，三角状卵形或卵圆形，顶端长渐尖，基部圆形、截形或微心形，边缘有尖锐重锯齿，两面绿色，上面无毛或有稀疏柔毛，下面沿脉或脉腋有柔毛；叶柄长5～10mm，无毛；托叶膜质，带状披针形，有缘毛，早落。单花，着生在当年生侧枝顶端，花梗无毛；花直径2.5～6cm；萼片卵状椭圆形，顶端急尖，有小尖头，全缘，无毛，果时宿存；花瓣黄色，宽椭圆形，顶端下凹，比萼片长1～4倍。瘦果倒卵形至半球形，褐色或黑褐色，表面无毛，有皱褶（图7-89～图7-92，见彩图）。

棣棠喜温暖湿润和半阴环境，耐寒性较差，对土壤要求不严，

图 7-89　棣棠全株及花

图 7-90　棣棠根茎

图 7-91　棣棠叶

图 7-92　棣棠果实

在肥沃、疏松的沙壤土中生长最好。原产中国华北至华南地区，分布于安徽、浙江、江西、福建、河南、湖南、湖北、广东、甘肃、陕西、四川、云南、贵州、北京、天津等地。

◆ 繁殖方法：以分株、扦插和播种法繁殖。

（1）分株　在早春和晚秋进行，用刀或铲直接在土中从母株上分割各带 1～2 个枝干的新株取出移栽，留在土中的母株第二年再分株。重瓣棣棠适合分株繁殖法。

（2）扦插　于早春扦插，用未发芽的 1 年生枝扦插。梅雨季节，用嫩枝扦插，可选用当年生粗壮枝，留半数叶，插条长 12～

18cm，插在褐色土、熟土或沙土中，如果插在露地要遮阴，防止干燥（图7-93）。

图7-93 棣棠的小拱棚扦插苗

图7-94 棣棠花篱

（3）播种 只在大量繁殖单瓣原种时采用此法。种子采收后需经过5℃低温沙藏1～2个月，翌春播种，播后盖细土，覆草，出苗后搭棚遮阴。

◆整形修剪：以自然丛生灌木形为主或作花篱修剪。

（1）灌木状整形 棣棠枝条冬季易枯梢，所以修剪工作通常于早春发芽前进行。将丛状株从基部剪除细弱枝、枯枝与过强枝干，保留长势中庸发育强壮的5～6根主干，遵循强枝轻截、弱枝重截的原则，形成错落有致的自然灌木状树形。经2～3年培育即可出圃。

（2）作花篱整形 与灌木状整形修剪的区别在于：除修剪细弱枝与过长枝外，保留枝干数量不限，枝干高度基本平行（图7-94）。

◆栽培管理：中耕除草，5～6月份除草。一般不需要经常浇水，盆栽要在午后浇饼肥水，不易多浇。夏天要多浇水，在整个生长期视苗势酌量追施1～2次液肥。当发现有退枝时（枝条由上而下渐次枯死），立即剪掉枯死枝，否则蔓延到根部，导致全株死亡。在开花后留50cm高，剪去上部的枝，促使地下芽萌生。棣棠落叶后，还会出现枯枝，第二年春天（2～3月）在连续晴天时剪枝，使当年枝开花旺盛，如要想多分枝，仅留7cm左右把其余部分剪去。在寒冷地区盆栽 3 年左右换一次盆，结合修根、分株、更新老弱枝。

八角金盘

◆ 学名：*Fatsia japonica* (Thunb.) Decne. et Planch.

◆ 科属：五加科八角金盘属

◆ 树种简介：常绿灌木或小乔木，高可达 5m。茎光滑无刺。叶柄长 10～30cm；叶片大，革质，近圆形，直径 12～30cm，掌状 7～9 深裂，裂片长椭圆状卵形，先端短渐尖，基部心形，边缘有疏离粗锯齿，上表面亮绿色，下面色较浅，有粒状突起，边缘有时呈金黄色；侧脉在两面隆起，网脉在下面稍显著。圆锥花序顶生，长 20～40cm；伞形花序直径 3～5cm，花序轴被褐色茸毛；花萼近全缘，无毛；花瓣 5，卵状三角形，长 2.5～3mm，黄白色，无毛；雄蕊 5，花丝与花瓣等长；子房下位，5 室，每室有 1 胚球；花柱 5，分离；花盘凸起，半圆形。果实近球形，直径 5mm，熟时黑色。花期 10～11 月，果熟期翌年 4 月（图 7-95～图 7-97，见彩图）。

图 7-95　八角金盘全株　　　　图 7-96　八角金盘叶片

八角金盘喜温暖湿润的气候，耐阴，不耐干旱，有一定耐寒力。宜种植在排水良好和湿润的沙质壤土中。

图 7-97 八角金盘花果

原产于日本南部，中国华北、华东地区及云南昆明均有分布。

◆ 繁殖方法

（1）扦插繁殖 八角金盘通常多采用扦插繁殖，春插于每年3～4月、秋插在8月进行。选2年生硬枝，剪成15cm长的插穗，斜插入沙床2/3，保湿，并用塑料拱棚封闭，遮阴。夏季5～7月用嫩枝扦插，保持合适温度及遮阴，并适当通风，生根后拆去拱棚，保留荫棚（见图7-98）。

（2）播种繁殖 在4月下旬采收种子，采后堆放后熟，水洗净种。随采随播，种子平均发芽率为26.3%，发芽率较低，因此随采随播不是八角金盘理想的播种方式。因为八角金盘果实为浆果，种子含水量较高，而且有一层黏液附着在刚洗干净的种子表面，妨碍氧气进入种子内部，造成种子缺氧，而且容易使种子发生霉变，导致种子发芽率下降；而经过阴干的种子恰好克服了这些缺点，种子阴干5天、15天、25天后种子平均发芽率分别为60.0%、75.3%、51.0%，种子发芽率较随采随播分别提高了33.7%、49%和24.7%，如不能当年播种，自然干藏的种子发芽率为

图 7-98 八角金盘叶片插　　图 7-99 八角金盘播种小苗

18.5%，冰箱干藏的种子发芽率为 48.7%，冰箱干藏的种子发芽率较自然干藏的种子发芽率提高了 30.2%，说明八角金盘种子经过冰箱干藏后能够相对延长其寿命，而且对于提高种子发芽率也有一定的促进作用。播前应先搭好荫棚，播后 1 个月左右发芽出土，及时揭草，保持床土湿润，入冬幼苗需防旱，留床 1 年或分栽，培育地选择庇阴、湿润旷地栽培，需搭荫棚；3～4 月带泥球移植 (图 7-99)。

(3) 分株繁殖　结合春季换盆进行，将长满盆的植株从盆内倒出，修剪生长不良的根系，然后把原植株丛切分成数丛或数株，栽植到大小合适的盆中，放置于通风阴凉处养护，2～3 周即可转入正常管理。分株繁殖要随分随种，以提高成活率。

◆ 整形修剪

(1) 控制高度　八角金盘是较容易养的植物，即使不修剪树形也不会那么凌乱，若想控制高度，将主干缩剪，在节 (枝条的分杈处) 的近上部剪去，芽就会从这个节上长出，生成自然树形。

(2) 剪去老叶　八角金盘是不太需要修剪的树，修剪时清理掉老叶便可。若是想使树整体浓密分布均匀，在修剪完枝条后，也可将重叠的树叶剪掉。

◆ 栽培管理：幼苗移栽在 3～4 月进行，栽后搭设荫棚，并保湿，每年追肥 4～5 次。地栽设暖棚越冬。

4～10 月为八角金盘的旺盛生长期，可每 2 周左右施 1 次薄液肥，10 月以后停止施肥。在夏秋高温季节，要勤浇水，并注意向叶面和周围空间喷水，以提高空气湿度。10 月以后控制浇水。八角金盘性喜冷凉环境，生长适温为 10～25℃，属于半阴性植物，忌强日照。温室栽培，冬季要多照阳光，春、夏、秋三季应遮光60％以上，如夏季短时间阳光直射，也可能发生日烧病。长期光照不足，则叶片会变细小。4 月份出室后，要放在荫棚或树荫下养护。八角金盘在白天 18～20℃、夜间 10～12℃ 的室内生长良好。长时间的高温，叶片变薄而大，易下垂。越冬温度应保持在 7℃ 以上。每 1～2 年翻土换盆 1 次，一般在 3～4 月进行。翻土换盆时，盆底要放入基肥。盆土可用腐殖土或泥炭土 2 份，加河沙或珍珠岩1 份配成，也可用细沙栽培。

金缕梅

◆ 学名：*Hamamelis mollis* Oliver
◆ 科属：金缕梅科金缕梅属
◆ 树种简介：落叶灌木或小乔木，高达 8m；嫩枝有星状茸毛；老枝秃净；芽体长卵形，有灰黄色茸毛。叶纸质或薄革质，阔倒卵圆形，长 8～15cm，宽 6～10cm，先端短急尖，基部不等侧心形，上面稍粗糙，有稀疏星状毛，不发亮，下面密生灰色星状茸毛；侧脉 6～8 对，最下面 1 对侧脉有明显的第二次侧脉，上面很显著，下面突起；边缘有波状钝齿；叶柄长 6～10mm，被茸毛，托叶早落。头状或短穗状花序腋生，有花数朵，无花梗，苞片卵形，花序柄短，长不到 5mm；萼筒短，与子房合生，萼齿卵形，长 3mm，宿存，均被星状茸毛；花瓣带状，长约 1.5cm，黄白色；雄蕊 4个，花丝长 2mm，花药与花丝几等长；退化雄蕊 4 个，先端平截；子房有茸毛，花柱长 1～1.5mm。蒴果卵圆形，长 1.2cm，宽1cm，密被黄褐色星状茸毛，萼筒长约为蒴果的 1/3。种子椭圆形，长约 8mm，黑色，发亮。花期 5 月（图 7-100～图 7-103，见彩图）。

图 7-100　金缕梅全株

图 7-101　金缕梅叶片

图 7-102　金缕梅的花

图 7-103　金缕梅冬态

多生于山坡、溪谷、阔叶林缘、灌丛中；为高山树种，垂直分布于海拔 600～1600m 的地区。金缕梅系暖地树种，耐寒力较强，在－15℃气温下能露地生长。喜光，但幼年阶段较耐阴，能在半阴条件下生长。对土壤要求不严，在酸性、中性土壤中都能生长尤以肥沃、湿润、疏松且排水好的沙质土生长最佳。

分布于四川、湖北、安徽、浙江、江西、湖南及广西等地。

◆繁殖方法：金缕梅，多用种子播种育苗（图 7-104）。在秋季果实成熟后，连果枝采集回来，放在阳光下晒 2～3 天，果壳开裂，取出种子，随即保存。播种后 15～20 天，1/3～1/2 种子发芽出土，趁阴天或晴天傍晚，轻轻揭除盖草。以后及时做好松土、除草、追肥、抗旱等工作，就能培育出好苗木。在苗木落叶后到翌年春发叶前裸根定植或移植，可以获得高成活率。也可用压条（高压）、嫁接、扦插等无性繁殖方法来增加种群数量。

图 7-104　金缕梅种子

◆ 整形修剪：整形修剪时保持树高在 2m 以下为宜。以花后直到萌芽前修剪为佳。修剪后 7 天左右花芽分化。9 月以后，可修剪杂乱枝条，以利正常枝条发展。丛生枝应从基部剪去。

红 花 檵 木

◆ 学名：*Loropetalum chinense* var. *rubrum*
◆ 科属：金缕梅科檵木属
◆ 树种简介：灌木，有时为小乔木，多分枝，小枝有星毛。叶革质，卵形，长 2～5cm，宽 1.5～2.5cm，先端尖锐，基部钝，不等侧，上面略有粗毛或秃净，干后暗绿色，无光泽，下面被星毛，稍带灰白色，侧脉约 5 对，在上面明显，在下面突起，全缘；叶柄长 2～5mm，有星毛；托叶膜质，三角状披针形，长 3～4mm，宽 1.5～2mm，早落。花 3～8 朵簇生，有短花梗，白色，比新叶先开放，或与嫩叶同时开放，花序柄长约 1cm，被毛；苞片线形，长 3mm；萼筒杯状，被星毛，萼齿卵形，长约 2mm，花后脱落；花瓣 4 片，带状，长 1～2cm，先端圆或钝；雄蕊 4 个，花丝极短，药隔突出成角状；退化雄蕊 4 个，鳞片状，与雄蕊互生；子房完全下位，被星毛；花柱极短，长约 1mm；胚珠 1 个，垂生于心皮内上角（图 7-105、图 7-106，见彩图）。

图 7-105　红花檵木全株　　　　图 7-106　红花檵木叶片及花

红花檵木喜光，稍耐阴，但阴时叶色容易变绿。适应性强，耐旱。喜温暖，耐寒冷。萌芽力和发枝力强，耐修剪。耐瘠薄，但适宜在肥沃、湿润的微酸性土壤中生长。

红花檵木主要分布于我国长江中下游及以南地区；印度北部也有分布。

◆ 繁殖方法

（1）嫁接繁殖　主要用切接和芽接两种方法。嫁接于 2～10 月均可进行，切接以春季发芽前进行为好，芽接则宜在 9～10 月进行。以白檵木中、小型植株为砧木进行多头嫁接，加强水肥和修剪管理，1 年内可以出圃（图 7-107）。

（2）扦插繁殖　3～9 月均可进行，选用疏松的黄土作为扦插基质，确保扦插基质通气透水和较高的空气湿度，保持温暖但避免阳光直射，同时注意扦插环境通风透气。红檵木插条在温暖湿润条件下，20～25 天形成红色愈合体，1 个月后即长出 0.1cm 粗、1～6cm 长的新根 3～9 条。扦插法繁殖系数大，但长势较弱，出圃时间长，而多头嫁接的苗木生长势强，成苗出圃快，却较费工。嫩枝扦插于 5～8 月，采用当年生半木质化枝条，剪成 7～10cm 长带踵的插穗，插入土中 1/3；插床基质可用珍珠岩或用 2 份河沙、6 份黄土或山泥混合。插后搭棚遮阴，适时喷水，保持土壤湿润，30～

40 天即可生根（图 7-108）。

图 7-107　高杆嫁接红花檵木　　　　图 7-108　红花檵木扦插生根

（3）播种繁殖　春夏播种。红檵木种子发芽率高，播种后 25 天左右发芽，1 年能长到 6～20cm 高，抽发 3～6 个枝。红檵木实生苗新根呈红色、肉质，前期必须精细管理，直到根系木质化并变褐色时，方可粗放管理。有性繁殖因其苗期长、生长慢，且有白檵木苗出现（返祖现象），一般不用于苗木生产，而用于红檵木育种研究。一般在 10 月采收种子，11 月份冬播或将种子密封干藏至翌春播种，种子用沙子擦破种皮后条播于半沙土苗床，播后 25 天左右发芽，发芽率较低（图 7-109）。

◆ 整形修剪

（1）修剪　红檵木具有萌发力强、耐修剪的特点，在早春、初秋等生长季节进行轻、中度修剪，配合正常水肥管理，约 1 个月后即可开花，且花期集中，这一方法可以促发新枝、新叶，使树姿更美观，延长叶片红色期，并可促控花期，尤其适用于红檵木盆景，能增强展览效果，促进产品销售。

（2）摘叶、抹梢　在生长季节摘去红檵木的成熟叶片及枝梢，经正常管理 10 天左右即可再抽出嫩梢，长出鲜红的新叶。

（3）整形

① 人工式的球形：红花檵木极耐修剪及盘扎整形，树形多采用人工式球形（图 7-110）。

② 自然式丛生形：红花檵木萌发力强、分枝性强，可自然长成丛生状。

图 7-109 红花檵木播种苗   图 7-110 球形红花檵木

③ 单干圆头形：选一粗壮的枝条培养成主干，疏除其余枝条，当主干高达 1m 以上时定干，在其上选一健壮而直立向上的枝条作为主干的延长枝，即作中心干培养，以后在中心干上选留向四周均匀配置的 4～5 个强健的主枝，枝条上下错落分布（图 7-111）。

红花檵木常用于制作盆景，可制作单干式、双干式、枯干式、曲干式和丛林式等不同形式的盆景，树冠既可加工成自然形，也可加工成大小不一、错落有致的圆片造型。加工方法可用蟠扎、牵拉和修剪等手段。为使树干更加苍劲古朴，可用利刀对树干进行雕刻，其伤口很容易愈合。另外，也常做绿篱使用（图 7-112）。

图 7-111 红花檵木单干圆球形   图 7-112 红花檵木做绿篱

◆ 栽培管理：红檵木移栽前，施肥要选腐熟有机肥为主的基肥，结合撒施或穴施复合肥，注意充分拌匀，以免伤根。生长季节用中性叶面肥 800～1000 倍稀释液进行叶面追肥，每月喷 2～3 次，以促进新梢生长。南方梅雨季节，应注意排水，高温干旱季节，应保证早、晚各浇水 1 次，中午结合喷水降温；北方地区因土壤、空气干燥，必须及时浇水，保持土壤湿润，秋冬及早春注意喷水，保持叶面清洁、湿润。

蜡　梅

◆ 学名：*Chimonanthus praecox*（Linn.）Link

◆ 科属：蜡梅科蜡梅属

◆ 树种简介：落叶灌木，高达 4m；幼枝四方形，老枝近圆柱形，灰褐色，无毛或被疏微毛，有皮孔；鳞芽通常着生于第二年生的枝条叶腋内，芽鳞片近圆形，覆瓦状排列，外面被短柔毛。叶纸质至近革质，卵圆形、椭圆形、宽椭圆形至卵状椭圆形，有时长圆状披针形，长 5～25cm，宽 2～8cm，顶端急尖至渐尖，有时具尾尖，基部急尖至圆形，除叶背脉上被疏微毛外无毛。花着生于第二年生枝条叶腋内，先花后叶，芳香，直径 2～4cm；花被片圆形、长圆形、倒卵形、椭圆形或匙形，长 5～20mm，宽 5～15mm，无毛，内部花被片比外部花被片短，基部有爪；雄蕊长 4mm，花丝比花药长或等长，花药向内弯，无毛，药隔顶端短尖，退化雄蕊长 3mm；心皮基部被疏硬毛，花柱长达子房 3 倍，基部被毛。果托近木质化，坛状或倒卵状椭圆形，长 2～5cm，直径 1～2.5cm，口部收缩，并具有钻状披针形的被毛附生物。花期 11 月至翌年 3 月，果期 4～11 月（图 7-113～图 7-116，见彩图）。

蜡梅性喜阳光，能耐阴、耐寒、耐旱，忌渍水。蜡梅花在霜雪寒天傲然开放，花黄似蜡，浓香扑鼻，是冬季主要观赏花木。怕风，较耐寒，在气温不低于-15℃时能安全越冬，北京以南地区可露地栽培，花期遇-10℃低温，花朵受冻害。喜生于土层深厚、肥沃、疏松、排水良好的微酸性沙质壤土，在盐碱地上生长不良。耐旱性较强，怕涝，故不宜在低洼地栽培。树体生长势强，分枝旺盛，根茎部易生萌蘖。耐修剪，易整形。

◆ 繁殖方法：蜡梅一般以嫁接繁殖为主，也可采用分株、播种、扦插、压条繁殖。嫁接以切接为主，也可采用靠接和芽接。切

图 7-113　蜡梅全株

图 7-114　蜡梅的花

图 7-115　蜡梅枝叶

图 7-116　蜡梅盆景

接多在 3～4 月进行，当叶芽萌动有麦粒大小时嫁接最易成活。如芽发得过大，接后很难成活。切接前 1 个月，就要从壮龄母树上，选粗壮而又较长的 1 年生枝，截去顶梢，使养分集中到枝的中段，则有利于嫁接成活。接穗长 6～7cm，砧木可用狗蝇蜡梅或 4～5 年生蜡梅实生苗。砧木切口可略长，深达木质部为宜，扎缚后的切口要涂以泥浆，然后壅土封起。接后约 1 个月，即可扒开封土检查成活。用切接法繁殖的蜡梅，生长旺盛，当年可高达 40～60cm。靠接繁殖多在 5 月前后进行，砧木多用数年生蜡梅实生苗。先把砧木苗上盆培养成活，把它们搬至用作接穗的母枝附近，选择母枝上和砧木苗粗细相当的枝条，在适当部位削成梭形切口，长 3～5cm，深达木质部。削口要平展，砧木和接穗的削口长短和大小要一致，然后把它们靠在一起，使四周的形成层相互对齐，用塑料带自下而上紧密绑扎在一起。嫁接成活后先自接口下面将接穗剪断，再把切口上面的砧木枝梢剪掉即成。芽接繁殖宜在5月下旬至6月下旬进行，须选用1年生长枝条上的隐芽，其成活率高于当年生枝条上的新芽，可采取"V"字形嫁接法（图7-117～图7-119）。

图7-117　蜡梅切接

图7-118　蜡梅靠接

◆ 整形修剪

（1）整形

① 乔木状树形。在幼苗期选留一粗壮的枝条，不进行摘心培养成主干。当主干达到预期的高度后再行摘心，促使分枝。当分枝长到25cm后再次摘心，使其形成树冠，随时剪除基部萌发的枝条。

② 丛状树形或盆栽。幼苗期即行摘心，促其分枝。冠丛形成后，在休眠期对壮枝剪去嫩梢，对弱枝留基部2～3个芽进行短截，同时清除冠丛内膛细枝、病枯枝、乱形枝。对当年的新枝在6月上、中旬进行一次摘心。园艺造型一般萌芽时动刀折整枝干，使之形成基本骨架。至5～6月份可用手扭折新枝。基本定型后，还要经常修剪，保持既定型式（图7-120）。

图 7-119 蜡梅的芽苗嫁接

图 7-120 蜡梅盆栽

(2) 修剪

① 生长季抹芽、摘心。蜡梅叶芽萌发5cm左右时，抹除密集、内向、贴近地面的多余嫩芽。在5～6月旺盛生长期，当主枝长40cm以上、侧枝30cm以上时进行摘心，促生分枝。在雨季，及时剪去杂枝、无用枝、乱形枝、挡风遮光枝（图7-121）。

② 花前修剪。在落叶后花芽膨大前，对长枝在花芽上多留一对叶芽，剪去上部无花芽部分，疏去枯枝、病虫枝、过弱枝及密集、徒长的无花枝和不作更新用的根蘖。要小心操作，避免碰掉花芽。

③ 花后补剪。疏去衰老枝、枯枝、过密枝及徒长枝等，回缩衰弱的主枝或枝组。对过高、过长、过强的主枝，可在较大的中庸斜生枝处回缩，以弱枝带头，控制枝高、枝长和枝势。短截1年生枝，主枝延长枝剪留30～40cm，其他较强的枝留10～20cm，弱枝留一对芽或疏除。花谢后及时摘去残花（图7-122）。

◆ 栽培管理

(1) 露地栽植 选择土层深厚、避风向阳、排水良好的中性或微酸性沙质土壤，一般在春季萌芽前栽植。小苗采取30cm×50cm

图 7-121　蜡梅摘心抹芽

图 7-122　花后补剪

的株行距栽植；2～3 年生的中等苗按 50cm×55cm 的株行距栽植。庭园内定植的大苗树穴直径 60～70cm，穴深 40～50cm；穴底填放腐熟的厩肥、豆饼等作基肥，在基肥上覆盖一层土后，再将带有土球的蜡梅植株放入，填土，踩实，浇水。

(2) 盆栽　选择疏松肥沃、排水良好的沙质土壤做培养土，在盆或缸底排水孔上垫一层石砾，在每年的初冬选择花蕾饱满的小株，带土掘起，植于盆中，开花后即可陈列观赏。平时放在室外阳光充足处养护。

(3) 水肥管理　平时浇水以维持土壤半墒状态为佳，雨季注意排水，防止土壤积水。干旱季节及时补充水分，开花期间，土壤保持适度干旱，不宜浇水过多。盆栽蜡梅在春秋两季，盆土不干不浇；夏季每天早晚各浇一次水，水量视盆土干湿情况控制。每年花谢后施一次充分腐熟的有机肥；春季新叶萌发后至 6 月的生长季节，每 10～15 天施一次腐熟的饼肥水；7～8 月的花芽分化期，追施腐熟的有机肥和磷钾肥混合液；秋后再施一次有机肥。每次施肥后都要及时浇水、松土，以保持土壤疏松，花期不要施肥。盆栽蜡梅，上盆初期不再追施肥水，春季要施展叶肥，每隔 2～3 年翻盆换土一次，在春季花谢后进行，同时换掉 1/3 的盆土。

接　骨　木

◆ 学名：*Sambucus williamsii*

◆科属：忍冬科接骨木属

◆树种简介：接骨木是落叶灌木或小乔木，高 5～6m；老枝淡红褐色，具明显的长椭圆形皮孔，髓部淡褐色。羽状复叶有小叶 2～3 对，有时仅 1 对或多达 5 对，侧生小叶片卵圆形、狭椭圆形至倒矩圆状披针形，长 5～15cm，宽 1.2～7cm，顶端尖、渐尖至尾尖，边缘具不整齐锯齿，有时基部或中部以下具 1 至数枚腺齿，基部楔形或圆形，有时心形，两侧不对称，最下一对小叶有时具长 0.5cm 的柄，顶生小叶卵形或倒卵形，顶端渐尖或尾尖，基部楔形，具长约 2cm 的柄，初时小叶上面及中脉被稀疏短柔毛，后光滑无毛，叶搓揉后有臭气；托叶狭带形，或退化成带蓝色的突起。

花与叶同出，圆锥形聚伞花序顶生，长 5～11cm，宽 4～14cm，具总花梗，花序分枝多成直角开展，有时被稀疏短柔毛，随即光滑无毛；花小而密；萼筒杯状，长约 1mm，萼齿三角状披针形，稍短于萼筒；花冠蕾时带粉红色，开后白色或淡黄色，筒短，裂片矩圆形或长卵圆形，长约 2mm；雄蕊与花冠裂片等长，开展，花丝基部稍肥大，花药黄色；子房 3 室，花柱短，柱头 3 裂。

果实红色，极少蓝紫黑色，卵圆形或近圆形，直径 3～5mm；分核 2～3 枚，卵圆形至椭圆形，长 2.5～3.5mm，略有皱纹（图 7-123～图 7-126，见彩图）。

接骨木适应性较强，对气候要求不严，喜向阳，但又稍耐荫蔽。以肥沃、疏松的土壤为好。较耐寒，又耐旱，根系发达，萌蘖性强。忌水涝，抗污染性强。

接骨木在世界范围内分布极广，在中国有土产的中国接骨木，在欧洲也有西洋接骨木，甚至有了专为园艺观赏用的金叶接骨木。生长于海拔 1000～1400m 的松林和桦木林中、山坡岩缝、林缘等处。

◆繁殖方法：播种、扦插、分株繁殖均可。

扦插繁殖，每年 4～5 月，剪取 1 年生充实枝条 10～15cm 长，插于沙床，插后 30～40 天生根。分株繁殖，秋季落叶后，挖取母

图 7-123 接骨木全株

图 7-124 接骨木枝叶

图 7-125 接骨木的花

图 7-126 接骨木的果实

枝，将其周围的萌蘖枝分开栽植。

采用育苗移栽法。有 2 月发芽前，选取生长良好、无病虫害的枝条，剪成 20～25cm 长的插条，每个插条留有 3 个芽节，最上面和最下面的芽节要距剪口 1～1.5cm。然后在整好的地上开 3m 宽的畦，按行距 26cm 开横沟，深 16～20cm，每沟放插条 15～20 根，插条最上面的芽节要露出地面，然后覆土半沟，压紧，再盖细土与畦面齐平。移栽在当年冬季落叶后或第二年春季发芽前进行。按行株距各 1.3～1.8m 开穴，深 21～25cm，每穴移苗 1 株，填土压紧，再盖土使稍高于地面（图 7-127）。

◆ 整形修剪：接骨木萌芽力强，非常耐修剪，其常见株型有两种：多干式灌丛形、单干式。

（1）多干式灌丛形 有两种修剪方式：一是在园林栽植时用几株小苗组合在一起，将各个"主干"上萌发的枝条及时疏除，保留几个直立的"主干"，对于"主干"间向内生长的枝条全部疏除，

图 7-127　接骨木播种苗　　　　　图 7-128　多干式接骨木

只保留向外生长的枝条，这样多干式灌丛形就形成了。此后主要对树冠内过密枝、冗杂枝、病虫枝、徒长枝进行修剪即可。二是在苗圃内培育出多干式灌丛形植株，即对长势较强的植株进行平茬处理，在其新萌发出的枝条中选择 4～5 个长势健壮的枝条作主干培养，不断疏除主干上的侧枝，只保留向外侧生长的枝条（图 7-128）。

（2）单干式　待到植株长至 2.5m 以上时，对其进行短截，在新生的枝条中，选择 3～4 个分布均匀、长势健壮、生长角度开张，且不在同一轨迹的新枝作主枝培养，秋末对其进行中短截，翌年在每个主枝上的新生枝条中选择 2 个健壮枝作侧枝培养，其他新生枝条全部疏除，这样基本树形形成。此后只需根据树势调整冠幅即可，对过密枝、病虫枝和徒长枝及时进行修剪（图 7-129）。

◆ 栽培管理：每年春、秋季均可移苗，剪除柔弱、不充实和干枯的嫩梢。苗高 13～17cm 时，进行第 1 次中耕除草，追肥；6 月进行第 2 次。肥料以人畜粪水为主，移栽后 2～3 年，每年春季和夏季各中耕除草 1 次。生长期可施肥 2～3 次，对徒长枝适当截短，增加分枝。接骨木虽喜半阴环境，但长期生长在光照不足的条件下，枝条柔弱细长，开花疏散，树姿欠佳。

园林应用接骨木枝叶繁茂，春季白花满树，夏秋红果累累，是良好的观赏灌木，宜植于草坪、林缘或水边；据测定，接骨木对氟化氢抗性强，对氯气、氯化氢、二氧化硫、醛、酮、醇、醚、苯和

图 7-129 单干式接骨木

安息香吡啉（致癌物质）等也有较强的抗性，故可用作城市、工厂的防护林。

接骨木常见溃疡病、叶斑病和白粉病危害，可用 65％代森锌可湿性粉剂 1000 倍液喷洒。其虫害有透翅蛾、夜蛾和介壳虫，可用 50％杀螟松乳油 1000 倍液喷杀。

南 天 竹

◆ 学名：*Nandina domestica*

◆ 科属：小檗科南天竹属

◆ 树种简介：常绿小灌木。茎常丛生而少分枝，高 1～3m，光滑无毛，幼枝常为红色，老后呈灰色。叶互生，集生于茎的上部，三回羽状复叶，长 30～50cm；二至三回羽片对生；小叶薄革质，椭圆形或椭圆状披针形，长 2～10cm，宽 0.5～2cm，顶端渐尖，基部楔形，全缘，上面深绿色，冬季变红色，背面叶脉隆起，两面无毛；近无柄。圆锥花序直立，长 20～35cm；花小，白色，具芳香，直径 6～7mm；萼片多轮，外轮萼片卵状三角形，长 1～2mm，向内各轮渐大，最内轮萼片卵状长圆形，长 2～4mm；花瓣长圆形，长约 4.2mm，宽约 2.5mm，先端圆钝；雄蕊 6，长约 3.5mm，花丝短，花药纵裂，药隔延伸；子房 1 室，具 1～3 枚胚珠。果柄长 4～8mm；浆果球形，直径 5～8mm，熟时鲜红色，稀橙红色。种子扁圆形。花期 3～6 月，果期 5～11 月（图 7-130、图

7-131, 见彩图)。

图 7-130　南天竹全株　　　　　图 7-131　南天竹枝叶

　　南天竹性喜温暖及湿润的环境, 比较耐阴, 也耐寒, 容易养护。栽培土要求肥沃、排水良好的沙质壤土。对水分要求不甚严格, 既能耐湿, 也能耐旱。比较喜肥, 可多施磷、钾肥。生长期每月施 1~2 次液肥。盆栽植株观赏几年后, 枝叶老化脱落, 可整形修剪, 一般主茎留 15cm 左右即可, 4 月修剪, 秋后可恢复到 1m 高, 并且树冠丰满。

　　南天竹产于陕西、河南、河北、山东、湖北、江苏、浙江、安徽、江西、广东、广西、云南、贵州、四川等地。日本、印度也有种植。

　　◆ 繁殖方法: 以播种、分株繁殖为主, 也可扦插繁殖。室内养护要加强通风透光, 防止介壳虫发生。

　　(1) 种子繁殖　秋季采种, 采后即播。在整好的苗床上, 按行距 33cm 开沟, 深约 10cm, 均匀撒种, 每公顷播种量为 90~120kg。播后, 盖草木灰及细土, 压紧。第二年幼苗生长较慢, 要经常除草、松土, 并施清淡人畜粪尿。以后每年要注意中耕除草、追肥, 培育 3 年后可出圃定植。移栽宜在春天雨后进行, 株行距各为 100cm。栽前, 带土挖起幼苗, 如不能带土, 必须用稀泥浆根, 栽后才易成活 (图 7-132)。

　　(2) 分株繁殖　春、秋两季将丛状植株掘出, 抖去宿土, 从根基结合薄弱处剪断, 每丛带茎干 2~3 个, 需带一部分根系, 同时剪去一些较大的羽状复叶，地栽或上盆，培养1～2年后即可开花结果。

◆ 整形修剪：在冬季植株进入休眠或半休眠期，要把瘦弱、病虫、枯死、过密等枝条剪掉。也可结合扦插对枝条进行整理。

盆栽时，冬末春初，将采掘来的坯桩，按设计要求，选取高度适中的潜伏芽点，进行短截。第一年任其生长，第二年同期可剪去上年生的大部分枝梢，仅留最低处的1～2个枝条，以便新芽从枝腋处萌出。以后每年照此修剪，避免主干逐年增高。这种做法对天竹结果也有益处（图7-133）。

图7-132 南天竹播种苗　　　图7-133 南天竹盆景造型

◆ 栽培管理

(1) 盆栽的宜于每年早春换盆1次。换盆时，去掉部分陈土和老根，施入基肥，填进新的培养土（幼苗期宜用沙土5份、腐叶土4份、腐熟饼肥末1份混合调制，成株期腐熟饼肥末可加至2份）。

(2) 夏季放在通风良好的花荫凉处培养，每天浇水时，要向叶面及附近地面喷水1～2次，以提高空气湿度，降低温度。

(3) 水肥要因时因生长发育期而异。南天竹喜湿润但怕积水。生长发育期间浇水次数应随天气变化而增减，每次都不宜过多。一般春秋季节每天浇水1次，夏季每天浇2次，保持盆土湿润即可。开花时，浇水的时间和水量需保持稳定，防止忽多忽少、忽湿忽干，不然易引起落花落果，冬季植株处于半休眠状态，要控制浇水。若浇水过多易徒长，妨碍休眠，影响来年开花结果；南天竹喜肥，5～9 月，可每 15～20 天施一次稀薄饼肥水，约每 2 个月浇一次 0.2％硫酸亚铁水。幼苗期施液肥宜淡不宜浓（液肥与水按1：10 混合），成株期可稍浓些（液肥与水按 1：8 混合）。雨季改施干肥，每月 1 次，每盆 20～40g。

(4) 盆栽的 10 月上、中旬移入室内，入室后放在早晚能受到阳光直射的地方，室温以不结冰即可。每周用温水喷洗一次枝叶，以保持叶片清新。

(5) 结合换盆进行修剪整形，从基部疏去枯枝、细弱枝，促使萌发新枝，一般以保留 4～5 个枝条为宜。

杜　鹃

◆ 学名：*Rhododendron simsii* Planch

◆ 科属：杜鹃科杜鹃属

◆ 树种简介：落叶灌木，高 2～5m；分枝多而纤细，密被亮棕褐色扁平糙伏毛。叶革质，常集生枝端，卵形、椭圆状卵形或倒卵形或倒卵形至倒披针形，长 1.5～5cm，宽 0.5～3cm，先端短渐尖，基部楔形或宽楔形，边缘微反卷，具细齿，上面深绿色，疏被糙伏毛，下面淡白色，密被褐色糙伏毛，中脉在上面凹陷，下面凸出；叶柄长 2～6mm，密被亮棕褐色扁平糙伏毛。

花芽卵球形，鳞片外面中部以上被糙伏毛，边缘具睫毛。花 2～3 (6) 朵簇生枝顶；花梗长 8mm，密被亮棕褐色糙伏毛；花萼 5 深裂，裂片三角状长卵形，长 5mm，被糙伏毛，边缘具睫毛；花冠阔漏斗形，玫瑰色、鲜红色或暗红色，长 3.5～4cm，宽 1.5～2cm，裂片 5，倒卵形，长 2.5～3cm，上部裂片具深红色斑点；雄蕊 10，长约与花冠相等，花丝线状，中部以下被微柔毛；子房卵球形，10 室，密被亮棕褐色糙伏毛，花柱伸出花冠外，无毛。

蒴果卵球形，长达 1cm，密被糙伏毛；花萼宿存。花期 4～5 月，果期 6～8 月（图 7-134、图 7-135，见彩图）。

杜鹃生于海拔 500～1200 (2500) m 的山地疏灌丛或松林下，喜欢酸性土壤，在钙质土中生长得不好，甚至不生长。因此，土壤

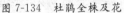

图 7-134　杜鹃全株及花

图 7-135　杜鹃叶片

学家常常把杜鹃作为酸性土壤的指示作物。杜鹃性喜凉爽、湿润、通风的半阴环境，既怕酷热又怕严寒，生长适温为 12～25℃，夏季气温超过 35℃，则新梢、新叶生长缓慢，处于半休眠状态。夏季要防晒遮阴，冬季应注意保暖防寒。忌烈日暴晒，适宜在光照强度不大的散射光下生长，光照过强，嫩叶易被灼伤，新叶、老叶焦边，严重时会导致植株死亡。冬季，露地栽培杜鹃要采取措施进行防寒，以保其安全越冬。观赏类的杜鹃中，西鹃抗寒力最弱，气温降至 0℃ 以下容易发生冻害。

　　杜鹃产自中国江苏、安徽、浙江、江西、福建、台湾、湖北、湖南、广东、广西、四川、贵州和云南。

　　◆ 繁殖方法：杜鹃可以用扦插、嫁接、压条、分株、播种五种繁殖方法，其中以扦插法最为普遍，繁殖量最大；压条成苗最快，嫁接繁殖最复杂，只有扦插不易成活的品种才用嫁接法，播种主要用培育品种。

　　(1) 扦插　此法应用最广，优点是操作简便、成活率高、生长迅速、性状稳定。采用扦插繁殖，扦插盆以 20cm 口径的新浅瓦盆为好，因其透气性良好，易于生根。可用 20% 腐殖园土、40% 马粪屑、40% 河沙混合而成的培养土为基质。扦插时间以春季 (5月) 和秋季 (10月) 最好，这时气温在 20～25℃，最适宜扦插。扦插时，选用当年生半木质化发育健壮的枝梢作插穗，用极锋利的刀；带节切取 6～10cm，切口要求平滑整齐，剪除下部叶片，只留顶端 3～4 片小叶。购买维生素 B_{12} 针剂 1 支，打开后，把扦插条在药液中蘸一下，取出晾一会儿即可进行扦插。插前，应在前一天用喷壶将盆内培养土喷湿，但不可喷得过多。扦插深度为 3～4cm。扦插时，先用筷子在土中钻个洞，再将插穗插入，用手将土压实，使盆土与插穗充分接触，然后浇一次透水。插好后，花盆最好用塑料袋罩上，袋口用带子扎好，需要浇水时再打开，浇水后重新扎好。扦插过的花盆应放置在无阳光直晒处，扦插 10 天内每天都要喷水，除雨天外，阴天可喷 1 次，气候干燥时宜喷 2 次，但每天喷水量不宜过多。10 天后仍要注意保持土壤湿润。4～5 周内要遮阴，直至萌芽以后才可逐渐让其接受一些阳光。一般 2 个月后生根。此后只需要在中午遮阴 2～3h，其余时间可任其接受光照，以利其进行光合作用以制造养分（图 7-136）。

（2）压条　一般采用高枝压条。杜鹃压条常在 4～5 月间进行。具体操作方法是：先在盆栽杜鹃母株上取 2～3 年生的健壮枝条，离枝条顶端 10～12cm 处用锋利的小刀割开约 1cm 宽的一圈环形枝皮，将韧皮部的筛管轻轻剥离干净，切断叶子制造有机物向下输送的渠道，使之聚集，以加速细胞分裂而形成瘤状突起，萌发根芽。然后用一块长方形塑料薄膜松松地包卷两圈，在环形切口下端 2～3cm 处用细绳扎紧，留塑料薄膜上端张开成喇叭袋子状，随即将潮湿的泥土和少许苔藓填入，再把袋形的上端口扎紧，将花盆移到阳光直射不到的地方，进行日常管理即可。浇水时应向叶片喷水，让水沿着枝干下流，慢慢渗入袋中，保持袋内泥土经常湿润，以利枝条上的伤口愈合，使之及早萌生新的根须。3～4 个月后根须长至 2～3cm 长时，即可切断枝条，使其离开母株，栽入新的盆土中（图 7-137）。

（3）嫁接　可一砧接多穗，多品种，生长快，株形好，成活率高。①时间：5～6 月间，采用嫩梢劈接或腹接法。②砧木：选用 2 年生的毛鹃，要求新梢与接穗粗细相当，砧木品种以毛鹃"玉蝴蝶"、"紫蝴蝶"为好。③接穗：在西鹃母株上，剪取 3～4cm 长的嫩梢，去掉下部叶片，保留端部的 3～4 片小叶，基部用刀片削成

图 7-136　杜鹃扦插生根

图 7-137　杜鹃的压条繁殖

楔形，削面长 0.5～1.0cm。④嫁接管理：在毛鹃当年生新梢 2～3cm 处截断，摘去该部位叶片，纵切 1cm，插入接穗楔形端，皮层对齐，用塑料薄膜带绑扎接合部，套塑料袋扎口保湿，置于荫棚下，忌阳光直射和暴晒。接后 7 天，只要袋内有细小水珠且接穗不萎蔫，即有可能成活；2 个月后去袋，翌春再解去绑扎带（图 7-138、图 7-139）。

图 7-138　杜鹃嫁接单干式

图 7-139　杜鹃嫁接苗

（4）播种　杜鹃绝大多数都能结实采种，仅有重瓣的不结实。一般种子成熟期从每年 10 月至翌年 1 月，当果皮由青转黄至褐色时，果实顶端裂开，种子开始散落，此时要随时采收。未开裂的变褐果实均采下，放在室内通风良好处摊晾，使之自然开裂，再去掉果壳等杂质，装入纸袋或布袋中，保存在阴凉通风处。如果有温室，则随采随播，发芽率高。一般播种时间为 3~4 月，采用盆播时，播前把盆里外洗干净，放在阳光下晒干，灭菌消毒，土壤也灭菌消毒，盆土要选用通透性好、湿润肥沃、含有丰富有机质的酸性土。为了出苗均匀，种子中掺些细土，撒入盆内，上面盖一层薄细土，浇水用浸水法渗入盆内，把盆放在前窗台上，盖一层玻璃或塑料薄膜，目的是提高盆内温度。小苗出土后，逐渐减少覆盖时间，因苗嫩小，注意温度变化，温度突然变化、强光照射，苗长得很慢，5~6 月份才长出 2~3 片真叶，这时在室内做第一次移栽，株行距 2~3cm，苗高 2~3cm（大约 11 月份），移栽在 10cm 盆中，大苗栽 1 株，小苗栽 3 株。用细喷壶浇水和淡肥水。播种后第二年春季出花房，放在荫棚下养护。6 月换 13.3cm 盆，第三年植株20cm 高、已有几个分枝，也有花蕾出现时，换直径 16.7cm 的盆，以后根据植株的大小逐年换盆（图 7-140）。

◆ **整形修剪**：修剪整枝是日常维护管理工作中的一项重要措施，它能调节生长发育，从而使其长势旺盛。日常修剪时需剪掉少数病枝、纤弱老枝，结合树冠形态删除一些过密枝条，增加通风透光，有利于植株生长。对于杜鹃园须经常检查，发现枯枝、病枝，应及时清除，以减少病虫害蔓延。

蕾期应及时摘蕾，使养分集中供应，促花大色艳。修剪枝条一般在春、秋季进行，剪去交叉枝、过密枝、重叠枝、病弱枝，及时摘除残花。其整形一般以自然树形为主，略加人工修饰，随心所欲，因树造型（图 7-141）。

◆ **栽培管理**

（1）土壤　杜鹃是喜阴的植物，太阳直射对它生长不利，所以杜鹃专类园最好选择在有树影遮阴的地方，或者在做绿化设计时，就考虑到这一点，有意地在专类园中配置乔木。杜鹃喜排水良好的酸性土壤，但由于各专类园和景观都要用水泥做道路和铺装，使得杜鹃栽植地土壤板结，碱性严重，所以必须把栽植地的土壤进行更换，并加一定量的泥炭土。

长江以北均以盆栽观赏为主。盆土用腐叶土、沙土、园土

图 7-140 杜鹃播种苗

图 7-141 杜鹃的人工式整形

(7:2:1)，掺入饼肥、厩肥等，拌匀后进行栽植。一般春季 3 月上盆或换土。长江以南地区以地栽为主，春季萌芽前栽植，地点宜选在通风、半阴的地方，土壤要求疏松、肥沃，含丰富的腐殖质，以酸性沙质壤土为宜，并且不宜积水，否则不利于杜鹃正常生长。栽后踏实，浇水。

(2) 栽种 杜鹃最适宜在初春或深秋时栽植，如在其他季节栽植，必须架设荫棚，定植时必须使根系和泥土匀实，但又不宜过于紧实，而且使根茎附近土壤面呈弧形状态，这样既可保护植株浅表性根系不受严寒冻害，又有利于排水。

(3) 温度 4 月中、下旬搬出温室，先置于背风向阳处，夏季进行遮阴，或放在树下疏荫处，避免强阳光直射。生长适宜温度 15～25℃，最高温度 32℃。秋末 10 月中旬开始搬入室内，冬季置于阳光充足处，室温保持在 5～10℃，最低温度不能低于 5℃，否则停止生长。

(4) 浇水 杜鹃对土壤干湿度的要求是润而不湿。一般春秋季节，对露地栽种的杜鹃可以隔 2～3 天浇一次透水，在炎热夏季，每天至少浇一次水。日常浇水，切忌用碱性水，浇水时还应注意水温不宜过冷，尤其在炎热夏天，用过冷水浇透，造成土温骤然降低，影响根系吸水，干扰植株生理平衡。

栽植和换土后浇 1 次透水，使根系与土壤充分接触，以利根部成活生长。生长期注意浇水，从 3 月开始，逐渐加大浇水量，特别是夏季不能缺水，经常保持盆土湿润，但勿积水，9 月以后减少浇水，冬季入室后则应盆土干透再浇。

(5) 湿度　杜鹃喜欢空气湿度大的环境，但有些杜鹃专类园建在广场、道路两旁，空气流动快，比较干燥，所以必须经常对杜鹃叶片进行喷水或对周围空气进行喷雾，使杜鹃园周围空气保持湿润。

(6) 施肥　在每年的冬末春初，最好能对杜鹃园施一些有机肥料做基肥。4～5 月份杜鹃开花后，由于植株在花期中消耗掉大量养分，随着叶芽萌发，新梢抽长，可每隔 15 天左右追一次肥。入伏后，枝梢大多已停止生长，此时正值高温季节，生理活动减弱，可以不再追肥。秋后，气候渐趋凉爽，且时有秋雨绵绵，温湿度适宜杜鹃生长，此时可做最后一次追肥，入冬后一般不宜施肥。

合理施肥是养好杜鹃的关键，其喜肥又忌浓肥，在春秋生长旺季每 10 天施 1 次稀薄的饼肥液水，可用淘米水、果皮、菜叶等沤制发酵而成。在秋季还可增施一些磷、钾肥，可用鱼、鸡的内脏和洗肉水加淘米水和一些果皮沤制而成。除上述自制家用肥料外，还可购买一些家用肥料配合使用，但切记要"薄"肥适施。入冬前施 1 次干肥（少量），换盆时不要施盆底肥。另外，浇水或施肥用水均不要直接使用自来水，应酸化处理（加硫酸亚铁或食醋），在 pH 值达到 6 时再使用。

米　兰

◆ 学名：*Aglaia odorata* Lour

◆ 科属：楝科米仔兰属

◆ 树种简介：灌木或小乔木；茎多小枝，幼枝顶部被星状锈色的鳞片。叶长 5～12 (16) cm，叶轴和叶柄具狭翅，有小叶 3～5 片；小叶对生，厚纸质，长 2～7 (11) cm，宽 1～3.5 (5) cm，顶端 1 片最大，下部的远较顶端的为小，先端钝，基部楔形，两面均无毛，侧脉每边约 8 条，极纤细，和网脉均于两面微凸起。圆锥花序腋生，长 5～10cm，稍疏散无毛；花芳香，直径约 2mm；雄花的花梗纤细，长1.5～3mm，两性花的花梗稍短而粗；花萼5裂，裂片圆形；花瓣5，黄色，长圆形或近圆形，长1.5～2mm，顶端圆而截平；雄蕊管略短于花瓣，倒卵形或近钟形，外面无毛，顶端全缘或有圆齿，花药5，卵形，内藏；子房卵形，密被黄色粗毛。果为浆果，卵形或近球形，长10～12mm，初时被散生的星状鳞片，后脱落；种子有肉质假种皮。花期5～12月，果期7月至翌年3月（图7-142～图7-145，见彩图）。

图7-142　米兰全株

图7-143　米兰的花和叶

图7-144　米兰果实

图7-145　米兰嫩枝扦插苗

　　米兰喜温暖湿润和阳光充足的环境，不耐寒，稍耐阴，土壤以疏松、肥沃的微酸性土壤为最好，冬季温度不低于10℃。米兰喜湿润，生长期间浇水要适量。若浇水过多，易导致烂根，叶片黄枯脱落；开花期浇水太多，易引起落花落蕾；浇水过少，又会造成叶子边缘干枯、枯蕾。因此，夏季气温高时，除每天浇灌1～2次水外，还要经常用清水喷洗枝叶并向放置地面洒水，提高空气湿度。同时，施肥也要适当。由于米兰一年内开花次数较多，所以每开过一次花之后，都应及时追施 2~3 次充分腐熟的稀薄液肥，这样才能开花不绝，香气浓郁。米兰喜酸性土，盆栽宜选用以腐叶土为主的培养土。生长旺盛期，每周喷施一次 0.2% 硫酸亚铁液，则叶绿花繁。

米兰产于广东、广西；常生于低海拔山地的疏林或灌木林中。福建、四川、贵州和云南等地常有栽培。分布于东南亚各国。

◆ 繁殖方法：常用压条和扦插繁殖。压条繁殖，以高空压条为主，在梅雨季节选用 1 年生木质化枝条，于基部 20cm 处作环状剥皮 1cm 宽，用苔藓或泥炭敷于环剥部位，再用薄膜上下扎紧，2~3 个月可以生根。扦插繁殖，于 6~8 月剪取顶端嫩枝 10cm 左右，插入泥炭中，2 个月后开始生根（图 7-145）。

◆ 整形修剪：米兰应从小苗开始修剪整形，保留 15~20cm 高的一段主干，不要让主干枝从土面丛生而出，而要在 15cm 高的主干以上分权修剪，以使株姿丰满。多年生老株的下部枝条常衰老枯死。因此，北方宜隔年在高温时节短剪一次，促使主枝下部的不定芽萌发而长出新的侧枝，从而保持树姿匀称，树势强健，叶茂花繁（图 7-146）。

图 7-146　米兰整形修剪效果

◆ 栽培管理：盆栽米兰幼苗注意遮阴，切忌强光暴晒，待幼苗长出新叶后，每 2 周施肥 1 次，但浇水量必须控制，不宜过湿。

除盛夏中午遮阴以外，应多见阳光，这样米兰不仅开花次数多，而且香味浓郁。长江以北地区冬季必须将其搬入室内养护。

女 贞

◆ 学名：*Ligustrum lucidum* Ait.

◆ 科属：木犀科女贞属

◆ 树种简介：叶片常绿，革质，卵形、长卵形或椭圆形至宽椭圆形，长 6～17cm，宽 3～8cm，先端锐尖至渐尖或钝，基部圆形或近圆形，有时宽楔形或渐狭，叶缘平坦，上面光亮，两面无毛，中脉在上面凹入，下面凸起，侧脉 4～9 对，两面稍凸起或有时不明显；叶柄长 1～3cm，上面具沟，无毛。

圆锥花序顶生，长 8～20cm，宽 8～25cm；花序梗长达 3cm；花序轴及分枝轴无毛，紫色或黄棕色，果实具棱；花序基部苞片常与叶同形，小苞片披针形或线形，长 0.5～6cm，宽 0.2～1.5cm，凋落；花无梗或近无梗，长不超过 1mm；花萼无毛，长 1.5～2mm，齿不明显或近截形；花冠长 4～5mm，花冠管长 1.5～3mm，裂片长 2～2.5mm，反折；花丝长 1.5～3mm，花药长圆形，长 1～1.5mm；花柱长 1.5～2mm，柱头棒状（图 7-147～图 7-150，见彩图）。

果肾形或近肾形，长 7～10mm，径 4～6mm，深蓝黑色，成熟时呈红黑色，被白粉。花期 5～7 月，果期 7 月至翌年 5 月。

女贞耐寒性好，耐水湿，喜温暖湿润气候，喜光耐阴。为深根性树种，须根发达，生长快，萌芽力强，耐修剪，但不耐瘠薄。对大气污染的抗性较强，对二氧化硫、氯气、氟化氢及铅蒸气均有较强抗性，也能忍受较高的粉尘、烟尘污染。对土壤要求不严，以沙质壤土或黏质壤土栽培为宜，在红、黄壤土中也能生长。生于海拔 2900m 以下的疏、密林中。

女贞产于长江以南至华南、西南各省区，向西北分布至陕西、甘肃。朝鲜也有分布，印度、尼泊尔有栽培。

◆ 繁殖方法：选择背风向阳、土壤肥沃、排灌方便、耕作层

图 7-147　女贞全株

图 7-148　女贞叶片

图 7-149　女贞的花

图 7-150　女贞的果实

深厚的壤土、沙壤土、轻黏土播种。施底肥后，精耕细耙，做到上虚下实、土地平整。底肥以粪肥为主，多施底肥有利于提高地温，保持土壤墒情，促使种子吸水发芽。用 50%辛硫磷乳油 6.0～7.5L/hm² 加细土 45kg 拌匀，翻地前均匀撒于地表，整地时埋入土中消灭地下害虫，床面要整平。

　　11～12 月女贞种子成熟，种子成熟后，常被蜡质白粉，要适时采收。选择树势壮、树姿好、抗性强的树作为采种母树。可用高枝剪剪取果穗，捋下果实，将其浸入水中 5～7 天，搓去果皮，洗净、阴干。可用 2 份湿沙和 1 份种子进行湿藏，翌春 3 月底至 4 月初，用热水浸种，捞出后湿放 4～5 天即可播种。

　　冬播在封冻之前进行，一般不需催芽。春播在解冻之后进行，催芽则效果显著。为打破女贞种子休眠，播前先用 550mg/kg 赤霉素溶液浸种 48h，每天换 1 次水，然后取出晾干。放置 3～5 天后，再置于 25～30℃ 的条件下水浸催芽，注意每天换水。播种育苗于 3 月上、中旬至 4 月播种。播种前将去皮的种子用温水浸泡 1 天，条播行距为 20cm，覆土厚 1.5～2.0cm，播种量为 105kg/hm² 左右。女贞出苗时间较长，约需 1 个月。播后最好在畦面盖草保墒（图 7-151）。

◆ 整形修剪：一是移植修剪。在苗圃移植时，要短截主干 1/3。在剪口下只能选留 1 个壮芽，使其发育成主干延长枝；而与其对生的另一个芽必须除去。为了防止顶端竞争枝的产生，同时要破坏剪口下第 1、第 2 对芽。二是定植修剪。定植前，对大苗中心主干的 1 年生延长枝短截 1/3，剪口芽留强壮芽，同时要除去剪口下面第 1 对芽中的 1 个芽，以保证选留芽顶端优势。为防止顶端产生竞争枝，对剪口下面第 2～3 对腋芽要进行破坏。位于中心主干下部、中部的其他枝条，要选留 3～4 个（以干高定）有一定间隔且错落分布的枝条主枝。每个主枝要短截，留下芽，剥去上芽，以扩大树冠，保持冠内通风透光。其余细弱枝可缓放不剪，以辅养主干生长。夏季修剪主要是短截中心主干上的竞争枝，不断削弱其生长势，同时剪除主干上和根部的萌蘖枝。第 2 年冬剪，仍要短截中心主干延长枝，但留芽方向与第 1 年相反。如遇中心主干上部发生竞争枝，要及时回缩或短截，以削弱生长势（图 7-152、图 7-153）。

图 7-151　女贞播种苗

图 7-152　女贞单干式修剪

◆ 栽培管理：女贞适应性强，耐干瘠，通常不需特殊的水肥管理，但花果用林和放养白蜡虫林在干旱时应及时浇灌，秋冬季垦复后可追施一定量的农家肥。

图 7-153 女贞绿篱式修剪

女贞抗性强，病虫害较少，主要有叶斑病、天蛾及水蜡蛾为害叶片及白蚁为害树干基部，发生严重时可用化学药剂防治。

胡 颓 子

◆学名：*Elaeagnus pungens* Thunb.

◆科属：胡颓子科胡颓子属

◆树种简介：常绿直立灌木，高 3～4m，具刺，刺顶生或腋生，长 20～45mm，有时较短，深褐色；幼枝微扁棱形，密被锈色鳞片，老枝鳞片脱落，黑色，具光泽。叶革质，椭圆形或阔椭圆形，稀矩圆形，长 5～10cm，宽 1.8～5cm，两端钝形或基部圆形，边缘微反卷或皱波状，上面幼时具银白色和少数褐色鳞片，成熟后脱落，具光泽，干燥后褐绿色或褐色，下面密被银白色和少数褐色鳞片，侧脉 7～9 对，与中脉开展成 50°～60°的角，近边缘分叉而互相连接，上面显著凸起，下面不甚明显，网状脉在上面明显，下面不清晰；叶柄深褐色，长 5～8mm。

花白色或淡白色，下垂，密被鳞片，1～3 花生于叶腋锈色短小枝上；花梗长 3～5mm；萼筒圆筒形或漏斗状圆筒形，长 5～7mm，在子房上骤收缩，裂片三角形或矩圆状三角形，长 3mm，顶端渐尖，内面疏生白色星状短柔毛；雄蕊的花丝极短，花药矩圆形，长 1.5mm；花柱直立，无毛，上端微弯曲，超过雄蕊。果实椭圆形，长 12～14mm，幼时被褐色鳞片，成熟时红色，果核内面具白色丝状棉毛；果梗长 4～6mm。花期 9～12 月，果期次年 4～6月（图 7-154～图 7-156，见彩图）。

图 7-154　胡颓子全株

图 7-155　胡颓子叶片及花

图 7-156　胡颓子的果实

　　胡颓子抗寒力比较强，在华北南部可露地越冬，能忍耐－8℃左右的绝对低温，生长适温为 24～34℃，耐高温酷暑。在原产地虽生长在山坡上的疏林下及阴湿山谷中，但不怕阳光暴晒，也具有较强的耐阴力。对土壤要求不严，在中性、酸性和石灰质土壤上均能生长，耐干旱和瘠薄，不耐水涝。喜高温、湿润气候，其耐盐性、耐旱性和耐寒性佳，抗风性强。

　　胡颓子产于江苏、浙江、福建、安徽、江西、湖北、湖南、贵州、广东、广西；在世界范围内主要分布在北半球温带和亚热带地区，日本也有分布。生于海拔 1000m 以下的向阳山坡或路旁。

◆ 繁殖方法

(1) 播种 每年 5 月中、下旬将果实采下后堆积起来，经过一段时间的后熟而腐烂，再将种子淘洗干净，立即播种。种子发芽率只有 50% 左右，因此应适当加大播种量，采用开沟条播法，行距 15～20cm，覆土厚 1.5cm，播后盖草保墒。播种后已进入夏季，气温较高，一个多月即可全部出齐，应立即搭棚遮阴，当年追肥 2 次，翌年早春分苗移栽，再培养 1～2 年即可出圃。

(2) 扦插 扦插多在 4 月上旬进行，剪充实的 1～2 年生枝条做插穗，截成 12～15cm 长的段，保留 1～2 枚叶片，入土深 5～7cm。如在露地苗床扦插需搭棚遮阴，盆插时应放在荫棚下养护，2 个月左右生根，可继续在露地苗床培养大苗，也可上盆培养。

◆ 栽培管理：以春季 3 月移植最适宜。不论地栽还是盆栽，都需带有完好的土团。盆栽主要是供厅堂和室内陈设，用普通培养土上盆，可常年在室内陈设或放在室外的疏荫下养护。2～3 年翻盆换土 1 次，盛夏到来之前追施 3～4 次液肥，盆土应间干间湿。为了能大量结果，秋季应继续追肥，冬季可放在居室内继续观赏。还可用来制作树桩盆景，在中国南方常是进山挖掘野生的老树桩，先在泥瓦盆中蟠扎造型，成形后再栽入盆景盆中。这种方法会破坏原来的山林植被，造成水土流失。

风　箱　果

◆ 学名：*Physocarpus amurensis* (Maxim.) Maxim

◆ 科属：蔷薇科风箱果属

◆ 树种简介：灌木，高达 3m；小枝圆柱形，稍弯曲，无毛或近于无毛，幼时紫红色，老时灰褐色，树皮成纵向剥裂；冬芽卵形，先端尖，外面被短柔毛。叶片三角卵形至宽卵形，长 3.5～5.5cm，宽 3～5cm，先端急尖或渐尖，基部心形或近心形，稀截形，通常基部 3 裂，稀 5 裂，边缘有重锯齿，下面微被星状毛与短柔毛，沿叶脉较密；叶柄长 1.2～2.5cm，微被柔毛或近于无毛；托叶线状披针形，顶端渐尖，边缘有不规则尖锐锯齿，长 6～

7mm，无毛或近于无毛，早落。花序伞形总状，直径 3～4cm，花梗长 1～1.8cm，总花梗和花梗密被星状柔毛；苞片披针形，顶端有锯齿，两面微被星状毛，早落；花直径 8～13mm；萼筒杯状，外面被星状茸毛；萼片三角形，长 3～4mm，宽约 2mm，先端急尖，全缘，内外两面均被星状茸毛；花瓣倒卵形，长约 4mm，宽约 2mm，先端圆钝，白色；雄蕊 20～30，着生在萼筒边缘，花药紫色；心皮 2～4，外被星状柔毛，花柱顶生。蓇葖果膨大，卵形，长渐尖头，熟时沿背腹两缝开裂，外面微被星状柔毛，内含光亮黄色种子 2～5 枚。花期 6 月，果期 7～8 月（图 7-157～图 7-160，见彩图）。

图 7-157 风箱果全株

图 7-158 风箱果枝叶

图 7-159 风箱果的花

图 7-160 风箱果的果实

风箱果喜光，也耐半阴，耐寒性强，要求土壤湿润，但不耐水渍。

风箱果产于黑龙江（帽儿山）、河北（雾灵山、承德）。生于山沟中，在阔叶林边常丛生，常生于山顶、山沟、山坡林缘、灌丛中。朝鲜北部及前苏联远东地区也有分布。

◆ 繁殖方法：可采取播种、扦插繁殖，但以播种繁殖为多（图 7-161、图 7-162）。

图 7-161　风箱果播种苗　　　　　图 7-162　风箱果扦插苗

风箱果一般采用种子繁殖。小兴安岭地区一般 10 月上旬采种，将种子脱粒后风干至含水量 7%～8%，去除空瘪粒，放于低温干燥处保存，翌年 5 月上旬将贮存的种子放于 35～40℃ 的温水中浸泡 12h，取出后置于 25～30℃ 的室内催芽，保持种子表面湿润，5～7 天后有 50% 的种子露白后即可播种，每平方米撒播 3.5～4g 种子，每平方米用 3～5g 五氯硝基苯拌 1～2kg 毒土覆盖，最后覆土 0.4cm。10 天即可出苗。

◆ 栽培管理

（1）水肥管理　出苗前注意保持土表湿润，幼苗期苗木根系不发达，应注意小水勤灌，后期若遇长期干旱则适当浇水，一般情况下不用浇水。幼苗前期应注意氮肥的施用，一般每隔 2 周施 1 次尿素，每亩 3～5kg。8 月中旬每亩叶面喷施 0.5% 磷酸二氢钾 2～3kg，以利于基秆健壮、苗木顺利越冬。

（2）中耕除草　播种后，出苗期每亩用 60～90ml 的果尔 500～800 倍液喷洒床面，可防止早期杂草，经除草剂处理的苗床，杂草较少，当年除草 2～3 次即可。

(3) 越冬管理 风箱果当年生苗秋季可达 35～45cm，其抗寒性极强，一般可露地越冬，不需特殊处理。

猬 实

◆学名：*Kolkwitzia amabilis* Graebn

◆科属：忍冬科猬实属

◆树种简介：多分枝直立灌木，高达 3m；幼枝红褐色，被短柔毛及糙毛，老枝光滑，茎皮剥落。叶椭圆形至卵状椭圆形，长 3～8cm，宽 1.5～2.5cm，顶端尖或渐尖，基部圆形或阔楔形，全缘，少有浅齿状，上面深绿色，两面散生短毛，脉上和边缘密被直柔毛和睫毛；叶柄长 1～2mm。伞房状聚伞花序具长 1～1.5cm 的总花梗，花梗几不存在；苞片披针形，紧贴子房基部；萼筒外面密生长刚毛，上部缢缩似颈，裂片钻状披针形，长 0.5cm，有短柔毛；花冠淡红色，长 1.5～2.5cm，直径 1～1.5cm，基部甚狭，中部以上突然扩大，外有短柔毛，裂片不等，其中两枚稍宽短，内面具黄色斑纹；花药宽椭圆形；花柱有软毛，柱头圆形，不伸出花冠筒外。果实密被黄色刺刚毛，顶端伸长如角，冠以宿存的萼齿。花期 5～6 月，果熟期 8～9 月（图 7-163～图 7-166，见彩图）。

图 7-163 猬实全株

图 7-164 猬实枝叶

猬实分布区属冬春干燥寒冷、夏秋炎热多雨的半湿润、半干旱气候，极端最低温可达 −21℃，年平均温 12～15℃，年降水量 500～1100mm，多集中于 7～8 月。土壤多为褐色土，呈微酸性至

图 7-165　猥实的花

图 7-166　猥实的种子

微碱性。在土层薄、岩石裸露的阳坡亦能正常生长，湿地则侧根易腐烂而逐渐枯死。猥实具有耐寒、耐旱的特性，在相对湿度过大、雨量多的地方，常生长不良，易患病虫害。为喜光树种，在林荫下生长细弱，不能正常开花结实。

猥实为我国特有种，产于山西、陕西、甘肃、河南、湖北及安徽等地。模式标本采自陕西华山。

◆ 繁殖方法：播种、扦插、分株、压条繁殖均可。播种应在 9 月采收成熟果实，取种子用湿沙层积贮藏越冬，春播后发芽整齐。扦插可在春季选取粗壮休眠枝，或在 6～7 月用半木质化嫩枝，于露地苗床扦插，容易生根成活。分株春、秋两季均可进行，秋季分株后假植到春天栽植，易于成活。

◆ 整形修剪：每年早春应将枯枝、病枝、密枝疏剪。花后酌量修剪，将开过花的枝条留 4～5 个饱满芽短截，促发新枝，备翌年开花用。夏季将当年生新枝进行适当摘心，促进花芽分化。在日常管理中，应剪去过密枝、多余的萌蘖、重叠枝、病虫害枝和伤残枝，使其通风透光。一般每丛留健壮枝条 6～10 个，其余疏除。为保持株形整齐，可视具体情况重剪 1 次，使其萌发新枝，控制株丛，使树形保持紧凑，以免因枝条过长，造成花位逐年外移。

◆ 栽培管理

(1) 移栽　播种幼苗高 6～10cm 时进行间苗或移栽；扦插苗

从扦插床移入大田时，应给予 1 周左右的遮阴，使其能尽快缓苗。苗木移栽一般在春季 3～4 月进行，以排水良好、疏松肥沃的土壤为宜。移栽时要带土球，小苗也可裸根移栽，但要保持根系完整，蘸泥浆，并进行重剪，以减少蒸腾量。

（2）施肥　定植时最好施入一定量的基肥，生长期施氮肥，秋末改施磷、钾肥，秋天还应施 1 次腐熟的有机肥，以保证花芽生长发育的需要，促使其花繁叶茂。

（3）管理　苗期应保持土壤湿润，经常中耕除草。生长季及干旱天气注意及时浇水，并进行中耕除草，增强土壤透气性，防止土壤板结。大苗移栽后连续浇 4～5 次透水，每次间隔 7～10 天。雨季应注意排水，积水易引起烂根。

文 冠 果

◆ 学名：*Xanthoceras sorbifolia* Bunge
◆ 科属：无患子科文冠果属
◆ 树种简介：落叶灌木或小乔木，高 2～5m；小枝粗壮，褐红色，无毛，顶芽和侧芽有覆瓦状排列的芽鳞。叶连柄长 15～30cm；小叶 4～8 对，膜质或纸质，披针形或近卵形，两侧稍不对称，长 2.5～6cm，宽 1.2～2cm，顶端渐尖，基部楔形，边缘有锐利锯齿，顶生小叶通常 3 深裂，腹面深绿色，无毛或中脉上有疏毛，背面鲜绿色，嫩时被茸毛和成束的星状毛；侧脉纤细，两面略凸起。花序先叶抽出或与叶同时抽出，两性花的花序顶生，雄花序腋生，长 12～20cm，直立，总花梗短，基部常有残存芽鳞；花梗长 1.2～2cm；苞片长 0.5～1cm；萼片长 6～7mm，两面被灰色茸毛；花瓣白色，基部紫红色或黄色，有清晰的脉纹，长约 2cm，宽 7～10mm，爪之两侧有须毛；花盘的角状附属体橙黄色，长 4～5mm；雄蕊长约 1.5cm，花丝无毛；子房被灰色茸毛。蒴果长达 6cm；种子长达 1.8cm，黑色而有光泽（图 7-167～图 7-170，彩图见文前）。花期春季，果期秋初。

文冠果适应性强，在草沙地、撂荒地、多石的山区、黄土丘陵

图 7-167　文冠果全株

图 7-168　文冠果的花

图 7-169　文冠果叶片及果实

图 7-170　文冠果的果实及种子

和沟壑等处，甚至在崖畔上都能正常生长发育。20 世纪 70～80 年代，我国北方许多地区如内蒙古、山西、陕西、河北等地曾大面积栽培。

◆ 繁殖方法：主要用播种法繁殖，分株、嫁接和根插繁殖也可。

(1) 种子繁殖　果实成熟后，随即播种，次春发芽。若将种子沙藏，次春播种前 15 天，在室外背风向阳处，另挖斜底坑，沙藏于坑内，倾斜面向太阳，罩以塑料薄膜，利用阳光进行高温催芽，当 20％种子裂嘴时播种。也可在播种前 1 周用 45℃温水浸种，自然冷却后 2～3 天捞出，装入筐篓或蒲包，盖上湿布，放在 20～50℃的温室催芽，当 2/3 种子裂嘴时播种，一般 4 月中、下旬进行，条播或点播，种脐要平放，覆土 2～15cm (图 7-171)。

（2）嫁接繁殖　采用带木质部的大片芽接、劈接、插接或嫩梢芽接等，以带木质部的大片芽接效果较好。

（3）根插繁殖　利用春季起苗时的残根，剪成 10～15cm 长的根段，按行株距 30cm×(10～15)cm 插于苗床，顶端低于土面 2～3cm，灌透水（图 7-172）。

图 7-171　文冠果条播播种苗　　　　图 7-172　文冠果扦插繁育

（4）分株繁殖　有些灌木形植株，易生根蘗苗，可进行分株繁殖（图 7-173）。

◆ 整形修剪：幼树定植后及时定干，干高 40cm 左右，肥地、水地适当高些。苗高不足 40cm 的不定干。当年 6 月中旬进行夏季整形，选留 3～4 个主枝、一个中央干，其余枝条短截，留 5～10cm 丰产桩。当年 7 月初再次察看树形，发现根蘗及选留主枝下的萌蘗及时剪除，以使养分集中供应所选定枝条，促其生长。所留主枝应分布均匀，角度开张，相互错落有致。当年冬季整形修剪只作为辅助手段，不得重剪。所选留的主枝只要高低一致，应放开促其生长，若有过强枝，则适当回缩，使其高度与其他主枝基本一致。夏剪时短截的枝条，是为提早挂果而专门保留的，应继续甩放，促进生长发育，力争早开花（图 7-174）。

文冠果系顶芽开花结果树种，修剪中万万不可见头就剪，这是最基本的要领，无论小树还是大树，该留的顶芽必须留足。第二年的修剪任务是培养枝组，调整树形，促进开花。一般 6 月中旬开始夏剪。中央干上应放开，使其充分向上生长。主枝一般可打顶（摘心）处理，促生侧枝。其余枝组一般放开不作处理，促生花芽。若

图 7-173　文冠果具有强大的根蘖

图 7-174　文冠果疏枝

分枝过密，可适度剪除，以防造成竞争。7 月中旬二次夏剪。发现主枝上有背上枝、直立枝，一般均剪除。其余枝不应过多打头，促其发育。根蘖应及时除掉。

　　3 年生树，此时的任务是控制横向生长，防止郁闭，留好二层主枝，养成优良树形，尽早提高产量。二层主枝与第一层间距40cm 左右，选留 2～3 个。层间中央干上的分枝可回缩一半，培养成结果枝组，待过于郁闭时再行疏除。第一层主枝应继续打头，促生分枝。郁闭处应适度疏除或回缩。以后的修剪应本着以"依树造形，促进丰产"的原则进行。4～5 年生以后的树每年均能形成大量花芽，春季大量开花，但落花落果十分严重。此时应适度剪除花芽，使养分集中，提高坐果率。

　　开花量过大的树，可适度疏花。文冠果挂果过密的，应在果实拇指大时及时疏果。留果量应控制在 40～50 片复叶养一个果的水平上。留果过多，极易落果，并造成大小年现象。

　　◆栽培管理：幼苗出土后，浇水量要适宜。苗木生长期，追肥2～3 次，并松土除草。嫁接苗和根插苗容易产生根蘖芽，应及时抹除，以免消耗养分。接芽生长到 15cm 时，应设支柱，以防风吹折断新梢。

火　　棘

　　◆学名：*Pyracantha fortuneana*（Maxim.）Li

◆ 科属：蔷薇科火棘属

◆ 树种简介：常绿灌木，高达 3m；侧枝短，先端成刺状，嫩枝外被锈色短柔毛，老枝暗褐色，无毛；芽小，外被短柔毛。叶片倒卵形或倒卵状长圆形，长 1.5～6cm，宽 0.5～2cm，先端圆钝或微凹，有时具短尖头，基部楔形，下延连于叶柄，边缘有钝锯齿，齿尖向内弯，近基部全缘，两面皆无毛；叶柄短，无毛或嫩时有柔毛。

花集成复伞房花序，直径 3～4cm，花梗和总花梗近于无毛，花梗长约 1cm；花直径约 1cm；萼筒钟状，无毛；萼片三角卵形，先端钝；花瓣白色，近圆形，长约 4mm，宽约 3mm；雄蕊 20，花丝长 3～4mm，花药黄色；花柱 5，离生，与雄蕊等长，子房上部密生白色柔毛。果实近球形，直径约 5mm，橘红色或深红色（图 7-175～图 7-177，见彩图）。花期 3～5 月，果期 8～11 月。

图 7-175　火棘全株　　　　图 7-176　火棘的花和枝叶

火棘喜强光，耐贫瘠，抗干旱，不耐寒；黄河以南露地种植，华北地需盆栽，在塑料棚或低温温室越冬，温度可低至 0℃。对土壤要求不严，而以排水良好、湿润、疏松的中性或微酸性壤土为好。

火棘分布于中国黄河以南及广大西南地区，产于陕西、江苏、浙江、福建、湖北、湖南、广西、四川、云南、贵州等地。全属

图 7-177 火棘的果实

10 种，中国产 7 种。国外已培育出许多优良栽培品种。

◆ 繁殖方法

（1）种子繁殖 火棘果实 10 月成熟，可在树上宿存到次年 2 月，采收种子以 10～12 月为宜，采收后及时除去果肉，将种子冲洗干净，晒干备用。火棘以秋播为好，播种前可用 0.02％赤霉素处理种子，在整理好的苗床上按行距 20～30cm 开深 5cm 的长沟，撒播种子于沟中，覆土 3cm（图 7-178、图 7-179）。

图 7-178 火棘种子

图 7-179 火棘播种苗

（2）扦插繁殖 采取 1～2 年生枝，剪成长 12～15cm 的插穗，下端马耳形，在整理好的插床上开深 10cm 小沟，将插穗呈 30°斜角摆放于沟边，穗条间距 10cm，上部露出床面 2～5cm，覆土踏实。扦插时间从 11 月至翌年 3 月均可进行，成活率一般在 90％以上（图 7-180）。

◆ 整形修剪：自然状态下，火棘树冠杂乱而不规整，内膛枝条常因光照不足呈纤细状，结实力差，为促进生长和结果，每年要对徒长枝、细弱枝和过密枝进行修剪，以利通风透光和促进新梢生长。火棘成枝能力强，侧枝在干上多呈水平状着生，可将火刺整成主干分层形，离地 40cm 为第一层，由 3～4 个主枝组成，第三层距第二层 30cm，由 2 个主枝组成，层与层间有小枝着生（图 7-181）。

图 7-180　火棘扦插苗　　　　　图 7-181　火棘整形状

◆ 栽培管理

（1）施肥　火棘施肥应依据不同的生长发育期进行。移栽定植时要施足基肥，基肥以豆饼、油柏、鸡粪和骨粉等有机肥为主，定植成活 3 个月再施无机复合肥；之后，为促进枝干的生长发育和植株尽早成形，施肥应以氮肥为主；植株成形后，每年在开花前，应适当多施磷、钾肥，以促进植株生长旺盛，有利植株开花结果。开花期间为促进坐果，提高果实质量和产量，可酌施 0.2％磷酸二氢钾水溶液。冬季停止施肥，将有利于火棘度过休眠期。

（2）浇水　火棘耐干旱。但春季土壤干燥，可在开花前浇水 1 次，要灌足。开花期保持土壤偏干，有利坐果，故不可浇水过多。如果花期正值雨季，还要注意挖沟、排水，避免植株因水分过多造成落花。果实成熟收获后，在进入冬季休眠前要灌足越冬水。

沙 地 柏

◆ 学名：*Sabina vulgaris*

◆ 科属：柏科圆柏属

◆ 树种简介：匍匐灌木，高不及1m，稀灌木或小乔木；枝密，斜上伸展，枝皮灰褐色，裂成薄片脱落；1年生枝的分枝皆为圆柱形，径约1mm。叶二型：刺叶常生于幼树上，稀在壮龄树上与鳞叶并存，常交互对生或兼有三叶交叉轮生，排列较密，向上斜展，长3～7mm，先端刺尖，上面凹，下面拱圆，中部有长椭圆形或条形腺体；鳞叶交互对生，排列紧密或稍疏，斜方形或菱状卵形，长1～2.5mm，先端微钝或急尖，背面中部有明显的椭圆形或卵形腺体。雌雄异株，稀同株；雄球花椭圆形或矩圆形，长2～3mm，雄蕊5～7对，各具2～4花药，药隔钝三角形；雌球花曲垂或初期直立而随后俯垂。球果生于向下弯曲的小枝顶端，熟前蓝绿色，熟时褐色至紫蓝色或黑色，多少有白粉，具1～4(5)粒种子，多为2～3粒，形状各式，多为倒三角状球形，长5～8mm，径5～9mm；种子常为卵圆形，微扁，长4～5mm，顶端钝或微尖，有纵脊与树脂槽（图7-182～图7-184，见彩图）。

图7-182 沙地柏全株

图7-183 沙地柏枝叶

主要分布于内蒙古、陕西、新疆、宁夏、甘肃、青海等地。主要培育基地有江苏、浙江、安徽、湖南等地。

◆ 繁殖方法：播种前首先要对种子进行挑选，种子选得好不好，直接关系到播种能否成功。

对于用手或其他工具难以夹起来的细小种子，可以把牙签的一端用水沾湿，把种子一粒一粒地粘放在基质表面，覆盖基质 1cm 厚，然后把花盆放入水中，水的深度为花盆高度的 1/2～2/3，让水慢慢地浸上来（这个方法称为"盆浸法"）；对于能用手或其他工具夹起来的种粒较大的种子，直接把种子放到基质中，按 3cm×5cm 的间距点播。播后覆盖基质，覆盖厚度为种粒直径的 2～3 倍。播后可用喷雾器、细孔花洒把播种基质质淋湿，以后当盆土略干时再淋水，仍要注意浇水的力度不能太大，以免把种子冲起（图 7-185）。

图 7-184　沙地柏的花果　　　　图 7-185　沙地柏的播种苗

◆ 整形修剪：冬季植株进入休眠或半休眠期后，要把瘦弱枝、病虫枝、枯死枝、过密枝等枝条剪掉。

◆ 栽培管理：沙地柏小苗移栽时，先挖好种植穴，在种植穴底部撒上一层有机肥料作为底肥（基肥），厚 4～6cm，再覆一层土并放入苗木，以把肥料与根系分开，避免烧根。放入苗木后，回填土壤，把根系覆盖，并用脚把土壤踩实，浇一次透水。

① 湿度管理：沙地柏喜欢略微湿润至干爽的气候环境。

② 温度管理：耐寒。夏季高温期不能忍受闷热，否则会进入半休眠状态，生长受到阻碍。最适宜的生长温度为 15～30℃。

③ 光照管理：沙地柏喜欢半阴环境，在阳光强烈、闷热的环境下生长不良。

④ 肥水管理：对于地栽的植株，春夏两季根据干旱情况，施用 2～4 次肥水：先在根颈部以外 30～100cm 开一圈小沟（植株越大，则离根颈部越远），沟宽、深均为 20cm。沟内撒进 12.5～25kg 有机肥，或者 50～250g 颗粒复合肥（化肥），然后浇上透水。入冬以后开春以前，照上述方法再施肥一次，但不用浇水。

大叶黄杨

◆ 学名：*Buxus megistophylla* Levl

◆ 科属：卫矛科卫矛属

◆ 树种简介：灌木或小乔木，高 0.6～2.2m，胸径 5cm；小枝四棱形（或在末梢的小枝亚圆柱形，具钝棱和纵沟），光滑、无毛。叶革质或薄革质，卵形、椭圆状或长圆状披针形以至披针形，长 4～8cm，宽 1.5～3cm（稀披针形，长达 9cm，或菱状卵形，宽达 4cm），先端渐尖，顶钝或锐，基部楔形或急尖，边缘下曲，叶面光亮，中脉在两面均凸出，侧脉多条，与中脉呈 40°～50°，通常两面均明显，仅叶面中脉基部及叶柄被微细毛，其余均无毛；叶柄长 2～3mm。花序腋生，花序轴长 5～7mm，有短柔毛或近无毛；苞片阔卵形，先端急尖，背面基部被毛，边缘狭干膜质；雄花：8～10 朵，花梗长约 0.8mm，外萼片阔卵形，长约 2mm，内萼片圆形，长 2～2.5mm，背面均无毛，雄蕊连花药长约 6mm，不育雌蕊高约 1mm，雌花：萼片卵状椭圆形，长约 3mm，无毛；子房长 2～2.5mm，花柱直立，长约 2.5mm，先端微弯曲，柱头倒心形，下延达花柱的 1/3 处。蒴果近球形，长 6～7mm，宿存花柱长约 5mm，斜向挺出。花期 3～4 月，果期 6～7 月（图 7-186～图 7-188，见彩图）。

大叶黄杨喜光，稍耐阴，有一定的耐寒力，在淮河流域可露地自然越冬，华北地区需保护越冬，在东北和西北的大部分地区均作盆栽。对土壤要求不严，在微酸、微碱土壤中均能生长，在肥沃和排水良好的土壤中生长迅速，分枝也多。产于贵州西南部（镇宁、罗甸）、广西东北部（临桂、灌阳）、广东西北部（连县一带）、湖南南部（宜章）、江西南部（安远、会昌）。

图 7-186 大叶黄杨全株

图 7-187 大叶黄杨叶片

图 7-188 大叶黄杨的花

图 7-189 大叶黄杨扦插苗

◆ 繁殖方法：可采用扦插、嫁接、压条繁殖，以扦插繁殖为主，极易成活。硬枝扦插在春、秋两季进行，扦插株行距保持10cm×30cm，春季在芽将要萌发时采条，随采随插；秋季在8～10月进行，随采随插，插穗长 10cm 左右，留上部一对叶片，将其余剪去。插后遮阴，气温逐渐下降后去除遮阴物并搭塑料小棚，翌年 4 月去除塑料棚。夏季扦插可用当年生枝，2 年生枝也可，插穗长度 10cm 左右（图 7-189）。

园艺变种的繁殖，可用丝棉木作砧木于春季进行靠接（图 7-190）。

压条宜选用 2 年生或更老枝条进行，1 年后可与母株分离。

◆ 整形修剪：黄杨盆栽成枝力相对较弱，通过适当的整形修

图 7-190　丝棉木嫁接大叶黄杨　　　图 7-191　大叶黄杨圆球状

剪可培养出理想的主干、丰满的侧枝，使树体圆满、匀称、紧凑、牢固。北海道黄杨树既适宜冬剪，也适宜夏剪。一般整形修剪多放在夏秋树木生长季节进行。随着整形修剪，剪下的枝条可以进行扦插繁育。整形一般是对幼树而言，而修剪是对大树（或大苗）而言。苗期的整形修剪对以后的树体、树姿具有很重要的意义。北海道黄杨树小苗一般都具有明显的主干，侧枝大多生在树体的中下部。在整形修剪时一般不用截干，保留主干，保持顶梢的生长势，可使以后树体生长通直高大。对幼树基部的侧枝则可整个短截；或做轻短截，只保留少量芽即可。北海道黄杨树作为观赏树形，以尖塔形、圆锥形较多。一般情况下对成树的修剪只是剪除自干茎萌生的徒长枝及竞争枝，避免形成双头双干现象。如果出现多头现象，影响树冠的高度发展，应及早找出主枝或替代主枝，培养高生长的优势，同时使侧枝分布均匀。一般在培养骨架枝时下部只露出30～40cm树干，上面再让各主枝均匀分布；也可根据需要留高树干，具体视以后应用情况而定（图 7-191）。

　◆栽培管理：苗木移植多在春季 3～4 月进行，大苗需带土球移栽。主要管理工作是修剪整形。经修剪者，其枝条极易抽生，故 1 年需多次修剪，以维持一定树形。

小 叶 黄 杨

◆学名：*Buxus sinica* var. *parvifolia* M. Cheng

◆ 科属：黄杨科黄杨属

◆ 树种简介：常绿灌木，高 2m。茎枝四棱，光滑，密集，小枝节间长 3～5mm。叶小，对生，革质，椭圆形或倒卵形，长 1～2cm，先端圆钝，有时微凹，基部楔形，最宽处在中部或中部以上；有短柄，表面暗绿色，背面黄绿色，表面有柔毛，背面无毛，两面均光亮。花多在枝顶簇生；雄花具与萼片等长的退化雄蕊，花淡黄绿色，没有花瓣，有香气（图 7-192～图 7-195，见彩图）。

图 7-192　小叶黄杨全株

图 7-193　小叶黄杨枝叶

图 7-194　小叶黄杨的花

图 7-195　小叶黄杨的种子

小叶黄杨性喜肥沃湿润土壤，忌酸性土壤。抗逆性强，耐水肥，抗污染，能吸收空气中的二氧化硫等有毒气体，耐寒，耐盐碱，抗病虫害。花期 3～4 月，果期 8～9 月。产于安徽（黄山）、浙江（龙塘山）、江西（庐山）、湖北（神农架及兴山）。

◆ 繁殖方法

（1）扦插繁殖　于 4 月中旬和 6 月下旬随剪条随扦插。扦插深度为 3~4cm，扦插密度为 278 株/m²。插前灌足底水，插后浇封闭水，然后在畦面上做成拱棚，用塑料薄膜覆盖，每隔 7 天浇 1 次透水，温度保持在 20~30℃，温度过高要用草帘遮阴，相对湿度保持在 75%~85%（图 7-196）。

（2）播种繁殖　小叶黄杨喜光，在阳光充足和半阴环境下均能正常生长，选择四周开阔、阳光充足、水肥土壤条件良好的地段种植。除去杂草和砾石，施入腐熟基肥，地耙平，深翻，确保土壤相对含水量在 75%~80%。

种子采集时间是育苗出苗率的关键，采集过早种子成熟度差，出苗率低；采集过晚种子又因自然脱落而白白浪费。只有掌握最佳采种时间，才能获得最佳种源。调查发现各地因气候不同采种时间也应不同，丹东地区最佳采种时间在 7 月 25 日至 8 月 5 日。

种子采集后放在烈日下暴晒会降低含水量，导致出苗率低。采集后要放在阴凉通风处自然堆放，种果堆放不能超过 1cm。待种子开裂后，去除种皮杂质，把种子装入袋中，放在阴凉处备用。

育苗地以沙质土为好，播种前要做 80cm 宽、15~20cm 厚的土床，长度视种量多少而定。土壤要用 0.1% 辛硫磷或五氯硝基苯进行消毒。

9 月上、中旬播种。播种前种子要用清水浸泡 30h，水量以浸过种子为宜。在床面上条状开沟，深度 3cm，播前先把种子按对应苗床分成若干份，然后将种子均匀撒入沟内，并轻踩 1 遍土格子，然后覆土 1cm，用木板把床面刮平，再用稻草把苗床覆盖，稻草应对放，厚度 30cm。用喷壶浇 1 次透水，以后每周往稻草上浇 2~3 次透水，浇到 10 月中旬种子生根为止。4 月份，为尽快提高地温，应分 2 次进行撤草。随着苗木的生长，杂草也会伴生，要及时除草。发生病虫害应及时防治。由于小叶黄杨播种时密度较大，苗木在越冬时必须起出进行假植，9 月中、下旬进苗，并按大小进行分类，每捆 50~100 株假植，10 月中旬进行覆土，以不露叶为宜。第 2 年春季 4 月份起出移植（图 7-197）。

◆ 整形修剪：小叶黄杨都属于极耐修剪灌木，修剪后枝条易抽生，

图 7-196 小叶黄杨扦插繁殖

图 7-197 小叶黄杨播种苗

根据景观需要可多次修剪，维持一定造型（图 7-198、图 7-199）。

图 7-198 小叶黄杨绿篱（一）

图 7-199 小叶黄杨绿篱（二）

◆ 栽培管理

（1）浇水 4～6 月，由于小叶黄杨苗木处于萌动至开花期，生长量较大，应及时补充水分。6～9 月，由于温度高且干旱，要满足苗木对水分的需求，尽量多叶面喷雾，且不积水。10～11 月，苗木生长趋缓，应适当控水，并于 11 月底浇冬水，来年 3 月中旬浇返青水。

（2）追肥 结合浇水增施磷酸二铵 $45kg/hm^{-2}$、尿素 $30/hm^{-2}$，分次施肥。尿素应在 7 月后停止施用，防止苗木徒长，以免冬季来临时，苗木来不及木质化，容易遭受冻害。

（3）除草 全年共除草 4～5 次，以把围地杂草除净为原则，除草时应不伤苗木根部，除草较深，可提高地温，有利于加快小叶黄杨苗木的生长。

（4）越冬管理　由于有些地区冬天寒冷，昼夜温差大，对于2年生的小叶黄杨要做好越冬前的防护措施，如入冬前用竹竿搭架盖无纺布，将无纺布底部四周压实等。

黄　栌

◆ 学名：*Cotinus coggygria* Scop

◆ 科属：漆树科黄栌属

◆ 树种简介：落叶小乔木或灌木，树冠圆形，高可达3～5m，木质部黄色，树汁有异味；单叶互生，叶片全缘或具齿，叶柄细，无托叶，叶倒卵形或卵圆形。圆锥花序疏松、顶生，花小、杂性，仅少数发育；不育花的花梗花后伸长，被羽状长柔毛，宿存；苞片披针形，早落；花萼5裂，宿存，裂片披针形；花瓣5枚，长卵圆形或卵状披针形，长度为花萼大小的2倍；雄蕊5枚，着生于环状花盘的下部，花药卵形，与花丝等长，花盘5裂，紫褐色；子房近球形，偏斜，1室1胚珠；花柱3枚，分离，侧生而短，柱头小而退化。核果小，干燥，肾形扁平，绿色，侧面中部具残存花柱；外果皮薄，具脉纹，不开裂；内果皮角质；种子肾形，无胚乳。花期5～6月，果期7～8月（图7-200、图7-201，见彩图）。

图7-200　黄栌全株

图7-201　黄栌的叶片和花

黄栌性喜光，也耐半阴；耐寒，耐干旱瘠薄和碱性土壤，不耐水湿，适宜植于土层深厚、肥沃而排水良好的沙质壤土中。生长快，根系发达，萌蘖性强。对二氧化硫有较强抗性。秋季当昼夜温差大于 10℃ 时，叶色变红。

原产于中国西南、华北和浙江；南欧、叙利亚、伊朗、巴基斯坦及印度北部亦产。

◆ 繁殖方法

(1) 播种　6～7 月，果实成熟后即可采种，经湿沙贮藏 40～60 天播种。幼苗抗寒力较差，入冬前需覆盖树叶和草秸防寒。也可在采种后沙藏越冬，翌年春季播种 (图 7-202)。

(2) 分株　黄栌萌蘖力强，春季发芽前，选树干外围生长好的根蘖苗，连须根掘起，栽入围地养苗，然后定植。

(3) 扦插　春季用硬枝扦插，需搭塑料拱棚以保温保湿。生长季节在喷雾条件下，用带叶嫩枝扦插，用 400～500mg/L 吲哚丁酸处理剪口，30 天左右即可生根。生根后停止喷雾，待须根生长时，移栽成活率较高 (图 7-203)。

图 7-202　黄栌播种苗　　　　图 7-203　黄栌扦插苗

◆ 整形修剪：黄栌生长较快，春季发芽前修剪一次，剪除过密枝条和影响造型的枝条，有的枝条要进行适当蟠扎，使枝叶有疏有密，疏密得当，如枝叶过密，就会影响观赏枝干的优美造型 (图 7-204)。

◆ 栽培管理

(1) 灌溉与排水　苗木出土后，根据幼苗生长的不同时期对水分的需求，确定合理的灌溉量和灌溉时间。一般在苗木生长的前期灌水要足，但在幼苗出土后 20 天以内严格控制灌水，在不致产生

图 7-204　黄栌冬剪

旱害的情况下，尽量减少灌水，间隔时间视天气状况而定，一般10～15天浇水1次；后期应适当控制浇水，以利蹲苗，便于越冬。在雨水较多的秋季，应注意排水，以防积水，导致根系腐烂。

（2）间苗、定苗　由于黄栌幼苗主茎常向一侧倾斜，故应适当密植。间苗一般分2次进行：第一次间苗，在苗木长出2～3片真叶时进行。第二次间苗在叶子相互重叠时进行，留优去劣，除去发育不良的、有病虫害的、有机械损伤的和过密的幼苗，同时使苗间保持一定距离，株距以7～8cm为宜。另外，可结合第1～2次间苗进行补苗，最好在阴天或傍晚进行。

（3）追肥　追肥应本着"少量多次、先少后多"的原则。幼苗生长前期以氮肥、磷肥为主，苗木速生期应以氮肥、磷肥、钾肥混施，苗木硬化期以钾肥为主，停施氮肥，以促进苗木木质化，提高苗木抗寒越冬能力。

（4）松土除草　松土结合除草进行，除草要遵循"除早、除小、除了"的基本原则，有草就除，谨慎作业，切忌碰伤幼苗，导致苗木死亡。

紫　叶　李

◆ 学名：*Prunus cerasifera* Ehrhar f. *atropurpurea*
◆ 科属：蔷薇科李属
◆ 树种简介：灌木或小乔木，高可达8m；多分枝，枝条细长，开展，暗灰色，有时有棘刺；小枝暗红色，无毛；冬芽卵圆形，先端急尖，有数枚覆瓦状排列的鳞片，紫红色，有时鳞片边缘有稀疏缘毛。叶片椭圆形、卵形或倒卵形，极稀椭圆状披针形，长（2）3～6cm，宽2～3cm，先端急尖，基部楔形或近圆形，边缘有圆钝锯齿，有时混有重锯齿，上面深绿色，无毛，中脉微下陷，下面颜色较淡，除沿中脉有柔毛或脉腋有髯毛外，其余部分无毛，中脉和侧脉均突起，侧脉5～8对；叶柄长6～12mm，通常无毛或幼时微被短柔毛，无腺；托叶膜质，披针形，先端渐尖，边有带腺细锯齿，早落。花1朵，稀2朵；花梗长1～2.2cm。无毛或微被短柔毛；花直径2～2.5cm；萼筒钟状，萼片长卵形，先端圆钝，边有疏浅锯齿，与萼片近等长，萼筒和萼片外面无毛，萼筒内面有疏生短柔毛；花瓣白色，长圆形或匙形，边缘波状，基部楔形，着生在萼筒边缘；雄蕊25～30，花丝长短不等，紧密地排成不规则2轮，比花瓣稍短；雌蕊1，心皮被长柔毛，柱头盘状，花柱比雄蕊稍长，基部被稀长柔毛。核果近球形或椭圆形，长宽几相等，直径1～3cm，黄色、红色或黑色，微被蜡粉，具有浅侧沟，粘核；核椭圆形或卵球形，先端急尖，浅褐带白色，表面平滑或粗糙或有时呈蜂窝状，背缝具沟，腹缝有时扩大具2侧沟。花期4月，果期8月（图7-205、图7-206，见彩图）。

生于山坡林中或多石砾的坡地以及峡谷水边等处，海拔800～2000m。

产于我国新疆。中亚、天山、伊朗、小亚细亚、巴尔干半岛均有分布。

◆繁殖方法：紫叶李的繁殖方法主要以嫁接、扦插为主，而在苗木生产中，因为数量多，常以扦插为主，扦插时间为秋季树木落叶至地冻前为止，具体扦插时注意以下几点。

（1）整苗床 选通风向阳的肥沃地块作苗床地，然后除草深翻整地，将其用土垄分成宽1.2m、长5m左右的长方形苗床，床内的土壤耕细耙平踩实便可。

（2）剪插穗 选当年生健壮枝条，将其剪成10～15cm长的枝

图 7-205　紫叶李全株

图 7-206　紫叶李的枝叶和花

段作为插穗。插穗下端应剪成斜马蹄形,这样生根面积会大些,有利于生根,插穗上端剪平,缩小剪截面,能有效降低插穗的水分流失。

(3) 扦插　先给整好的苗床灌足水,待水完全渗入土壤后,即可扦插。扦插深度为插穗的 2/3,外露 1/3。一般横行扦插,株距约为 3cm,行距约为 5cm,整床插满后,床面薄撒一层细土,防止地表干裂,水分快速蒸发。

(4) 搭架覆膜　扦插完毕的苗床用细竹竿相互交叉搭建简易小拱棚,用绳子紧绑竹竿交叉处,防止竹竿左右晃动,影响其抵抗风雪的能力。拱架搭好后,随即覆盖塑料薄膜保温保湿。

(5) 通风、浇水、除草　从扦插到来年暖春,插穗已基本生根,但根系还很脆弱,还需细心管护、及时浇水等。到 3 月中旬左右,气候基本稳定,要早揭晚盖苗床两端的塑料薄膜,进行通风炼苗。待气候稳定变暖时,再完全去除薄膜,及时拔除杂草,定期浇水,细心管护,待秋季便可分栽定植 (图 7-207)。

◆ 整形修剪:在冬季植株进入休眠或半休眠期后,要把瘦弱枝、病虫枝、枯死枝、过密枝等枝条剪掉。

◆ 栽培管理:紫叶李的栽培管理,要根据苗木本身的特点进行。根据不同的地域气候对紫叶李进行不同的管理。

紫叶李喜温暖湿润气候,耐寒力不强。喜光,易稍耐阴,具有一定的抗旱能力。

图 7-207　紫叶李小拱棚扦插

　　紫叶李一般在春季栽植，秋季也可进行，最好在落叶休眠期栽植。中小苗带土移栽，大苗尽量多带土。栽植穴内施腐熟的堆肥作基肥。施肥时，可在定植时向坑内施用 2～3 锹腐熟发酵的圈肥，以后可于每年开春时施用一些有机肥，可使植株生长旺盛，花多色艳。

　　花后要随时修去砧木的萌蘖。并对长枝进行适当修剪，主要是剪去植株的过密枝、下垂枝、内膛枝和病虫枝，还要结合造型，将过长的侧生枝剪掉，使植形冠形丰满。

　　浇水时，可于开春萌动前和秋后霜冻前各浇一次开冻水和封冻水，平时如天气不是过于干旱，则不用浇水，需要注意的是：紫叶李不耐水淹，雨后应及时做好排水工作，以防因烂根而导致植株死亡。

红　瑞　木

◆ 学名：*Swida alba* Opiz

◆ 科属：山茱萸科梾木属

◆ 树种简介：灌木，高达 3m；树皮紫红色；幼枝有淡白色短柔毛，后即秃净而被蜡状白粉，老枝红白色，散生灰白色圆形皮孔及略为突起的环形叶痕。冬芽卵状披针形，长 3～6mm，被灰白色或淡褐色短柔毛。

叶对生，纸质，椭圆形，稀卵圆形，长 5～8.5cm，宽 1.8～5.5cm，先端突尖，基部楔形或阔楔形，边缘全缘或波状反卷，上面暗绿色，有极少的白色平贴短柔毛，下面粉绿色，被白色贴生短柔毛，有时脉腋有浅褐色髯毛，中脉在上面微凹陷，下面凸起，侧脉（4～）5（～6）对，弓形内弯，在上面微凹下，下面凸出，细脉在两面微显明（图 7-208～图 7-210，见彩图）。

图 7-208　红瑞木全株　　　　图 7-209　红瑞木的枝叶和果实

生于海拔 600～1700m（在甘肃可高达 2700m）的杂木林或针阔叶混交林中。

红瑞木喜欢潮湿温暖的生长环境，适宜的生长温度是 22～30℃。红瑞木喜肥，在排水通畅、养分充足的环境，生长速度非常快。夏季注意排水，冬季在北方有些地区容易发生冻害。

产于黑龙江、吉林、辽宁、内蒙古、河北、陕西、甘肃、青海、山东、江苏、江西等地。朝鲜、前苏联及欧洲其他地区也有分布。

◆ 繁殖方法：用播种、扦插和压条法繁殖。播种时，种子应沙藏后春播。扦插可选 1 年生枝，秋冬沙藏后于翌年 3～4 月扦插。压条可在 5 月将枝条环割后埋入土中，生根后在翌春将其与母株割离分栽（图 7-211、图 7-212）。

◆ 整形修剪：一是以观枝干为主要栽培目的的红瑞木的养护

图 7-210　红瑞木的花

图 7-211　红瑞木播种苗

图 7-212　红瑞木扦插苗

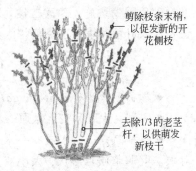

图 7-213　红瑞木修剪示意图

剪除枝条末梢，以促发新的开花侧枝

去除1/3的老茎杆，以供萌发新枝干

修剪：由于红瑞木1年生枝色彩鲜红靓丽，有较高的观赏价值，2年生以上的枝条容易发生枝干病害而降低观赏价值，特别是4年生以上的枝条，几乎完全失去观赏价值。所以片植的红瑞木修剪时，一般采取早春平茬的修剪方式，即在1年生枝条的观赏期过后，就将其齐根剪除，使其再从基部萌发新梢，冬季观赏。年年如此，每年冬季观赏的都是其1年生枝条，观赏效果极佳。二是兼有观花观果和观枝干目的的红瑞木的养护修剪：冬剪时可疏除枯死枝、病虫枝、衰老枝等无用枝条，而一般不对枝条进行短截，因为红瑞木的混合芽是在头一年的夏秋季节分化完成，又主要分布在枝条的中上部，冬剪时短截枝条会大大减少花果量，降低观赏效果；同时要注意有计划地保留萌蘖枝，以用于老枝的更新（图7-213）。

◆栽培管理：随时摆正浇水和日常管理过程碰倒的扦插条，及时除掉鼓包和开花的花序，随时铲除杂草。扦插后经 60 天左右1/3 以上的插条已生根，这时选择下雨后移植地湿透的日子，起出移植。要把被病菌感染底部发黑的插条拣出扔掉，要把叶新鲜、愈伤组织形成后尚未生根的插条起出重新扦插。然后在叶面上喷 7.5×10^{-6} ABT 加微量元素的肥料，继续进行正常管理。再经过 40 天左右大部分插条生出根，这时又要选择雨后移植地湿透的日子进行移植，剩余部分再经过 30 天左右，拣出生根的进行移植，其余扔掉。移植地水分不充足时，采取浇水、灌水措施，在保证充足水分的前提下，再用 7.5×10^{-6} ABT 加入微肥进行一次叶面喷雾的同时，在根部周围挖坑施入磷酸二铵，8 月下旬和 9 月上旬用磷酸二氢钾进行两次叶面喷雾，促进新梢木质化。

变 叶 木

◆ 学名：*Codiaeum variegatum*

◆ 科属：大戟科变叶木属

◆ 树种简介：灌木或小乔木，高可达 2m。枝条无毛，有明显叶痕。叶薄革质，形状、大小变异很大，线形、线状披针形、长圆形、椭圆形、披针形、卵形、匙形、提琴形至倒卵形，有时由长的中脉把叶片间断成上下两片，长 5～30cm，宽 (0.3) 0.5～8cm，顶端短尖、渐尖至圆钝，基部楔形、短尖至钝，边全缘、浅裂至深裂，两面无毛，绿色、淡绿色、紫红色、紫红与黄色相间、黄色与绿色相间或有时在绿色叶片上散生黄色或金黄色斑点或斑纹；叶柄长 0.2～2.5cm。总状花序腋生，雌雄同株异序，长 8～30cm，雄花：白色，萼片 5 枚；花瓣 5 枚，远较萼片小；腺体 5 枚；雄蕊 20～30 枚；花梗纤细；雌花：淡黄色，萼片卵状三角形；无花瓣；花盘环状；子房 3 室，花往外弯，不分裂；花梗稍粗。蒴果近球形，稍扁，无毛，直径约 9mm；种子长约 6mm。花期 9～10 月 (图 7-214～图 7-216，见彩图)。

变叶木喜湿怕干，生长期茎叶生长迅速，给予充足水分，并每天向叶面喷水。但冬季低温时盆土要保持稍干燥。如冬季水分过

图 7-214　变叶木全株

图 7-215　变叶木叶片

图 7-216　变叶木花果

多，会引起落叶。

　　变叶木属喜光性植物，整个生长期均需充足阳光，茎叶生长繁茂，叶色鲜丽，特别是红色斑纹更加艳红。以 5 万～8 万勒克斯最为适宜。若长期光照不足，叶面斑纹、斑点不明显，缺乏光泽，枝条柔软，甚至产生落叶。

　　变叶木以肥沃、保水性强的黏质壤土为宜。盆栽用培养土、腐叶土和粗沙的混合土壤。

原产于亚洲马来半岛至大洋洲；现广泛栽培于热带地区。我国南部各省区常见栽培。

◆ 繁殖方法

(1) 播种　对于用手或其他工具难以夹起来的细小种子，可以把牙签的一端用水沾湿，把种子一粒一粒地粘放在基质表面，覆盖基质 1cm 厚，然后把播种的花盆放入水中，水的深度为花盆高度的 1/2～2/3，让水慢慢地浸上来（这个方法称为"盆浸法"）（图7-217）。

图 7-217　变叶木袋播苗　　　　图 7-218　变叶木扦插苗

(2) 扦插繁殖　常于春末秋初用当年生枝条进行嫩枝扦插，或于早春用 1 年生的枝条进行老枝扦插。扦插基质可用营养土或河沙、泥炭土等材料。海沙及盐碱地区的河沙不要使用，它们不适合花卉植物的生长（图 7-218）。

(3) 压条繁殖　选取健壮的枝条，从顶梢以下 15～30cm 处把树皮剥掉一圈，剥后的伤口宽度在 1cm 左右，深度以刚刚把表皮剥掉为限。剪取一块长 10～20cm、宽 5～8cm 的薄膜，上面放些淋湿的园土，像裹伤口一样把环剥的部位包扎起来，薄膜的上下两端扎紧，中间鼓起。约 4～6 周后生根。生根后，把枝条边根系一起剪下，就成了一棵新的植株。

◆ 整形修剪：冬季植株进入休眠或半休眠期，要把瘦弱枝、病虫枝、枯死枝、过密枝等枝条剪掉。也可结合扦插对枝条进行整理。

◆ 栽培管理：盆栽变叶木常用直径 20～25cm 盆，盆底需垫上碎砖或煤渣。生长期每旬施肥 1 次或用"卉友" 15-15-30 盆花专用肥，冬季搬入室内栽培，由于温度偏低，停止施肥并减少浇水，才能安全越冬。每年春季换盆时，可适当修剪整形，保持其优美的株形和色彩。

夹 竹 桃

◆ 学名：*Nerium indicum* Mill.
◆ 科属：夹竹桃科夹竹桃属
◆ 树种简介：常绿直立大灌木，高达 5m，枝条灰绿色，含水液；嫩枝条具稜，被微毛，老时毛脱落。叶 3～4 枚轮生，下枝为对生，窄披针形，顶端极尖，基部楔形，叶缘反卷，长 11～15cm，宽 2～2.5cm，叶面深绿，无毛，叶背浅绿色，有多数注点，幼时被疏微毛，老时毛渐脱落；中脉在叶面陷入，在叶背凸起，侧脉两面扁平，纤细，密生而平行，每边达 120 条，直达叶缘；叶柄扁平，基部稍宽，长 5～8cm，幼时被微毛，老时毛脱落；叶柄内具腺体。聚伞花序顶生，着花数朵；总花梗长约 3cm，被微毛；花梗长 7～10cm；苞片披针形，长 7cm，宽 1.5cm；花芳香；花萼 5 深裂，红色，披针形，长 3～4cm，宽 1.5～2cm，外面无毛，内面基部具腺体；花冠深红色或粉红色，栽培演变种有白色或黄色，花冠为单瓣呈 5 裂时，其花冠为漏斗状，长和直径约 3cm，其花冠筒圆筒形，上部扩大呈钟形，长 1.6～2cm，花冠筒内面被长柔毛，花冠喉部具 5 片宽鳞片状副花冠，每片其顶端撕裂，并伸出花冠喉部之外，花冠裂片倒卵形，顶端圆形，长 1.5cm，宽 1cm；花冠为重瓣呈 15～18 枚时，裂片组成三轮，内轮为漏斗状，外面两轮为辐状，分裂至基部或每 2～3 片基部连合，裂片长 2～3.5cm，宽 1～2cm，每花冠裂片基部具长圆形而顶端撕裂的鳞片；雄蕊着生在花冠筒中部以上，花丝短，被长柔毛，花药箭头状，内藏，与柱头连生，基部具耳，顶端渐尖，药隔延长呈丝状，被柔毛；无花盘；心皮 2，离生，被柔毛，花柱丝状，长 7～8cm，柱头近球圆形，顶端凸尖；每心皮有胚珠多颗。蓇葖 2，离生，平行或并连，长圆形，两端较窄，长 10～23cm，直径 6～10cm，绿色，无毛，具细纵条纹；种子长圆形，基部较窄，顶端钝、褐色，种皮被锈色短柔毛，顶端具黄褐色绢质种毛；种毛长约 1cm。花期几乎全年，夏秋最盛；果期一般在冬春季，栽培者很少结果（图 7-219～图 7-222，见彩图）。

图 7-219　夹竹桃全株

图 7-220　夹竹桃枝叶

图 7-221　夹竹桃的花

图 7-222　夹竹桃的果

原产于伊朗、印度等国家和地区。现广植于亚热带及热带地区。中国引种始于 15 世纪，各省区均有栽培。

夹竹桃喜光，喜温暖湿润气候，不耐寒，忌水渍，耐一定程度的空气干燥。适生于排水良好、肥沃的中性土壤，微酸性、微碱性土壤也能适应。

◆ 繁殖方法：以扦插繁殖为主，也可采用分株和压条繁殖。

图 7-223　夹竹桃扦插苗

扦插在春季和夏季都可进行（图 7-223）。插条基部浸入清水中 10 天左右，保持浸水新鲜，插后提前生根，成活率也高。具体做法是，春季剪取 1～2 年生枝条，截成 15～20cm 长的茎段，20 根左右捆成一束，浸于清水中，入水深为茎段的 1/3，每 1～2 天换同温度的水一次，温度控制在 20～25℃，待发现浸水部位发生不定根时即可扦插。扦插时应在插壤中用竹筷打洞，以免损伤不定根。由于夹竹桃老茎基部的萌蘖能力很强，常抽生出大量嫩枝，可充分利用这些枝条进行夏季嫩枝扦插。选用半木质化插条，保留顶部 3 片小叶，插于基质中，注意及时遮阳和水分管理，成活率也很高。

　　压条繁殖时，先将压埋部分刻伤或环割，埋入土中，2 个月左右即可剪离母体，来年带土移栽。

　　◆ 整形修剪：夹竹桃顶部分枝有一分三的特性，根据需要可修剪定形。如需要三叉九顶形，可于三叉顶部剪去一部分，便能分出九顶。如需九顶十八枝，可留六个枝，从顶部叶腋处剪去，便可生出十八枝。修剪时间应在每次开花后。在北方，夹竹桃的花期为 4～10 月份。开谢的花要及时剪去，以保证养分集中。一般分四次修剪：一是春天谷雨后；二是 7～8 月间；三是 10 月间；四是冬剪。开花后立即进行修剪，否则花少且小，甚至不开花。通过修剪，使枝条分布均匀，花大花艳，树形美。

夹竹桃毛细根生长较快。3年生的夹竹桃，栽在直径20cm的盆中，当年7月份前即可长满根，形成一团球，妨碍水分和肥料的渗透，影响生长。如不及时疏根，会出现枯萎、落叶、死亡等情况。疏根时间最好选在8月初至9月下旬。此时根已休眠，是疏根的好机会。疏根方法：用铲子把周围的黄毛根切去；再用三尖钩顺主根疏一疏，大约疏去一半或1/3的黄毛根，再重新栽在盆内。疏根后，放在阴处浇透水，使盆土保持湿润。遮阴14天左右，再移在阳光处。地栽夹竹桃，在9月中旬，也应在主干周围切黄毛根，切根后浇水，施稀薄的液体肥。

◆栽培管理：应保持占盆土20%左右的有机土杂肥。如用鸡粪，用15%即可。施肥时间：清明前一次，秋分后一次。方法：在盆边挖环状沟，施入肥料，然后覆土。清明施肥后，每隔10天左右追施一次加水沤制的豆饼水；秋分施肥后，每10天左右追施一次豆饼水或花生饼水，或10倍的鸡粪液。没有上述肥料，可用腐熟7天以上的人尿加水5～7倍，沿盆边浇下，然后浇透水。含氮素多的肥料，原则是稀、淡、少、勤，严防烧烂根部。浇水适当，是管理好夹竹桃的关键。冬夏季浇水不当，会引起落叶、落花，甚至死亡。春天每天浇1次，夏天每天早晚各浇1次，使盆土水分保持50%左右。叶面要经常喷水，过分干燥，容易落叶、枯萎。冬季可以少浇水，但盆土水分应保持在40%左右。叶面要常用清水冲刷灰尘。如令其冬天开花，可使室温保持15℃以上；如果冬季不使其开花，可使室温降至7～9℃，放在室内不见阳光的光亮处。北方在室外地栽的夹竹桃，需要用草苫包扎，防冻防寒，在清明前后去掉防寒物。虽然夹竹桃好管理，但也不能麻痹。

非 洲 茉 莉

◆学名：*Fagraea ceilanica*

◆科属：马钱科灰莉属

◆树种简介：常绿蔓性藤本，茎长可达4m，叶对生，长

15cm，广卵形、长椭圆形，先端突尖，厚革质，全缘，表面暗绿色，夏季开花，伞房状聚伞花序，腋生，萼片5裂，花冠高脚碟状，先端5裂，裂片卵圆状长椭圆形，花冠筒长6cm，蜡质，浓郁芳香，蓇葖果椭圆形，大如土芒果，种子顶端具白绢质种毛。

非洲茉莉性喜温暖，好阳光，但要求避开夏日强烈的阳光直射；喜空气湿度高、通风良好的环境，不耐寒冷、干冻及气温剧烈下降；在疏松肥沃、排水良好的壤土上生长最佳；萌芽、萌蘖力强，特别耐反复修剪。花期5月，果期10～12月（图7-224、图7-225，见彩图）。

图7-224 非洲茉莉全株

图7-225 非洲茉莉枝叶和花

◆ 繁殖方法

（1）播种 宜于10～12月间采集成熟果实，脱出种粒后，将其撒播或行播于疏松肥沃的沙壤苗床上，覆土厚度2～3cm，并加盖稻草或地膜保温防寒，或将其种子沙藏至种粒裂口露白后再行播种。秋末冬初播下的种子，要到来年春天才能出苗，出苗后及时揭去覆草，加强水肥管理；入夏后搭棚遮阴，可培育出干形较好的高大植株。

（2）扦插 自4月底开始至10月均可进行扦插育苗，但最好在6～7月的梅雨期扦插，生根效果比较理想。剪取1～2年生健壮枝条作插穗，穗长 12~15cm，带 2~3 个半片叶，下切口最好位于节下 0.2~0.3cm 处，将其扦插于泥炭土、沙壤、蛭石或黄心土中，但以泥炭土的生根效果最好，罩塑料薄膜保湿，晴好天气时注意搭棚遮阴，1~2 个月后即可生根，成活率可达 80% 以上（图 7-226）。

（3）分株 3~4 月间，当植株刚开始萌动时，将丛状植株从花盆中脱出，或将地栽的丛生植物从土中掘起，抖去部分宿土，在根系结合薄弱处，用利刀切割开来，使每丛至少带 2~3 根茎干，并带有一部分完好的根系，分别将其另行地栽或盆栽。再则，它靠近地面的根系上会长出许多萌蘖，可将其从根部带萌蘖截断后另行栽种，也非常简单方便。

（4）压条

① 低压：南方地区在 4 月份，将其基部萌生的 2~3 年生健壮枝条的中下部进行环状剥皮或刻伤后，强行按压埋入地面已开挖好的沟槽中，上覆厚土，40~50 天后即可生根。到 7~8 月间，再将其与母株剪离分开，另行地栽或盆栽，此法在生产中应用比较普遍。

② 高压：北方地区的盆栽植物于 4 月底出房后，在 2 年生健壮枝条的节下 0.5cm 处，进行环状剥皮，剥皮宽度约为枝条粗度的 3 倍，再用塑料薄膜包裹湿泥苔或泥炭于环状剥皮处，土团上端留有接水口，维持土团湿润，2~3 个月后即可生根。

◆ 整形修剪：非洲茉莉通常在生长期采取摘心处理，这样可以不影响观赏（图 7-227）。而下部叶片脱落严重者，必须进行重剪。具体方法是：将植株提前半个月左右放于适宜的环境条件下（如春季阳光充足处或夏季散射光照处即可），并适量施肥，以促进生长。半个月后生长正常时，将每个枝条都短截，短截的位置应视植株的大小而定，一般截留长度为 15cm 左右，也可保留至 30cm，要灵活进行。

修剪后可以控制浇水次数，因叶片减少或消失，蒸腾量极低，需水量不大。但以后每次浇水最好选择肥水浇灌，随着新的枝叶生

图 7-226　非洲茉莉扦插生根　　　　图 7-227　非洲茉莉摘心

长，可加大肥水。

　　盆栽非洲茉莉一般每年应换盆换土 1 次。换盆时，将茉莉根系周围部分旧土和残根去掉，换上新的培养土，重新改善土壤的团粒结构和养分，有利于茉莉的生长。换好盆，要浇透水，以利根土密接，恢复生长。换盆前应对茉莉进行一次修剪，对上年生的枝条只留 10cm 左右，并剪掉病枯枝和过密、过细的枝条。生长期经常疏除生长过密的老叶，可以促进腋芽萌发和多发新枝、多长花蕾。

　　◆ 栽培管理

　　(1) 温度　非洲茉莉在气候温暖的环境条件下生长良好。

　　(2) 光照　非洲茉莉喜阳光，原生环境多为半阴状态，华南地区地栽作庭园绿化树，最好选择有侧方蔽荫的场所；长江以北地区盆栽，春秋两季可接受全光照，夏季则要求搭棚遮阴，或将其搬放于大树浓荫下，至少要避开正午前后数个小时的直射光照；特别值得注意的是 6～7 月间久雨后遇到大晴天，气温猛然上升，光照非常强烈，一定要做好遮阴工作，防止幼嫩新梢及嫩叶被灼伤。公共场所的盆栽植株，要求有较充足的散射光，或放在靠近窗边的位置，不宜过分阴暗，否则导致叶片失绿泛黄或脱落。

　　(3) 水分　无论地栽或盆栽，都要求水分充足，但根部不得积水，否则容易烂根。春秋两季浇水以保持盆土湿润为度；梅雨季节要谨防积水；烈日炎炎的夏季，在上、下午各喷淋一次水，增湿降

温；冬季对于室内的盆栽植株，以保持盆土微潮为宜，并在中午前后气温相对较高时，向叶面适量喷水。春、夏、秋三季，在施肥正常的情况下，如盆栽植株下部叶片发黄脱落，很有可能是因为积水烂根，要及时翻盆换土；夏季，若疏于浇水，使新抽嫩梢萎蔫下垂时，不能马上给盆土猛浇水，而是先给叶片喷一些水，待叶片稍有恢复后，再给盆土浇适量的水。

（4）土壤　南方地区栽种要求种植地点为疏松肥沃、排水良好的沙壤土。北方盆栽，可用 7 份腐叶土、1 份河沙、1 份沤制过的有机肥、1 份发酵过的锯末屑配制。生长季节每月给盆栽植株松土一次，始终保持其根部处于通透良好的状态。另外，对盆栽植株可每隔 1～2 年换土一次。

（5）肥料　盆栽植株在生长季节每月追施一次稀薄的腐熟饼肥水，5 月开花前追一次磷、钾肥，促进植株开花；秋后再补充追施 1～2 次磷、钾肥，平安过冬。北方地区盆栽，为防止叶片黄化，生长季节在浇水施肥时添加 0.2% 的硫酸亚铁。地栽定植时要施足基肥，秋末在根系外围开沟埋施饼肥，每株 0.5～1kg。

金 叶 榆

◆ 学名：*Ulmus pumila cv. jinye*

◆ 科属：榆科榆属

◆ 树种简介：中华金叶榆，榆科榆属，系白榆变种。叶片金黄色，有自然光泽，色泽艳丽；叶脉清晰，质感好；叶卵圆形，平均长 3～5cm，宽 2～3cm，比普通白榆叶片稍短；叶缘具锯齿，叶尖渐尖，互生于枝条上。金叶榆的枝条萌生力很强，一般当枝条上长出大约十几个叶片时，腋芽便萌发长出新枝，因此金叶榆的枝条比普通白榆更密集，树冠更丰满，造型更丰富（图 7-228、图 7-229，见彩图）。

中华金叶榆对寒冷、干旱气候具有极强的适应性，适宜生长区域为北纬 47°10′～22°11′（黑龙江伊春至广东中山），东经 133°56′～79°55′（黑龙江鸡西市至新疆和田），横跨热带、亚热带、

图 7-228　金叶榆全株　　　　　　图 7-229　金叶榆叶片

暖温带、温带、寒温带五种气候带。抗逆性强，可耐－36℃的低温，同时有很强的抗盐碱性。工程养护管理比较粗放。

◆ 繁殖方法

(1) 枝接

① 高接：以培育乔木状金叶榆为目的。嫁接时间在 3 月上、中旬，以砧木苗尚未发芽前树液将开始流动时嫁接最为适宜（图 7-230）。

② 劈接：在砧木 2m 左右处锯断，削平茬口，在断面中心用嫁接刀由上至下垂直劈一刀，深度 2.5cm 左右，在接穗下端一个芽的两侧各削一刀长 2.5cm 左右的楔形斜面，使有芽的一边稍厚，另一边稍薄，削面要平。用嫁接刀把砧木劈口撬开，将接穗厚边向外慢慢插入劈口内，使砧木劈口外侧形成层与接穗外侧形成层准确对接，并让砧木紧紧夹住接穗，一般可同时插两根接穗，较粗的砧木可劈"十"形插 4 根接穗，然后用 15～20cm 长的薄膜条从下至上绑紧。

③ 插皮接：在砧木 2m 左右处锯断，削平茬口，选树皮平滑的一侧，先用嫁接刀在断面斜削一刀，成一小斜面，再在斜面中央部位切一深达木质部的竖口，切口长度稍短于接穗的大削面，在接穗下部削一长 2～3cm 的斜面，削面要求薄而平，在其背面的两侧，浅削去表皮，然后将接穗大斜面向木质部，顺砧木切口插入，

深度以大斜面在砧木切口上微露时为适。绑缚方法同劈接（图 7-231）。

图 7-230　高接高杆金叶榆　　　图 7-231　金叶榆插皮接造型

④底部接：以培育灌木形金叶榆为目的，适用于以 1～2 年生白榆苗做砧木的嫁接，方法同前，一般一株砧木只插一根接穗，嫁接后绑好。

（2）芽接　按嫁接时间分为夏季芽接和秋季芽接，按嫁接部位分为高接和底部接。夏季芽接以培育成品苗和接穗圃为目的，秋季芽接以培育半成品苗为目的。

①夏季芽接：用白榆 2 年生苗木或 1 年生成熟苗木为砧木。6 月初，从中华金叶榆的充实枝条上选取饱满的小侧枝部位，从侧枝上方 1cm 处用嫁接刀（要求嫁接刀十分锋利，每用 1～2h 磨刀 1 次）削下 2～2.5cm 的皮部，不带木质，然后在砧木距地面 5cm 左右处，选一光滑部位，自上而下削去与芽片大小相同的组织，将芽片与砧木对接重合，用塑料布条自上而下将芽片绑缚严实。操作关键是选择接穗的侧枝大小，侧枝太粗，削皮时侧枝削不动，而且侧枝容易从皮部脱出，使取芽失败；侧枝太细时，接穗也太细，不易操作，即使削下，芽皮也太窄，很难成活。削下的芽片如果薄厚均匀，即使起皱，拉平后照样能用，不会降低成活率。夏季芽接一般一直可进行到 7 月初。此段时间，榆皮组织黏液丰富；接穗和砧木

易黏合，最高成活率可达 85％以上。

② 秋季芽接：时间为 8 月中、下旬，采用夏季芽接的嫁接方法。此时接穗已不离皮，芽接时间不能过早或过晚，过早易萌芽，不能过冬；过晚则接穗不易愈合，降低成活率。

（3）扦插繁殖

① 硬枝扦插：扦插时间在 3 月中旬。插穗可在上年入冬前剪取，选取 0.5cm 以上的壮条，截成长 15～20cm 的段，绑缚成捆，进行沙藏。扦插前取出插穗，用清水洗净沙土，用 ABT 6 号 100mg/L 浸泡下部 2h。一般可直接进行大田扦插，行距 50cm，株距 15cm，随开沟随扦插，插穗微露出地面，将土踩实，覆盖地膜，浇透水。4 月上旬开始出芽，此时应及时从芽眼处抠破地膜，利于长出地面。直至 4 月底新根才能长出。

② 嫩枝扦插：扦插时间在 7 月上旬。以全光雾插较易管理：剪取当年生的近木质化枝条，截成长 15～20cm 的段，剪去中下部叶片，保留上部 4～5 片叶，绑缚成捆，用 ABT 6 号 100mg/L 浸泡下部 2h 后扦插至沙土中，密度以叶子完全覆盖沙面即可。扦插后立即喷雾，每天 3～4 次，气温过高时，中午加喷 1 次。沙盘上部和南、西半圈要用遮阴网封闭。20 天左右可长出新根（图 7-232）。

◆ 整形修剪：注意保持顶梢的生长势，在分枝点上每隔 20～25cm 留出一级骨架枝，在骨架枝上也要保持其顶端生长优势，每隔一定距离再保留一个二级分枝，以此类推，疏除徒长枝、下垂枝等（图 7-233）。

图 7-232　金叶榆生根

图 7-233　球形金叶榆

◆栽培管理：首先扦插成活的关键是注意季节，即每年 11 月到次年 4 月均可。其次要保证插床环境湿润和插枝的新鲜，有条件的可把插床放在全日照处，白天给插床喷雾，晚上停止。经由常规治理，3 年后即可用播种苗制作小盆景。用扦插枝做小盆景 3 年后就可挂果。

金 银 花

◆学名：*Lonicera japonica* Thunb.

◆科属：忍冬科忍冬属

◆树种简介：金银花属多年生半常绿缠绕及匍匐茎灌木。小枝细长，中空，藤为褐色至赤褐色。卵形叶子对生，枝叶均密生柔毛和腺毛。夏季开花，苞片叶状；唇形花有淡香，外面有柔毛和腺毛，雄蕊和花柱均伸出花冠，花成对生于叶腋，花色初为白色，渐变为黄色，黄白相映，球形浆果，熟时黑色（图 7-234、图 7-235，见彩图）。

金银花适应性很强，喜阳、耐阴，耐寒性强，也耐干旱和水湿，对土壤要求不严，但在湿润、肥沃的深厚沙质壤土生长最佳，每年春夏两次发梢。根系繁密发达，萌蘖性强，茎蔓着地即能生根。喜阳光和温和、湿润的环境，生活力强，适应性广，耐寒，耐旱，在荫蔽处生长不良。生于山坡灌丛或疏林中、乱石堆、路旁及村庄篱笆边，最高海拔达 1500m。

中国各省均有分布，金银花的种植区域主要集中在山东、陕西、河南、河北、湖北、江西、广东等地。朝鲜和日本也有分布。在北美洲逸生成为难除的杂草。

◆繁殖方法

(1) 种子繁殖　4 月播种，将种子在 35～40℃温水中浸泡 24h，取出用 2～3 倍湿沙催芽，等裂口达 30% 左右时播种。在畦上按行距 21～22cm 开沟播种，覆土 1cm，每 2 天喷水 1 次，约 10 天即可出苗，秋后或第 2 年春季移栽，每公顷用种子 15kg 左右（图 7-236）。

图 7-234　金银花全株

图 7-235　金银花的叶和花

（2）扦插繁殖　一般在雨季进行。在夏秋阴雨天气，选健壮无病虫害的 1～2 年生枝条截成长 30～35cm 的段，摘去下部叶子作插条，随剪随用。在选好的土地上，按行距 1.6m、株距 1.5m 挖穴，穴深 16～18cm，每穴 5～6 根插条，分散形斜立着埋于土内，地上露出 7～10cm，填土压实（透气透水性好的沙质土为佳）。

扦插的枝条生根之前应注意遮阴，避免阳光直晒造成枝条干枯。也可采用扦插育苗：在 7～8 月，按行距 23～26cm 开沟，深 16cm 左右，株距 2cm，把插条斜立着放到沟里，填土压实，以透气透水性好的沙质土为育苗土，生根最快，并且不易被病菌侵害而造成枝条腐烂。栽后喷一遍水，以后干旱时，每隔 2 天要浇水 1遍，半个月左右即能生根，第 2 年春季或秋季移栽（图 7-237）。

◆整形修剪：剪枝是在秋季落叶后到春季发芽前进行，一般是旺枝轻剪、弱枝强剪、枝枝都剪，剪枝时要注意新枝长出后要有利通风透光。对细弱枝、枯老枝、基生枝等全部剪掉，对肥水条件差的地块剪枝要重些，株龄老化的剪去老枝，促发新枝。幼龄植株以培养株形为主，要轻剪，山岭地块栽植的一般留 4～5 个主干枝，平原地块要留 1～2 个主干枝，主干要剪去顶梢，使其增粗直立。

整形是结合剪枝进行的，原则上是以肥水管理为基础，整体促进，充分利用空间，增加枝叶量，使株形更加合理，并且能增花高产。剪枝后的开花时间相对集中，便于采收加工，一般剪后能使枝

图 7-236　金银花播种苗　　　　图 7-237　金银花扦插生根

条直立,去掉细弱枝与基生枝有利于新花的形成。摘花后再剪,剪后追施一次速效氮肥,浇一次水,促使下茬花早发,这样一年可收4次花,平均每 $667m^2$ 可产干花 $150\sim200kg$。

◆栽培管理:栽植后的头 $1\sim2$ 年内,是金银花植株发育定型期,多施一些人畜粪、草木灰、尿素、硫酸钾等肥料。栽植 $2\sim3$ 年后,每年春初,应多施畜杂肥、厩肥、饼肥、过磷酸钙等肥料。第一茬花采收后即应追适量氮、磷、钾复合肥料,为下茬花提供充足的养分。每年早春萌芽后和第一批花收完时,开环沟浇施人粪尿、化肥等。每种肥料施用 $250g$,施肥处理对金银花营养生长的促进作用的大小顺序为:尿素+磷酸二氢铵、硫酸钾复合肥、尿素、碳酸氢铵,其中尿素+磷酸二氢铵、硫酸钾复合肥、尿素能够显著提高金银花产量,结合营养生长和生殖生长状况以及施肥成本,追肥以追施尿素+磷酸二氢铵 $(150g+100g)$ 或 $250g$ 硫酸钾复合肥为好。

紫　薇

◆学名:*Lagerstroemia indica* L.

◆科属:千屈菜科紫薇属

◆树种简介:落叶灌木或小乔木,高可达 $7m$；树皮平滑,灰色或灰褐色；枝干多扭曲,小枝纤细,具4棱,略成翅状。叶互生或有时对生,纸质,椭圆形、阔矩圆形或倒卵形,长 $2.5\sim7cm$,

宽 1.5～4cm，顶端短尖或钝形，有时微凹，基部阔楔形或近圆形，无毛或下面沿中脉有微柔毛，侧脉 3～7 对，小脉不明显；无柄或叶柄很短。

花淡红色或紫色、白色，直径 3～4cm，常组成 7～20cm 的顶生圆锥花序；花梗长 3～15mm，中轴及花梗均被柔毛；花萼长 7～10mm，外面平滑无棱，但鲜时萼筒有微突起短棱，两面无毛，裂片 6，三角形，直立，无附属体；花瓣 6，皱缩，长 12～20mm，具长爪；雄蕊 36～42，外面 6 枚着生于花萼上，比其余的长得多；子房 3～6 室，无毛。蒴果椭圆状球形或阔椭圆形，长 1～1.3cm，幼时绿色至黄色，成熟时或干燥时呈紫黑色，室背开裂；种子有翅，长约 8mm。花期 6～9 月，果期 9～12 月（图 7-238、图 7-239，见彩图）。

图 7-238 紫薇全株

图 7-239 紫薇的叶片和花

紫薇喜暖湿气候，喜光，略耐阴，喜肥，尤喜深厚肥沃的沙质壤土，好生于略有湿气之地，亦耐干旱，忌涝，忌种在地下水位高的低湿地方。能抗寒，萌蘖性强。紫薇还具有较强的抗污染能力，对二氧化硫、氟化氢及氯气的抗性较强。

中国广东、广西、湖南、福建、江西、浙江、江苏、湖北、河南、河北、山东、安徽、陕西、四川、云南、贵州及吉林均有生长或栽培，原产亚洲，广植于热带地区。

◆ 繁殖方法

(1) 播种繁殖 紫薇采用播种繁殖可一次得到大量健壮整齐的

苗木（图 7-240）。播种繁殖过程包括种子采集、整地做床、种子催芽处理、播种时间和播种方法。

（2）扦插繁殖　紫薇扦插繁殖可分为嫩枝扦插和硬枝扦插。

① 嫩枝扦插。嫩枝扦插一般在 7～8 月进行，此时新枝生长旺盛，最具活力，此时扦插成活率高。选择半木质化的枝条，剪成 10cm 左右长的插穗，枝条上端保留 2～3 片叶子。扦插深度约为 8cm，插后灌透水，为保湿保温在苗床覆盖一层塑料薄膜，搭建遮阴网进行遮阴，一般在 15～20 天便可生根，将薄膜去掉，保留遮阴网，在生长期适当浇水，当年枝条可达到 70cm，成活率高（图 7-241）。

图 7-240　紫薇播种苗

图 7-241　紫薇嫩枝扦插生根

② 硬枝扦插。硬枝扦插一般在 3 月下旬至 4 月初枝条发芽前进行。在长势良好的母株上选择粗壮的 1 年生枝条，剪成 10～15cm 长的枝条，扦插深度为 8～13cm。插后灌透水，为保湿保温在苗床覆盖一层塑料薄膜。当苗木生长至 15～20cm 的时候可将薄膜掀开，搭建遮阴网。在生长期适当浇水，当年生枝条可长至 80cm 左右。

（3）压条繁殖　压条繁殖在紫薇的整个生长季节都可进行，以春季 3～4 月较好。

（4）分株繁殖　早春 3 月将紫薇根际萌发的萌蘖与母株分离，另行栽植，浇足水即可成活。

（5）嫁接繁殖　在每年春季紫薇枝条萌芽前，选择粗壮的实生苗作砧木，先在砧木顶端靠外围部分纵劈一刀（深3～4cm），劈缝须从树心切下；再取长5～8cm带2～3个芽的接穗，在其基部两侧削成3～4cm的楔形。接穗外侧比内侧稍厚。将接穗稍厚的一面放外面插入砧木劈口并对准形成层，然后用塑料薄膜将整个穗条全部包扎好，露出芽头。此法可在同一砧木上分层嫁接不同颜色的枝条，形成一树多色。嫁接2～3个月后解膜，此时穗头可长达50～80cm，应及时将枝头剪短，以免遭风折断，并可培养粗壮枝。此培育法成活率达98%以上（图7-242）。

◆整形修剪：紫薇耐修剪，发枝力强，新梢生长量大。因此，花后要将残花剪去，可延长花期，对徒长枝、重叠枝、交叉枝、辐射枝以及病枝随时剪除，以免消耗养分（图7-243）。

图7-242 紫薇嫁接盆景　　　　图7-243 紫薇冬季修剪

◆栽培管理：紫薇栽培管理粗放，但要及时剪除枯枝、病虫枝，并烧毁。为了延长花期，应适时剪去已开过花的枝条，使之重新萌芽，长出下一轮花枝。为了树干粗枝，可以大量剪去花枝，集中营养培养树干。实践证明：管理适当，紫薇一年中经多次修剪可使其开花多次，长达100～120天。

紫叶小檗

◆学名：*Berberis thunbergii* var. *atropurpurea* Chenault
◆科属：小檗科小檗属
◆树种简介：紫叶小檗是日本小檗的自然变种。落叶灌木。幼枝淡红带绿色，无毛，老枝暗红色具条棱；节间长1～1.5cm。叶菱状卵形，长 5～20（35）mm，宽 3～15mm，先端钝，基部下延成短柄，全缘，表面黄绿色，背面带灰白色，具细乳突，两面均无毛。花 2～5 朵成具短总梗并近簇生的伞形花序，或无总梗而呈簇生状，花梗长 5～15mm，花被黄色；小苞片带红色，长约 2mm，急尖；外轮萼片卵形，长 4～5mm，宽约 2.5mm，先端近钝，内轮萼片稍大于外轮萼片；花瓣长圆状倒卵形，长 5.5～6mm，宽约 3.5mm，先端微缺，基部以上腺体靠近；雄蕊长 3～3.5mm，花药先端截形。浆果红色，椭圆体形，长约 10mm，稍具光泽，含种子 1～2 颗（图 7-244、图 7-245，见彩图）。

图 7-244　紫叶小檗全林

图 7-245　紫叶小檗枝叶和花

紫叶小檗喜凉爽湿润环境，适应性强，耐寒也耐旱，不耐水涝，喜阳也能耐阴，萌蘖性强，耐修剪，对各种土壤都能适应，在肥沃、深厚、排水良好的土壤中生长更佳。

原产日本。中国各省市广泛栽培。

◆ 繁殖方法

（1）播种　紫叶小檗在北方易结实，故常用播种法繁殖。秋季种子采收后，洗尽果肉，阴干，然后选地势高燥处挖坑，将种子与沙按 1∶3 的比例放于坑内贮藏，第二年春季进行播种。经过沙藏的种子出苗率高，播种易成功，也可采收后进行秋播（图 7-246）。

（2）扦插　可用硬枝扦插和嫩枝扦插两种方法。6～7 月取半木质化枝条，剪成 10～12cm 长的段，上端留叶片，插于沙或碎石中，保持湿度在 90% 左右，温度 25℃ 左右，20 天左右即可生根。

图 7-246　紫叶小檗播种苗　　　　图 7-247　紫叶小檗绿篱

秋季结合修剪，选发育充实、生长健壮的枝条作插穗，插于沙或碎石中，第二年春天可移植出棚。

（3）分株　紫叶小檗萌芽力强，生长速度快，植株往往呈丛生状，可进行分株繁殖。分株时间除夏季外，其他季节均可进行。

◆整形修剪：紫叶小檗萌蘖性强，耐修剪，定植时可行强修剪，以促发新枝。入冬前或早春萌芽前疏剪过密枝或截短长枝，花后控制生长高度，使株形圆满。可隔年施肥，秋季落叶后，在根际周围开沟施腐熟厩肥或堆肥1次，然后埋土并浇足冻水。由于它的萌蘖力强，在早春或生长季节，应对茂密的株丛进行必要的疏剪和短截，剪去老枝、弱枝等，使之萌发枝新叶后，有更好的观赏效果（图7-247）。

◆栽培管理：紫叶小檗小苗喜半阴，尤其播种繁殖小苗常采取遮阴措施。雨季注意排水，以免积水造成根系缺氧，发生腐烂。

播种小苗和硬质扦插小苗可于当年雨季进行一次移植。嫩枝扦插苗木，生根后即可分栽定植。当苗高40～60cm时可出圃。如果培育球形，小苗生长1年后，再于秋季移植，在生长期进行适当施肥，在生长季节进行适当轻剪，在休眠季节适度重剪。第三年当冠径达到50～60cm时出圃。

紫叶小檗适应性强，长势强健，管理也很粗放，盆栽通常在春季分盆或移植上盆，如能带土球移植，则更有利于恢复。紫叶小檗适应性强，耐寒、耐旱，喜光线充足及凉爽湿润的环境，亦耐半阴。宜栽植在排水良好的沙壤土中，对水分要求不严，苗期土壤过湿会烂根。盛夏季节宜放在半阴处养护，其他季节应让它多接受光照；浇水应掌握间干间湿的原则，不干不浇。紫叶小檗虽较耐旱，但经常干旱对其生长不利，高温干燥时，如能喷水降温增湿，对其生长发育大有好处。

移栽可在春季 2～3 月份或秋季 10～11 月份进行，裸根或带土坨均可。生长期间，每月应施一次 20％饼肥水等液肥。

东北茶藨子

◆ 学名：*Ribes mandshuricum*

◆ 科属：虎耳草科茶藨子属

◆ 树种简介：落叶灌木，高 1～3m；小枝灰色或褐灰色，皮纵向或长条状剥落，嫩枝褐色，具短柔毛或近无毛，无刺；芽卵圆形或长圆形，长 4～7mm，宽 1.5～3mm，先端稍钝或急尖，具数枚棕褐色鳞片，外面微被短柔毛。叶宽大，长 5～10cm，宽几与长相似，基部心脏形，幼时两面被灰白色平贴短柔毛，下面甚密，成长时逐渐脱落，老时毛甚稀疏，常掌状 3 裂，稀 5 裂，裂片卵状三角形，先端急尖至短渐尖，顶生裂片比侧生裂片稍长，边缘具不整齐粗锐锯齿或重锯齿；叶柄长 4～7cm，具短柔毛。花两性，开花时直径 3～5mm；总状花序长 7～16cm，稀达 20cm，初直立后下垂，具花多达 40～50 朵；花序轴和花梗密被短柔毛；花梗长 1～3mm；苞片小，卵圆形，几与花梗等长，无毛或微具短柔毛，早落；花萼浅绿色或带黄色，外面无毛或近无毛；萼筒盆形，长 1～1.5（2）mm，宽 2～4mm；萼片倒卵状舌形或近舌形，长 2～3mm，宽 1～2mm，先端圆钝，边缘无睫毛，反折；花瓣近匙形，长 1～1.5mm，宽稍短于长，先端圆钝或截形，浅黄绿色，下面有 5 个分离的突出体；雄蕊稍长于萼片，花药近圆形，红色；子房无毛；花柱稍短或几与雄蕊等长，先端 2 裂，有时分裂几达中部。果实球形，直径 7～9mm，红色，无毛，味酸可食；种子多数，较大，圆形（图 7-248～图 7-251，见彩图）。花期 4～6 月，果期 7～8 月。

图 7-248　东北茶藨子全株

图 7-249　东北茶藨子叶片

图 7-250　东北茶藨子果实

图 7-251　东北茶藨子的花

生于山坡或山谷针、阔叶混交林下或杂木林内，海拔 300～1800m 处。

国内国外均有分布，主要位于我国北方地区。朝鲜也有分布。

◆繁殖方法：可采用播种、分株、压条等方法进行繁殖。由于播种育苗生长慢且开花晚，故园林中多采用压条法和分株法进行繁殖。

(1) 压条繁殖　7 月初，从东北茶藨子母株上选取 1 年生粗壮无病虫害的枝条，将要压入土中的部分表皮刻伤，用土压住，使被压枝条枝梢露出，直立，然后浇水。以后经常浇水，保持土壤湿润。第二年春天萌芽前脱离母株定植。

(2) 分株繁殖　早春 3 月，在植株未萌芽前，将老株旁的萌蘖苗用刀从母株上带根分离下来，植入事先挖掘好并施有圈肥的种植坑内。浇水后适当进行遮阴，并保持土壤湿润，成活后进入正常管理。

◆ 整形修剪：东北茶藨子虽是直立丛生落叶灌木，但在养护过程中不可放松修剪工作，不修剪不仅植株株形不美，而且会影响园林的整体观赏效果。对于丛植于草坪的东北茶藨子，应保持内疏外密、内高外低的株形，使植株通风透光。修剪时要注意将过密枝条和一些冗杂枝进行疏除，短截外部的一些过长枝条，内部枝条可进行轻短截，使其高于外部枝条。

◆ 栽培管理：东北茶藨子的栽植应在初春萌芽前或秋末落叶后进行，萌芽后移栽成活率不高。大规格或分枝较多的苗子移栽时应带土球。栽植前应对植株进行修剪，根据园林观赏需要对一些过密枝条进行疏剪，对影响株形的枝条进行短截，使植株保持通风透光的良好状态。

东北茶藨子在栽植的头两年要加强浇水，这样有利于植株成活并迅速恢复树势。春季种植的苗子在浇三水后，可每 20 天浇一次水，每次浇水后适时（以土不沾铁锹为宜）进行松土保墒。夏季雨天要及时将树盘内的积水排除，防止水大烂根。入秋后减少浇水，保持树叶不萎蔫为宜，秋末浇足浇透封冻水。

石　　楠

◆ 学名：*Photinia serrulata* Lindl
◆ 科属：蔷薇科石楠属
◆ 树种简介：石楠（原变种），常绿灌木或小乔木，高 3～6m，有时可达 12m；枝褐灰色，全体无毛；冬芽卵形，鳞片褐色，无毛。叶片革质，长椭圆形、长倒卵形或倒卵状椭圆形，长 9～22cm，宽 3～6.5cm，先端尾尖，基部圆形或宽楔形，边缘有疏生具腺细锯齿，近基部全缘，上面光亮，幼时中脉有茸毛，成熟后两面皆无毛，中脉显著，侧脉 25～30 对；叶柄粗壮，长 2～4cm，幼时有茸毛，以后无毛（图 7-252、图 7-253，见彩图）。

石楠喜光稍耐阴，深根性，对土壤要求不严，但以肥沃、湿

图 7-252　石楠全株　　　　　图 7-253　石楠的花和枝叶

润、土层深厚、排水良好、微酸性的沙质土壤最为适宜，能耐短期
−15℃的低温，喜温暖、湿润气候，在焦作、西安及山东等地能露
地越冬。萌芽力强，耐修剪，对烟尘和有毒气体有一定的抗性。生
于杂木林中，海拔 1000～2500m 处。

产于陕西、甘肃、河南、江苏、安徽、浙江、江西、湖南、湖
北、福建、台湾、广东、广西、四川、云南、贵州。日本、印度尼
西亚也有分布。

◆ 繁殖方法：主要以扦插繁殖为主。

在选取的繁殖地上建立经消毒的苗床，苗床上搭建拱棚，在苗
床中铺设经消毒处理的扦插基质；从红叶石楠扦插母本中采取半木
质化的嫩芽或木质化的当年枝条进行剪穗，剪成半叶一芽、长 3～
4cm 的扦插枝条；将扦插枝条进行生根剂处理、生根粉溶液浸渍、
催根剂处理；在苗床基质中进行扦插，扦插深度为 2～4cm，密度
以扦插后叶片不重叠为宜；扦插后用水浇透基质，对枝条叶面喷洒
消毒杀菌液，然后在拱棚上覆盖塑料薄膜和遮阴网，进入扦插后管
理（图 7-254）。

◆ 整形修剪：修剪时，对枝条多而细的植株应强剪，疏除部分
枝条；对枝少而粗的植株轻剪，促进多萌发花枝。树冠较小者，短
截 1 年生枝，扩大树冠；树冠较大者，回缩主枝，以侧代主，缓和
树势。如石楠生长旺盛，开完花后将长枝剪去，促使叶芽生长。冬
季以整形为目的，疏除部分密生枝以及无用枝，保持生长空间，促
进新枝发育。对于用作造型的树种 1 年要修剪 1～2 次，如用作绿

篱，更应该经常修剪，以保持良好形态（图 7-255）。

图 7-254 石楠扦插育苗

图 7-255 通过修剪给石楠造型

◆栽培管理：待树苗基本出齐时（约经过 30 天），应小心揭去覆草，防止将树苗拔出。树苗密度过大的应及时间苗，时间在 5 月份，密度过小的应及时移栽或补种。将间下的苗按 20cm×20cm 的株行距栽植，随栽随浇水，以保证较高的成活率。每半个月施 1 次尿素或三元复合肥，每亩用量约为 4kg。天旱时及时灌溉，涝时及时排水。苗床期常见的病虫害有立枯病、猝倒病和蛴螬、地老虎等，应及时防治。还要防止鸟兽为害树苗。

新移植的石楠一定要注意防寒 2～3 年，入冬后，搭建牢固的防风屏障，在南面向阳处留一开口，接受阳光照射。另外，在地面上覆盖一层稻草或其他覆盖物，以防根部受冻。

鹅 掌 柴

◆学名：*Schefflera octophylla*（Lour.）Harms
◆科属：五加科鹅掌柴属
◆树种简介：常绿大乔木或灌木，栽培条件下株高 30～80cm，在原产地可达 40m。分枝多，枝条紧密。掌状复叶，小叶 5～9 枚，椭圆形、卵状椭圆形，长 9～17cm，宽 3～5cm，端有长尖，叶革质，浓绿，有光泽。花小，多数白色，有香气，花期冬春；浆果球形，果期 12 月至翌年 1 月。

株形丰满优美，适应能力强，是优良的盆栽植物，适宜布置客厅书房及卧室。春、夏、秋季也可放在庭院荫蔽处和楼房阳台上观赏。也可庭院孤植，是南方冬季的蜜源植物。叶和树皮可入药（图7-256、图7-257，见彩图）。

图7-256　鹅掌柴全株

图7-257　鹅掌柴叶片

◆ 繁殖方法：常用扦插和播种繁殖。

（1）扦插繁殖　在4～9月进行。剪取1年生顶端枝条，长8～10cm，去掉下部叶片，插于沙床，保持湿润，室温在25℃左右，插后30～40天可生根（图7-258）。

（2）播种繁殖　4～5月采用室内盆播，发芽适温20～25℃，保持盆土湿润，播后15～20天发芽。苗高5～8cm时移至直径4cm盆中。

◆ 整形修剪：对幼株进行疏剪、轻剪，以造型为主。老株体形过大时，进行重剪调整。较大的植株，春季出房前应做翻盆处理，并要作适当的整形修剪。对过高脱脚的植株，可作回缩修剪，以促进新梢萌发。幼株每年春季换盆，成年植株每2年换盆1次。

◆ 栽培管理：盆栽用土可用泥炭土、腐叶土加1/3左右的珍珠岩和少量基肥混合而成，也可用细沙土盆栽。室内培育每天能见到4h左右的直射阳光就能生长良好，在明亮的室内可较长时期观赏。浇水量视季节而异，夏季需要较多的水分，每天浇水1次，使盆土保持湿润，春、秋季节每隔3～4天浇水1次。如水分太多或渍水，易引起根腐。夏季生长期间每周施肥1次，可用氮、磷、钾等量的颗粒肥松土后施入。斑叶种类则氮肥少施，氮肥过多则斑块会渐淡

图 7-258　鹅掌柴扦插生根

而转为绿色。鹅掌柴生长较慢，又易发生徒长枝，平时需注意经常整形和修剪。每年春季新芽萌发之前应换盆，去掉部分旧土，用新土盆栽。多年生老株在室内栽培显得过于庞大时，可结合换盆进行修剪。

　　鹅掌柴植株所结的果实中种粒不饱满或不见种仁的原因：一是栽培花木，头 1～3 年，因其尚未达到完全生殖成熟，所以结出的种粒大多空瘪，因而不具种仁。一般情况下，3 年以后结出的种粒才能正常用于育苗。二是在花粉受精后的胚胎发育过程中，遇到不适宜的环境条件，或者与原生环境条件差距过大，使胚珠终止发育，导致其种粒空瘪。三是最好能有较多的开花植株，不同品种的开花植株搁放在一起，为其花粉自由传播创造条件，方有利于其孕育出饱满的种粒。

参考文献

[1]　成仿云．园林苗圃学．北京：中国林业出版社，2012.

[2]　丁彦芬．园林苗圃学．南京：东南大学出版社，2003.

[3]　邹志荣．园艺设施学．北京：中国农业出版社，2005.

[4]　邹志荣．现代园艺设施．北京：中央广播电视大学出版社，2002.

[5]　陈又生．观赏灌木与藤本花卉．合肥：安徽科学技术出版社，2003.

[6]　叶要妹．160种园林绿化苗木繁育技术．北京：化学工业出版社，2011.

[7]　郑宴义．园林植物繁殖栽培实用新技术．北京：中国农业出版社，2006.

[8]　徐晔春，吴棣飞．观赏灌木．北京：中国电力出版社，2013.

[9]　毛龙生．观赏树木学．南京：东南大学出版社，2003.

[10]　沈海龙．苗木培育学．北京：中国林业出版社，2009.

[11]　郑志新．园林植物育苗．北京：化学工业出版社，2012.

[12]　丁梦然．园林苗圃植物病虫害无公害防治．北京：中国农业出版社，2004.

[13]　李永文．植物组织培养技术．北京：北京大学出版社，2007.

[14]　黄晓梅．植物组织培养．北京：化学工业出版社，2011.

[15]　郭世荣．无土栽培学．北京：中国农业出版社，2011.

[16]　郭世荣．设施育苗技术．北京：化学工业出版社，2013.

[17]　许传森．林木工厂化育苗新技术．北京：中国农业科学技术出版社，2006.

[18]　韩召军．园艺昆虫学．北京：中国农业出版社，2008.

[19]　史玉群．全光照喷雾嫩枝扦插育苗技术．北京：中国林业出版社，2001.

[20]　袁涛．牡丹．北京：中国林业出版社，2004.

[21]　徐晔春．观叶观果植物1000种经典图鉴．长春：吉林科学技术

出版社，2011.

[22] 孟月娥．彩叶植物新品种繁育技术．郑州：中原农民出版社，2008.

[23] 张耀钢．观赏苗木育苗关键技术．南京：江苏科学技术出版社，2003.

[24] 魏殿生．牡丹生产栽培实用技术．北京：中国林业出版社，2011.

[25] 张天麟．园林树木1600种．北京：中国建筑工业出版社，2010.

[26] 余树勋．月季．北京：金盾出版社，2008.

[27] 许春晔，吴棣飞．观赏灌木．北京：中国电力出版社，2013.

[28] 闫双喜等．景观园林植物图鉴．郑州：河南科学技术出版社，2013.

[29] 郑宴义．园林植物繁殖栽培实用新技术．北京：中国农业出版社，2006.

[30] 陈志远，陈红林等．常用绿化树种苗木繁育技术．北京：金盾出版社，2008.

[31] 陈发棣．观赏园艺学通论．北京：中国林业出版社．2011.

欢迎订阅农业种植类图书

书号	书　名	定价/元
18211	苗木栽培技术丛书——樱花栽培管理与病虫害防治	15.0
18194	苗木栽培技术丛书——杨树丰产栽培与病虫害防治	18.0
15650	苗木栽培技术丛书——银杏丰产栽培与病虫害防治	18.0
15651	苗木栽培技术丛书——树莓蓝莓丰产栽培与病虫害防治	18.0
18188	作物栽培技术丛书——优质抗病烤烟栽培技术	19.8
17494	作物栽培技术丛书——水稻良种选择与丰产栽培技术	19.8
17426	作物栽培技术丛书——玉米良种选择与丰产栽培技术	23.0
16787	作物栽培技术丛书——种桑养蚕高效生产及病虫害防治技术	23.0
16973	A级绿色食品——花生标准化生产田间操作手册	21.0
18095	现代蔬菜病虫害防治丛书——茄果类蔬菜病虫害诊治原色图鉴	59.0
17973	现代蔬菜病虫害防治丛书——西瓜甜瓜病虫害诊治原色图鉴	39.0
17964	现代蔬菜病虫害防治丛书——瓜类蔬菜病虫害诊治原色图鉴	59.0
17951	现代蔬菜病虫害防治丛书——菜用玉米菜用花生病虫害及菜田杂草诊治图鉴	39.0
17912	现代蔬菜病虫害防治丛书——葱姜蒜薯芋类蔬菜病虫害诊治原色图鉴	39.0
17896	现代蔬菜病虫害防治丛书——多年生蔬菜、水生蔬菜病虫害诊治原色图鉴	39.8
17789	现代蔬菜病虫害防治丛书——绿叶类蔬菜病虫害诊治原色图鉴	39.9
17691	现代蔬菜病虫害防治丛书——十字花科蔬菜和根菜类蔬菜病虫害诊治原色图鉴	39.9
17445	现代蔬菜病虫害防治丛书——豆类蔬菜病虫害诊治原色图鉴	39.0
16916	中国现代果树病虫原色图鉴(全彩大全版)	298.0
16833	设施园艺实用技术丛书——设施蔬菜生产技术	39.0
16132	设施园艺实用技术丛书——园艺设施建造技术	29.0
16157	设施园艺实用技术丛书——设施育苗技术	39.0
16127	设施园艺实用技术丛书——设施果树生产技术	29.0

续表

书号	书　名	定价/元
09334	水果栽培技术丛书——枣树无公害丰产栽培技术	16.8
14203	水果栽培技术丛书——苹果优质丰产栽培技术	18.0
09937	水果栽培技术丛书——梨无公害高产栽培技术	18
10011	水果栽培技术丛书——草莓无公害高产栽培技术	16.8
10902	水果栽培技术丛书——杏李无公害高产栽培技术	16.8
12279	杏李优质高效栽培掌中宝	18
22777	山野菜的驯化及高产栽培技术50例	29
22640	园林绿化树木整形与修剪	29
22846	苗木繁育及防风固沙树种栽培	29
22055	200种花卉繁育与养护	39

如需以上图书的内容简介，详细目录以及更多的科技图书信息，请登录 www.cip.com.cn。

邮购地址：（100011）北京市东城区青年湖南街13号　化学工业出版社

服务电话：010-64518888，64519683（销售中心）；如要出版新著，请与编辑联系：010-64519351